U0296096

内 容 简 介

本书介绍多孔介质含水层中污染物的迁移转化过程以及修复过程中含水层体系中污染物去除作用机理,重点研究地下水污染过程中污染物在非均质介质中的迁移转化以及修复过程中修复剂的传输和污染物的作用。一般而言,污染过程和修复过程并不可逆,其作用机制和影响因素存在差异。研究这两个过程对于了解和掌握地下水污染、污染控制与修复具有重要意义。本书关注的是地下水污染问题,但书名突出含水层,主要是强调地下水的污染包括水的污染和其赋存的含水层介质的污染,更为关注污染物在液相和固相(介质)间的相互影响和作用。本书在阐述污染物及流体特性、多孔介质特性的基础上,重点研究污染物及修复剂在非均质地层中的扩散、修复过程中流体作用的地层界面效应;非均质地层污染修复的强化、监测自然衰减,以及地下水污染的控制与阻隔。本书论述的重点是影响地下水污染修复的难点问题及其解决思路和方法,为提升地下水污染修复的效果提供科学依据。

本书可供污染场地控制与修复领域的工程技术人员、高等院校和研究机构的师生,以及生态环境和水资源管理等领域相关专业的专家学者和管理人员参考。

图书在版编目(CIP)数据

多孔介质含水层污染与修复 / 赵勇胜著. -- 北京:科学出版社,2024.
7. -- ISBN 978-7-03-078940-2

Ⅰ. X523.06

中国国家版本馆 CIP 数据核字第 202452UT05 号

责任编辑:韦 沁 / 责任校对:何艳萍
责任印制:肖 兴 / 封面设计:无极书装

科学出版社 出版
北京东黄城根北街 16 号
邮政编码:100717
http://www.sciencep.com

中煤(北京)印务有限公司印刷
科学出版社发行 各地新华书店经销
*
2024 年 7 月第 一 版 开本:720×1000 1/16
2024 年 7 月第一次印刷 印张:19 1/4
字数:403 000
定价:218.00 元
(如有印装质量问题,我社负责调换)

多孔介质含水层污染与修复

赵勇胜　著

科学出版社

北京

作者简介

赵勇胜 1961年9月生于内蒙古，工学博士，吉林大学石油化工污染场地控制与修复技术国家地方联合工程实验室主任，吉林大学唐敖庆学者卓越教授，国务院政府特殊津贴获得者，吉林省长白山学者。担任吉林大学环境工程国家级一流本科专业负责人，在环境工程专业率先开设了"污染场地控制与修复"专业课程；培养博士、硕士研究生130多人，为地下水污染场地控制与修复领域培养了大批人才，获吉林省师德标兵称号。研究领域包括：地下水污染的模拟与预警、地下水污染控制与修复、污染场地风险管理、固体废物环境污染治理等。主持完成了国家高技术研究发展计划（863计划）重大项目、国家科技重大水专项课题、国家自然科学基金重点项目等。研发了多种地下水污染原位修复强化技术和修复材料，并在场地实际工程中得到了应用。获省部级科技进步奖一等奖2项、二等奖3项、青年科技奖1项。在国内外学术刊物发表论文200多篇，获国家发明专利8项，出版学术专著7部。

前　言

在地下水污染的研究中，地层介质至关重要，它与污染物构成污染场地的两个核心要素。地层介质常见的类型包括松散沉积地层、基岩裂隙和岩溶地层。本书将实际工作中常见的松散地层（多孔介质）地下水的污染作为研究对象（基岩裂隙发育均匀的地层有时也可以视为等效多孔介质）。地下水的污染过程是污染物进入环境系统的过程，而污染的修复过程是污染物脱离地下水系统的过程。研究这两个过程中污染物与含水层介质、地下水的作用机制，对于了解和掌握污染物在地下环境中的分布和归趋，以及提升污染修复的效果，具有重要的意义和作用。

目前，人们对地下水污染修复有一些认识，如地下水污染修复难、费用巨大，修复时间漫长等，但对于制约地下水污染修复的关键因素和瓶颈问题尚缺乏清晰的认识，需要进一步的研究探讨。本书试图在地下水污染控制与修复面临的难点问题等方面开展研究，明确解决问题的关键所在，提升地下水污染控制与修复的研究水平。

作者已出版的专著《地下水污染场地的控制与修复》（科学出版社，2015）涵盖了污染场地的调查、风险评价、污染场地风险管理策略、污染的控制与修复方法及应用等，重点介绍了地下水污染修复技术原理、工程设计与应用。本书是在其基础上的继续和补充，系统论述地下水污染和修复两个过程中的各种作用和机理，以解决难点问题为导向，包含了作者近年来的研究成果。研究重点包括：①污染物及流体特性和多孔介质特性；②污染物及修复剂在非均质地层中的扩散作用；③修复过程中流体（气体、液体）作用的地层界面效应；④非均质地层污染修复的强化方法和技术；⑤监测自然衰减的应用；⑥地下水污染的控制与阻隔。

本书共分 13 章，其中第 1 章概述地下水污染的特点，我国地下水污染及存在的问题，以及地下水污染防控与修复的发展趋势，并根据作者多年的教学和科研实践经验，提出了场地污染水文地质学的研究方向。第 2 章和第 3 章分别介绍污染物及流体特性和多孔介质特性，这两方面的特性构成了地下水污染场地最为基本的要素，是地下水污染研究的基础。第 4 章和第 5 章介绍污染物（修复剂）在地下包气带和含水层中的迁移（运移）和转化，国内外这方面的研究成果很多，本书着重对多相流体的迁移转化问题进行分析论述。第 6 章为污染物及修复剂在非均质地层中的扩散，这方面的研究目前在国际上受到关注，本章从含水层物质的储存以及溶质在非均质-低渗透性地层中的扩散等方面开展研究，对于理解污染物在修复过程中的拖尾和反弹效应具有重要意义；同时，对修复剂在地层介质中的迁移进行论述,对评估污染含水层有效修复区域具有实际意义。第 7 章和第 8 章主要是关于地下水污染修复过程中修复剂流体(气流、水流、降解菌羽流)在非均质地层中的行为和界面效应,对于地下水污染(实际工作中往往是非均质地层)的修复具有理论和实际意义。第 9 章通过实例研究,重点介绍地下水污染抽取-处理的拖尾和反弹效应,以及增溶、增流强化方法。第 10 章为污染含水层的原位热修复技术,初步论述热蒸汽强化抽提和热传导加热修复技术。第 11 章为污染含水层的原位微生物修复技术,该技术是污染物修复的绿色、经济和最有前景的修复技术。重点介绍采用绿色荧光蛋白作为生物指示剂,结合光透射技术,构建一种新的、可直观并实时监测降解菌在模拟含水层中迁移的方法体系;以及基于工业糖浆注入原位微生物修复六价铬 [Cr(VI)] 污染含水层的研究。第 12 章为污染场地的监测自然衰减,重点介绍污染场地自然衰减作用的评估,以实际场地为例,介绍地下水污染场地的监测自然衰减方法的应用。第 13 章为地下水污染的阻隔控制,阻隔控制是从源头上对污染风险进行管理的有效手段,重点研究地下水污染垂直阻隔墙系列阻隔材料的防渗性能和在极端污染环境下的兼容性能。

本书总结了作者多年来在地下水污染控制与修复领域的科研工作,包括国家高技术研究发展计划重大项目("重大环境污染事件污染场地净化与修复技术")、国家重点研发计划项目("重点行业场地优先控制污染物及其复合污染风险机制")、国家自然科学基金重点项目("地下低渗透性介质中有机污染物去除机理研究")、国家自然科学基金面上项目("地下水污染源带粘土基垂直阻截墙兼容性研究")等。同时,充分参考了国际上地下水污染场地控制与修复研究领域的最新进展。许多室内模拟实验、分析工作都是在吉林大学石油化工污染场地控制与修复技术国家地方联合工程实验室和教育部地下水资源与环境重点实验室中完成的。

全书由赵勇胜执笔,有些章节包括作者指导的博士和硕士学位论文的部分内容,以及参与的科研项目成果。参与的博士生有秦传玉、洪梅、董军、周睿、张伟红、白静、曲丹、屈智慧、姚猛、李琴、陈子方、秦雪铭、杨新如、孙荷、刘茹雪、谢佳殷、徐慧超、乔华艺;硕士生有宋兴龙、王贺飞、孙家强、韩慧慧、韩佩凌、戴贞洧、张力。

作　者

2023 年 12 月于长春

目　　录

前言

第1章　概论 ………………………………………………………………… 1

　　1.1　地下水污染的特点 ……………………………………………………… 1

　　1.2　我国地下水污染及存在的问题 ………………………………………… 2

　　1.3　地下水污染防控与修复的发展趋势 …………………………………… 5

　　1.4　场地污染水文地质学 …………………………………………………… 10

第2章　污染物及流体特性 ………………………………………………… 16

　　2.1　污染物 …………………………………………………………………… 16

　　2.2　流体和界面 ……………………………………………………………… 25

第3章　多孔介质特性 ……………………………………………………… 36

　　3.1　介质骨架 ………………………………………………………………… 36

　　3.2　多孔介质组成 …………………………………………………………… 39

　　3.3　含水层储水特性 ………………………………………………………… 43

　　3.4　地层介质渗透性 ………………………………………………………… 44

　　3.5　地层介质非均质性 ……………………………………………………… 46

第4章　多相流体污染物在包气带中的迁移 …………………………… 47

　　4.1　包气带水的分布与运动规律 …………………………………………… 47

　　4.2　包气带中水与 NAPL 的迁移 …………………………………………… 50

第5章　污染物及修复剂在含水层中的运移 …………………………… 53

　　5.1　地下水流运动 …………………………………………………………… 53

　　5.2　多孔介质中的弥散和吸附反应 ………………………………………… 58

　　5.3　多相流和非水相流 ……………………………………………………… 61

　　5.4　非水相液体污染物的迁移及跨介质转化 ……………………………… 65

　　5.5　污染物迁移的影响因素 ………………………………………………… 67

第6章　污染物及修复剂在非均质地层中的扩散 ……………………… 69

　　6.1　含水层物质储存能力 …………………………………………………… 69

　　6.2　溶质在流动与不流动孔隙间的转化 …………………………………… 72

　　6.3　溶质在非均质-低渗透性地层中的扩散实验 ………………………… 76

　　6.4　修复剂在地层介质中的传输 …………………………………………… 85

第7章　基于气流修复的地层界面效应 ………………………………… 95

　　7.1　空气扰动修复气流流量分布的紊动射流理论 ………………………… 95

7.2 层状非均质地层气流修复的界面效应 ·········· 99

7.3 含低渗透性透镜体地层气流修复的界面效应 ·········· 105

7.4 含砾石非均质地层气流修复的气泡脉动效应 ·········· 107

第8章 基于水流修复的地层界面效应 ·········· 114

8.1 层状非均质含水层抽取-处理的界面效应 ·········· 114

8.2 含低渗透性透镜体含水层的地层界面效应 ·········· 116

第9章 地下水污染抽取-处理的拖尾和反弹及强化修复 ·········· 124

9.1 概述 ·········· 124

9.2 抽取-处理过程中污染物浓度的拖尾和反弹效应 ·········· 124

9.3 抽取-处理拖尾和反弹实例研究 ·········· 126

9.4 增溶-增流强化技术 ·········· 144

9.5 增溶强化实例研究 ·········· 147

第10章 污染含水层的原位热修复技术 ·········· 154

10.1 概述 ·········· 154

10.2 污染含水层的热蒸汽强化抽提修复技术 ·········· 154

10.3 污染含水层的热传导加热修复技术 ·········· 161

第11章 污染含水层的原位微生物修复技术 ·········· 166

11.1 概述 ·········· 166

11.2 微生物降解菌在污染含水层中的迁移与作用 ·········· 166

11.3 基于工业糖浆注入原位微生物修复 Cr(VI)污染含水层研究 ·········· 175

第12章 污染场地的监测自然衰减 ·········· 198

12.1 概述 ·········· 198

12.2 影响污染物在地下环境中归趋和迁移的重要过程 ·········· 199

12.3 污染场地自然衰减的评估 ·········· 206

12.4 长期监测与方案修正 ·········· 226

12.5 实例 ·········· 227

第13章 地下水污染的阻隔控制 ·········· 238

13.1 概述 ·········· 238

13.2 地下水污染阻隔技术要求 ·········· 239

13.3 地下水污染阻隔材料 ·········· 247

13.4 几种地下水污染阻隔材料和技术的试验研究 ·········· 248

13.5 地下水污染阻隔墙效果监测与评估 ·········· 271

参考文献 ·········· 273

关键词索引 ·········· 289

第1章 概　　论

地下水污染严重困扰和威胁着人体健康和生态安全，同时导致水资源短缺问题更加严峻。地下水污染既是生态环境问题，也是水资源管理问题，因为地下水资源和地表水资源一道构成了人类赖以生存的淡水资源，因此一直以来广受关注。人类一直在努力研究如何防止地下水的污染和污染的控制与修复问题，研究不同污染物在地下水系统中的迁移转化过程、污染物在含水层中的控制与修复方法和技术。

地下水污染的防治迫切需要创新科技的引领，特别是污染控制与修复的瓶颈问题，需要进行多学科联合攻关。例如，非均质-低渗透性地层中污染物的去除，常规的污染修复技术大都存在修复效率低、去除效果差、持续时间长等问题。目前，已有许多普遍使用的地下水污染修复技术，如抽取-处理、原位空气扰动、原位化学氧化还原、原位微生物降解等，其污染去除的效果严重依赖被污染地层介质的渗透性能。实践经验表明：在渗透性较好的地层（如粗砂、卵砾石等）中，地下水污染修复具有较好的效果；而在低渗透性地层（如粉细砂、淤泥质、黏性土等）或含有低渗透性介质的非均质地层中，污染物的去除效果差，甚至修复技术无效。此外，如何使地下水污染的防治更经济可行、环境友好和可持续，是未来地下水污染防治的科技需求。

1.1　地下水污染的特点

地下水的水质问题包括两大方面：原生水质问题和地下水污染问题。其中，原生水质问题是指在天然条件下地下水的水质不良，如地下水中高铁锰、高硬度、高硫酸盐、高氟、高砷和高溶解性总固体等。上述地下水的劣质并非直接由于人类活动污染物的排放所致，而是与含水层地层岩性、气候条件等因素有关。地下水劣质水体分布具有一定的区域性，受水-岩作用控制，面积较大，劣质地下水的改良具有很大的挑战性。本书没有涉及地下水的原生水质问题，重点关注地下水污染问题。

地下水污染是指人类活动产生的废物排放导致的地下水水质问题。地下水污染是一个过程，包括污染源泄漏、污染物在土壤和包气带中的迁移与作用、污染物在含水层中的迁移与作用。在研究地下水污染问题时，需要考虑整个过程，缺失任何一个部分，对于地下水污染的防控与修复都有可能带来问题。

地下水污染以场地形式出现，即其分布范围围绕污染源具有一定的大小和边界，往往呈点状、片状。相对于区域水文地质单元而言，污染羽的面积有限，但农业面源污染可以是较大面积。污染物在地下水中的迁移相对缓慢，特别是在多孔介质含水层中的迁移比在河流中的运移慢几个数量级，在地下水中的迁移速度往往为每天零点几米至几米。但在裂隙、岩溶含水层中，污染物的迁移速度可以很快，污染物在岩溶裂隙通道、地下暗河中的迁移，与地表河流中污染物的迁移相差无几。

地下水污染具有隐蔽性、复杂性和不确定性。地下水污染难以被发现，污染范围和程度的确定与地表水污染相比存在较大困难；地下水污染十分复杂，污染的不仅是地下水，还包括储存地下水的地层介质，污染物在水和介质中发生相互作用，即存在着污染物-水-固体介质多相体系，污染物在这一复杂体系中进行迁移与反应。由于上述复杂体系的存在，污染物的迁移与作用具有不确定性，包括介质的非均质性、水-岩作用、污染物在含水层中迁移的随机性等（赵勇胜，2015）。

1.2 我国地下水污染及存在的问题

根据中国地质调查局进行的地下水污染大调查（2012~2014年）评价结果，我国地下水水质总体较好，但在一些地区存在着地下水的有机污染和重金属污染等问题。东北地区重工业和油田开发区地下水污染严重；华北地区经济相对发达，从城市到乡村地下水污染较普遍；西北地区地下水受人类活动污染影响较小，地下水污染相对较轻；南方地区地下水水质总体较好，但城市及工矿区局部地域污染较重，特别是长江三角洲地区、珠江三角洲地区经济发达，浅层地下水污染普遍。

我国地下水中氮污染问题较普遍和突出，主要分布在东北、华北、淮河流域平原的农业区，以及城市周边区域，氮污染的主要来源是农业过量化肥的使用、畜禽养殖、垃圾渗滤液和生活污水的泄漏。地下水中重金属的污染主要分布在工矿企业及城市周边以及污水灌溉区，主要污染物包括铅、铬、汞和砷等。我国地下水中的有机污染逐渐凸显，分布在经济较发达的东部地区及人口集中的内陆城市，往往在化工企业分布区污染问题较突出。污染物主要是苯系物、有机氯溶剂和农药等，有机污染物在一些地区的地下水中检出明显，但超标率较低。

一般污染源处的地下水污染最为严重，已有调查结果表明，工业企业、矿山、加油站、垃圾填埋场等地下水潜在污染场地污染物的泄漏，导致浅层地下水的严重污染。此类地下水污染呈点状或片状，但污染物浓度高，超标严重。突发泄漏事故，以及污染物的渗井、渗坑违规排放和倾倒也造成了地下水的严重污染。中国石油天然气股份有限公司吉林石化分公司地下水硝基苯、苯和苯胺的污染，中国石油兰州石化公司地下水苯污染等严重地下水污染事件，引发了相当突出的社会问题。随着我国经济的发展和城市化进程的不断加快，地下水污染源种类繁多、数量庞大、分布广泛，特别是点状、片状的地下水污染场地污染严重，污染问题没有得到有效控制，对水安全带来了严重威胁。总之，我国地下水污染的趋势为：由点状、条带状向片（面）状扩展，由浅层向深层渗透，由城市向周边蔓延。根据《中国自然资源统计公报》数据，我国地下水的水质现状不容乐观。

近些年，我国陆续出台《全国地下水污染防治规划（2011—2020 年）》、《水污染防治行动计划》（2015 年）、《土壤污染防治行动计划》（2016 年），2019 年开始实施《中华人民共和国土壤污染防治法》。上述国家规划和法规对地下水污染防治工作提出了明确的目标和任务。我国目前已经开始重视地下水污染问题，开展了全国性的地下水污染大调查；在国家科技重点研发计划中包括了地下水污染控制与修复的内容；在污染场地的修复实践中，也逐渐涉及污染地下水的修复问题。但与发达国家相比，地下水污染修复从理论方法到工程实践都有较大的差距。我国地下水污染工作方面存在如下问题。

1. 地下水污染场地调查和评估重视不够

地下水污染场地"家底不清"，缺少全国性或地区性的污染场地清单、风险评估、优先防控目录。污染场地防治工作，重视后端的治理修复，轻忽调查和评估，前期调查工作投入不足，导致场地地层结构和污染源、污染羽的刻画分辨率低，对后期科学合理防控、修复方案的制定带来影响。此外，对污染场地风险管理方面的研究工作不足，缺少预防、控制与修复有机结合的整体考虑。

2. 污染场地工作重视土壤，对地下水部分重视不足

目前，我国无论是课题研究还是工程实践，大都针对土壤的污染问题，很少有非常成功的地下水污染修复标志性工程。而在欧美发达国家更重视地下水的污染问题。实际上，污染场地包括污染的土壤、包气带和地下水。土壤污染与地下水污染联系密切，一般而言，污染物从表层土壤进入包气带和含水层，是污染物迁移的主要途径。理论上，虽然一个污染场地不一定会导致地下水污染，它取决于污染物的泄漏量、水文地质条件等因素，但根据目前国内外的调查统计，绝大多数的污染场地都包括土壤和地下水的污染。污染土壤对地下水的作用包括污染物靠重力的下渗、降水等外部水的淋滤作用而进入地下水。污染的地下水也可以对非饱和土壤产生影响，首先是地下水位随季节波动，导致污染的地下水可以直接影响包气带，形成污染的"波动带"。在丰水期，地下水位抬升，在枯水期地下水位下降。这种水位的变幅一般可达数米。其次是污染地下水可以通过毛细作用带，将污染地下水中的污染物和盐分携带进入包气带土壤。最后，尤为重要的

是，对于挥发性和半挥发性的有机污染物，地下水中的污染物可以通过挥发进入包气带土壤。总之，污染场地中污染的土壤和地下水存在着相互作用，影响密切。因此，在污染场地的风险管控中，往往需要同时考虑土壤和地下水，根据污染物迁移转化的模拟研究和风险评价的结果，进行整体联合修复（赵勇胜，2015）。

3. 地下水污染修复技术创新不足，引进国外技术尚需消化吸收

近年来，发达国家的污染场地修复技术、装备正向深度化、尖端化方向发展，产品也随之向标准化、成套化、系列化方向发展。地下水污染场地控制与修复涉及水文地质、环境工程、化学、生物、计算机、数学、材料等众多学科，需要多学科联合攻关。我国污染场地修复蕴含着巨大的市场需求，而地下水污染修复则刚刚起步。目前，污染场地修复设备、材料还主要依赖进口，自主研发的技术和产品较少，而且需要提高实际效率。成套引进国外的现成技术及装备，费用昂贵；如果在场地修复过程中，缺乏水文地质专业人员的参与，污染修复效果有可能达不到预期，有的甚至无效。因为没有脱离场地具体地质条件的"万能"修复技术，修复技术的应用离不开地层岩性、地下水水动力等条件的影响。因此，在借鉴国外成熟修复技术的基础上，从我国场地污染特征、经济社会发展及现阶段技术储备等多方面综合考虑，提出科学合理的地下水污染控制与修复体系非常重要。

4. 存在对地下水污染修复的认知误区

地下水污染场地需要进行风险管理，即通过场地调查、风险评估，来确定特定地下水污染场地的风险管理策略。地下水污染风险管理包括：制度控制、工程控制和主动修复。风险管理方案的制订依赖于污染场地风险评估的结果。因此，地下水污染风险管理不能简单地等同于地下水污染修复。同样，脱离具体的污染场地和受体情况，笼统地说"地下水污染的修复是昂贵的"是不正确的。实际上，地下水污染场地的修复费用与风险评估的结果直接相关，取决于修复目标的水平。在污染风险小的场地，风险管理的费用较少，有的甚至可以不用采取修复措施。因此，我国应尽早全面开展地下水污染场地的风险管理工作，采取积极的污染预防、控制和修复策略，否则代价会越来越大。

5. 关于污染场地风险管控

在我国，"污染场地风险管控"的提法越来越多地出现在科研和实际应用工作中，甚至出现在有关污染场地工作的规范或指南中，所以很有必要搞清楚其含义。从字面上理解，风险管控就是风险的管理与控制，似乎没有什么问题，但在实际工作中，容易导致不同的理解。首先取决于对"管理"的理解，管理有行政、法规的管理（administration）和科学技术的管理（management）之分，前者注重

利用政策、法规进行管理，而后者是基于科学技术和工程手段的管理。如果"风险管控"中的管理是指行政手段的管理，则针对污染场地问题时，这一提法不完整，缺少了污染修复的内容，应在相关的规范或指南中予以明确。如果"风险管控"中的管理是指科学技术和工程的管理，则污染场地的风险管理和控制不是并列关系，而是包含关系，污染场地的风险管理（risk management）包括制度控制（institutional control）、工程控制（engineering control）和污染修复（remediation），控制与修复是风险管理的重要组成和手段，所谓的"风险管控"不能等同于风险管理。

1.3　地下水污染防控与修复的发展趋势

地下水污染应采用防控为主、修复为辅、防治结合的路线。构建"源控制—途径阻断—控制与修复"的地下水污染防控体系。在地下水未污染区，应采用积极的预防和预警；在地下水易污染区，应以预防和控制为主；对于地下水已污染的敏感区，应积极开展污染控制与修复。污染源控制包括污染源的去除和控制，降低污染物浓度、毒性和活动性；污染途径阻断主要是污染羽的控制，包括制度控制和工程控制；基于风险评估的地下水污染控制与修复，主要包括修复技术筛选、修复效果评价等。

图 1-1 为 1981～2020 年美国超级基金污染场地污染源修复决策选择比例，共统计了 3409 个决策文件，包括 1385 个涉及污染源修复的污染场地（USEPA，2023）。从图中可以看出，2000～2020 年，修复决策中源处理、就地圈闭和离场处置的比例相对稳定，变化不大。采取制度控制措施的源处理决策文件比例一直在增加，直到 2000 年初期，然后在 70%左右的比例上维持稳定；选择监测自然衰减（monitored natural attenuation，MNA）、监测自然恢复（monitored natural recovery，MNR）和强化监测自然恢复（enhanced monitored natural recovery，EMNR）的决策文件比例一直很低，表明污染源（带）由于污染负载大，采用自然衰减或自然恢复的可能性较小。实际上，许多污染场地污染源的修复采用了多种修复措施（约2/3 的决策文件），如源处理联合就地圈闭、离场处置、制度控制、MNA、MNR、EMNR 等。

图 1-2 为 1981～2020 年美国超级基金污染场地地下水污染修复决策选择比例，共统计了 2668 个决策文件，包括 1289 个涉及地下水污染修复的污染场地（USEPA，2023）。从图中可以看出，2015～2017 年地下水污染采用原位修复的决策文件占 51%，2018～2020 年这一比例为 47%，略有下降；采用抽取-处理的决策文件比例总体较低，2015～2017 年平均为 20%，2018～2020 年约为 31%，略有升高；2018～2020 年约有 30%的决策文件其地下水污染修复采用了 MNA，

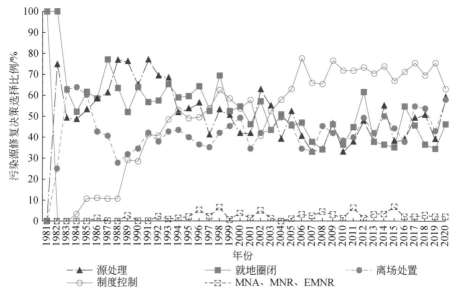

图 1-1　1981～2020 年美国超级基金污染场地污染源修复决策选择比例

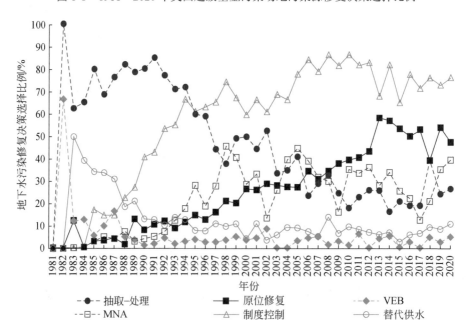

图 1-2　1981～2020 年美国超级基金污染场地地下水污染修复决策选择比例

比之前 3 年的比例有所提升，2015～2017 年这一比例为 20%；近年来约有 3/4 的地下水污染决策文件持续包含制度控制措施；采用垂直工程屏障（vertical engineering barrier，VEB）技术的决策文件比例近年来一直很低；总体有 55%的地下水污染场地修复决策文件选择了多种修复技术或措施联合使用。

从世界范围来看，未来地下水污染的控制与修复会更加重视场地的高分辨率调查诊断，强调修复效果增强技术、修复剂传输技术，以及以地质为中心的场地风险管理方法等[①]，具体包括：

（1）场地调查、修复技术同等重要，场地诊断、刻画尤为重视。包括：场地概念模型，高分辨率场地刻画，先进的诊断工具，污染物运移模型，以地质为中心的场地风险管理方法，场地数据采集、管理和可视化的改进，风险评估和生物可利用度考虑等。

（2）土壤和地下水污染统一考虑，地下水污染修复是关注的焦点。包括：可行的场地管理和风险管理策略，大型、稀释和混合污染羽的研究，低渗透带污染研究，寒冷地区污染研究等。

（3）原位修复技术为主，强调增强技术、传输技术。包括：电增强技术，热增强修复，表面活性剂增强修复，传输方法的创新和优化，联合修复和修复序列，新兴修复技术等。

（4）修复技术与污染物类型、场地地层环境紧密结合，没有脱离场地的技术。

目前，从我国地下水污染场地风险管理状况来看，需要更加重视如下工作。

1. 非均质-低渗透性地层的地下水污染问题

非均质-低渗透性地层污染地下水的异位处理（抽取-处理）存在拖尾效应和反弹效应，抽取后期的处理效率降低；原位反应带修复被认为是较为可行的污染修复技术，其修复效果主要依赖于修复剂在地下环境的迁移和均匀分布，特别是和低渗透性地层内污染物的充分接触。然而实践证明，修复剂在地下水中的迁移过程明显受含水层介质非均质性的控制。由于天然地下含水层的非均质性，修复剂的迁移主要集中在渗透性相对较高的区域，遇到透镜体等低渗透性区域时，往往会发生"绕流"作用，致使其中的污染物无法和修复剂直接接触而被有效去除。结果导致污染物从低渗透性区域缓慢、持续向外释放，严重影响修复时间和修复效果。因此，目前国际上地下水污染修复的主要难点之一就是在非均质条件下，低渗透性区域中污染物的去除问题，其关键是如何提高修复剂在低渗透性地层中的迁移能力，提高修复技术的有效性。

近年来，国外学者围绕黏度调控强化非均质-低渗透性地层污染的修复开展机理及效果研究，面向实际修复工程的成套工艺及设备研发还较少见。研究表明，向驱替液中添加剪切稀化流体（如黄原胶、水解聚丙烯酰胺等高分子有机聚合物）

---

① 11th Conference on the Remediation of Chlorinated and Recalcitrant Compounds，2018.

增大驱替液的黏度和原位孔隙压力,从而降低其在高渗透性介质中的流速;同时,通过在低渗透性地层中的剪切稀化,增强其流动性,促进驱替液从高渗透性介质向低渗透性介质迁移(Standnes and Skjevrak, 2014)。

国内外学者已经做了一些相关的研究,Megan 等(2008)研究了利用聚合物强化原位化学氧化应用的可行性,研究发现:高锰酸盐与黄原胶具有良好的兼容性。Chokejaroenrat 等(2013)已经将聚合物引入到非均质含水层污染的修复中,并且取得了很好的修复效果。Zhong 等(2008)通过流体的黏度改性增强了修复剂的迁移,研究发现黄原胶作为一种剪切稀化聚合物,能够运载修复剂进入低渗透性区域,驱替三氯乙烯(trichloroethylene, TCE),从而提高修复效率。

2. 污染源带地下水污染防治问题

污染源带地下水污染物浓度高、赋存状态复杂,污染最为严重。如果是非水相液体(non-aqueous phase liquid, NAPL)污染物,还有可能存在自由相,使地下水污染的防治更为复杂、难度增大。因此,污染源带地下水污染的控制与修复尤为关键。如何针对高污染负载区域,进行地下水污染的控制与修复是极具挑战的任务。

污染源带的防治是地下水污染防治的关键环节,目前采用的污染源带防治技术包括物理屏蔽法、多相抽提法、化学冲洗法等。虽然上述技术在国外得到了一定的研究和应用,是削减污染源头及污染总量的实用技术,但仍存在修复效率不高、后期反弹、污染羽扩大等问题。我国虽然开展了相关的研究工作,但缺乏具有自主知识产权的高效修复材料及功能模块化的工程装备。

异位的污染土体开挖-处理和污染地下水抽取-处理技术相对较成熟,二者都对高污染负荷具有较好的效果,发达国家的经验表明:抽取-处理方法只适用于污染源带污染严重地下水的初期治理,中后期则处理效率变差,需要其他的修复策略。原位化学氧化也往往作为污染源带的常用修复技术,主要依托高级氧化法,利用氧化剂(过氧化氢、过硫酸盐等)本身的氧化性或者与催化剂反应产生的自由基对污染物进行降解和高效去除,其工艺相对成熟,有一定的场地修复工程经验,在国外得到了广泛的应用,可适用于地下水污染源区高浓度污染物的削减和移除(Siegrist et al., 2011; Kueper et al., 2014)。近年来,在原有地下水高级氧化修复技术的基础上,发展出了基于二氧化碳自由基的高级还原修复技术,可以对氯代、溴代有机污染和部分重金属、硝酸盐等有效降解或还原。

3. 土壤包气带和含水层污染协同修复问题

目前,我国对土壤污染的防治非常重视,但对其下伏地下水的修复则关注不够。存在土壤污染与地下水污染分别治理的问题。实际上,土壤包气带和地下水往往一同遭受污染，二者关系密切，相互影响。污染场地的防治包括污染的土壤和地下水。因此，地下水污染的防治必须统筹考虑土壤、包气带的污染治理。寻求土壤、地下水的协同修复技术体系，研制适用于污染场地整体修复的模块集成化装备，实现土壤、地下水同时高效处理，是目前地下水污染防治的关键问题。

污染包气带土壤和地下水的协同修复是污染场地修复的难点，国外大多利用多种技术的组合来实现。例如，循环井技术在修复地下水的同时也可以通过将上部筛管延伸至包气带，以实现对包气带的修复。该技术可结合物理、化学和生物过程，达到修复地下环境污染的目的。循环井技术通过改善含水层中地下水的流动状态，还可以实现增流，达到污染的快速修复。传统循环井技术已被应用于挥发性有机物（volatile organic compounds，VOCs）、半挥发性有机物（semi-volatile organic compounds，SVOCs）的去除，该技术在不断改进和发展，已在美国 50 多个污染场地得到了应用。20 世纪 90 年代美国国家环境保护局将循环井技术应用于许多污染场地，包括 VOCs 和 SVOCs、杀虫剂、无机物及放射性核素等。这些场地实例验证了循环井技术的高效性和可靠性。

4. 具有缓释功能的绿色地下水污染原位修复材料研发

地下水原位修复材料的研究在国内受到普遍关注，但研究主要还处于实验室阶段，现场成功的工程应用实例非常少。往往注重修复材料自身性能、污染物去除效果的研究，缺少在不同地层环境下，修复材料与含水层介质的相互作用、水文地球化学条件的影响等方面的研究，而这些方面的研究工作对修复材料的实际应用至关重要。目前，地下水污染修复材料大多存在如下问题：

（1）材料半衰期短、稳定性差；

（2）修复前期，往往污染物浓度迅速降低，但短暂的高效污染物去除结束后，场地的污染物浓度容易反弹，修复材料无法长期发挥其降解污染物的功效；

（3）很多材料迁移速度快、消耗快，不能在地下形成稳定的反应区域，要达到工程修复效果，必须短时间内多次注入，运行维护成本高。

对于原位注入的地下水污染修复材料，首先应具有环境友好性，不能引起二次污染；其次应具有一定的迁移性，材料注入后能够随地下水一起流动，在一定的范围内扩散，形成一定的影响半径；最后应具有缓释性，能够持续不断地提供反应基，以满足持续性的污染物去除。

近年来，国内外原位化学和生物修复材料研究包括零价铁、活性炭、泥炭、蒙脱石、石灰、锯屑等，可注入的修复剂包括高锰酸钾、芬顿（Fenton）试剂、过硫酸盐、释氢剂等，其中绿色、缓释的修复材料是目前国内外的研究热点。绿色修复材料如工业糖浆、乳化油等，可以减少二次污染物、降低生产成本。

5.地下水的复合污染修复问题

污染场地地下水呈现明显的复合污染特征，表现为重金属和有机物共存、多种复杂有机组分共存等突出特点，给污染地下水的防治带来极大的挑战。地下水的复合污染修复较复杂，需要根据复合污染物的类型，有针对性地开展修复技术的研发。例如，利用表面活性剂对重金属和有机物进行同时洗脱，或利用高效吸附剂对二者进行吸附。但目前来看，复合污染的修复手段单一，联合修复的研究较少。如何协调复杂环境因素，开展不同修复方法耦合的联合修复技术仍是今后复合污染土壤及地下水修复研究的主要方向和热点问题。

1.4　场地污染水文地质学

污染场地的控制与修复工作中，场地尺度的水文地质工作尤为重要，它决定着场地污染控制与修复的成败。国际上普遍认为水文地质工作是污染场地工作的关键所在，提出没有脱离场地的地下水污染修复技术以及以地质为中心的污染场地修复[①]。污染场地对水文地质工作的要求具有特殊性，包括：小尺度，高分辨率；既要研究污染物泄漏的污染过程，也要研究修复状态下的污染物去除过程；特别需要关注注入含水层的修复剂流体（气体、液体、胶体、微生物等）与地层介质、目标污染物的作用。而传统大尺度的水文地质学难以完全满足上述工作的实际需求。因此，很有必要提出水文地质与环境工程学科交叉的"场地污染水文地质学"，以适应地下水污染场地风险管理的实际需求。

1.4.1　问题的提出

随着地下水污染日趋严重，国际上对地下水污染的调查、模拟预测和评价、污染的控制与修复越来越重视。人们逐渐认识到地下水污染场地工作具有地学与环境学多学科交叉的特点，在研究工作中把水文地质学与环境科学与工程相结合。从 1986 年开始，Elsevier 出版了《污染物水文学》期刊（*Journal of Contaminant Hydrology*）；Fetter 于 1993 年出版了《污染物水文地质学》专著，Palmer 于 1996 年出版了《污染物水文地质学原理》（第二版），标志着人们逐渐重视水文地质学与环境污染的密切关系。国际上提出的"污染物水文地质学"是对传统水文地质学的拓展，更重视地下环境中污染物与水文地质的关系。上述专著的目的是服务于地下水污染调查、监测和治理，主要论述了地下水化学分析、含水层试验等水文地质方法技术。具体内容包括：地下环境中的物质迁移，溶质转化、阻滞和衰

---

① 11th Conference on the Remediation of Chlorinated and Recalcitrant Compounds，2018.

减，多相流，地下水中的无机和有机化学物质，地下水和土壤监测，以及污染的控制与修复技术等。基本上是基于大尺度的水文地质学，如地区尺度、流域或盆地尺度等，没有聚焦场地尺度水文地质工作的特殊性。

我国对地下水污染问题的研究比较重视，1998 年，陈梦熊院士对我国环境水文地质学的发展进行了分析和论述。从 20 世纪 70 年代开始，我国已经对大多数大中城市开展了地下水污染的调查评价，但主要是基于水文地质学，开展地下水污染源、污染途径、模拟预测等研究工作；之后对地下水污染的研究越来越重视，从溶质运移、污染物与水-岩的作用、污染的控制与修复开展了较为系统的研究。我国将地下水污染的研究内容主要归属于环境水文地质学领域（陈梦熊，1998）。

近年来，随着对地下水污染工作重视程度的提升，开展了大量场地尺度的地下水污染工作，包括地下水污染场地调查、模拟预测、风险评价、污染控制与修复等。作者在实际工作中发现小尺度场地的诸多问题，基于大尺度的水文地质学或提出的"污染物水文地质学"方法或原理难以完全解决。其原因就是小尺度的地下水污染场地工作具有如下独特性。

1. 地下水污染场地规模很小，要求高分辨率刻画

地下水污染往往以"场地"的形式出现，呈点状、片状，特别是在松散地层中的污染更是如此。与水文地质单元相比，地下水污染场地的尺度非常小，可相差几个数量级。地下水污染场地工作图件的比例尺往往为 1∶1000 甚至更大，而传统水文地质工作图件的比例尺可达 1∶100000 或更小。因此，与传统水文地质的大尺度相比，小尺度的地下水污染场地对地层岩性、污染羽的刻画等要求更高的分辨率。

2. 场地勘探精度的问题

传统水文地质工作的精度与工作区的比例尺大小有关，不同的比例尺精度，钻孔布置的数量不同。在地下水污染场地尺度，勘探钻孔的布置会影响污染场地概念模型的建立。由于勘探精度的增加，对场地地层岩性刻画的分辨率增大，能够更为准确地描述场地的实际情形。而依据低精度勘探资料刻画的污染场地概念模型，有时会带来很大的误差和错误，给后续的污染控制与修复工作带来严重的问题。

3. 地下水污染过程和污染去除过程的研究

场地尺度的地下水污染研究既要考虑污染物泄漏的污染过程，也要考虑修复状态下的污染物去除过程，这两个过程中污染物的作用有着较大的差异。例如，在污染物泄漏过程中，往往会在地下形成生物地球化学顺序氧化还原分带，包括

产甲烷带、硫酸盐还原带、铁-锰还原带、硝酸盐还原带和氧还原带。而在修复过程中，污染物除了与地层介质作用外，与修复剂的物理、化学和生物作用更为重要。因此，需要研究污染和修复过程中污染物的作用行为，具体包括：

（1）场地尺度下，地层介质参数获取及污染羽的准确刻画方法；

（2）场地尺度下，污染过程中污染物在地下环境中的物理、化学和生物作用的定量描述问题；

（3）场地尺度下，污染物非混溶多相体系的作用过程描述；

（4）场地尺度下，非均质-低渗透性地层对污染物迁移转化的影响等。

4. 修复剂流体与污染物和含水层介质作用过程的准确刻画

当对地下水污染进行修复，特别是需要原位注入修复剂时，在地下含水层体系中发生复杂的物理、化学和生物作用过程，需要对其进行准确刻画。利用传统的"对流-弥散-反应"数值模型难以描述复杂的修复剂与污染物和地层介质的作用过程，包括：

（1）修复剂在地下环境中与目标污染物的物理、化学和生物反应的定量描述（热力学、反应动力学）；

（2）修复剂在含水层中的非目标反应及其作用机制；

（3）不同修复技术修复效果的模拟预测评估。

综上所述，小尺度的地下水污染场地对水文地质工作的要求具有特殊性，随着地下水污染场地问题越来越受到重视，对场地水文地质工作的需求日益增强，因此提出并研究场地污染水文地质学很有必要。

1.4.2　场地污染水文地质学需要解决的问题

污染场地由于其地下水污染羽范围有限，所以对于地层岩性和污染羽的刻画、污染物在地下环境中各种作用过程的描述都具有小尺度的特点（Asante-Duah，2019），场地污染水文地质学拟解决的问题如下。

1. 场地地层岩性和污染羽的刻画要求更高的分辨率，避免平均化

地下水污染场地的刻画包括地层岩性的刻画、含水层相关参数的获取、地下水取样分析、目标污染物分布等。上述有关参数的获取、岩性和污染羽的刻画要求尽量避免平均化。实际上，地层特性参数值随着观测尺度的变化而变化，在小尺度情形下，含水层的特性参数值变化很大，具有较强的随机性；而随着尺度的增大，描述含水层特性的参数值趋向稳定于一个平均值。地下水动力学中把地层介质特性参数值（如孔隙度等）不再变化时的观测体积称为代表单元体（representative elementary volume，REV）（Bear，1988）。传统的水文地质学基于

经典达西定律，往往应用 REV 的概念，即可以采用参数值平均化的方法。而地下水污染场地，由于其小尺度的特点，存在如何选取描述地层特性参数的问题。REV的概念在某些特定研究目标下，能否直接在场地污染水文地质中应用，尚需进一步深入研究。

表 1-1 为传统水文地质与场地污染水文地质工作差异的分析对比，主要为大区域和小范围的尺度差别、参数平均化和高分辨率刻画，以及小尺度污染场地更需要对作用过程进行定量描述等。地下水污染场地需要什么样的分辨率，以及如何提高分辨率，也是场地污染水文地质学需要开展的研究内容。

表 1-1 传统水文地质与场地污染水文地质工作差异分析对比表

内容	传统水文地质工作	场地污染水文地质工作
工作精度	小比例尺（大区域）	大比例尺（小范围）
地层岩性	往往需要进行概化	描述尽可能细致，更重视非均质-低渗透性介质
地下水流速	平均流速（达西流速）	实际流速
流体	地下水、水-岩作用体系	地下水、NAPL、固-液-气多相体系
水文地球化学环境	天然条件	往往存在酸、碱、有机自由相等极端条件
地层参数	平均化	高分辨率刻画，避免平均化

在区域水文地质工作中，往往对复杂含水层进行地层岩性的概化、地层参数的平均化，以及使用地下水的平均流速，构建水文地质概念模型，进行地下水流和溶质运移模拟预测等。但在小尺度的污染场地，地层参数等平均化会带来失真，不利于地下水污染的准确刻画和污染物的控制与修复，地下水污染场地工作需要更高的精度和分辨率。

2. 污染物在地下环境反应过程的精准刻画

小尺度的污染场地要求对污染物的存在形式和相态间作用进行定量描述。在地下水污染修复过程中，对于有机污染物，溶于水的污染物首先被降解去除，根据相平衡理论，残余相和吸附相的污染物进入水相，污染物得以持续降解，但降解的速率受污染物相转移的速率限制，因此场地污染水文地质学需要高度关注污染物相转移的问题。

修复剂（助剂）可以包括液体、气体、纳米材料、菌剂等。修复剂有效的传质是污染修复的前提和基础。因此，需要解决的问题包括：修复剂传输的均匀分布；场地水文地球化学条件的准确描述 [如酸碱度-氧化还原电位（oxidation reduction potential，ORP）、温度、天然有机物、电子供体（受体）、电子传输、反应速率等]；修复剂的非目标反应问题等。

3. 非均质-低渗透性地层对污染物去除的影响机制

自然界的含水层往往是非均质的，不同渗透性的地层交互沉积，或不同渗透性地层呈透镜体状分布等。由于非均质含水层中高、低渗透性地层接触界面的面积较大，所以污染物通过高渗透性地层向低渗透性地层的扩散通量较大。污染物沿高渗透性通道对流为主迁移，在高渗透与低渗透性介质界面，存在着污染物的扩散作用，这种扩散作用使污染物进入低渗透性地层，从而影响污染物的浓度以及污染物在高渗透性地层中的迁移。进入低渗透性地层中的污染物，则难以在修复过程中得到去除，因此非均质-低渗透性地层介质是地下水污染场地工作中的难点问题。在场地尺度的高分辨率要求下，污染物的扩散作用以及在不同地层间的界面效应等，也应是研究的重点之一。

4. 场地尺度地下水污染的准确模拟预测

在地下水污染场地尺度，进行数值模型模拟预测时也存在着特殊性。其关键问题为利用模型进行模拟分析和预测时，边界问题如何处理？在高精度的要求下，污染修复过程中的物理、化学和生物作用如何准确描述？数值模型检验、验证观测资料序列要求较长和地下水污染场地调查、修复时间较短的问题等。表 1-2 显示区域尺度与场地尺度地下水污染模型工作的差异，可知进行场地尺度的地下水污染模拟预测更为困难。

表 1-2　区域尺度与场地尺度地下水污染模型工作差异分析对比表

内容	区域尺度水文地质模型	场地尺度水文地质模型
模拟区域	含水层系统或水文地质单元	污染范围，厂区
边界条件	往往为地质单元的边界、河流、断层等	无物理意义上的边界
模拟预测时间	年、季	天、小时（h）
模型输入资料	区域性（分区）、平均值	空间和时间上都尽量避免平均化
流体	地下水	地下水、NAPL

综上所述，传统水文地质学是建立在观测尺度大于 REV 的经典达西区域，其各种参数值代表了含水层的平均值。但场地地下水污染修复往往要考虑非达西区域的问题，研究解决这一难题对于污染场地的防治具有重要的意义。场地污染水文地质学在研究方法和技术上，应在传统污染水文地质学基础上丰富和拓展，以适应污染场地管理的实际需求。含水层结构模型可以通过提升勘探精度来不断接近实际情形，但地下水污染的概念模型，包括污染物或修复剂流体在地下环境中

的传输、反应过程的准确描述，有时仅仅利用提升勘探精度是不够的，需要研究含水层多相体系中，污染物-地层介质-修复剂的相互作用过程和机制。

1.4.3　场地污染水文地质学主要研究内容和关键技术

（1）小尺度下场地高分辨率刻画。包括地层岩性和污染羽的三维刻画、地下水流场的刻画、污染源的高分辨率辨析等。

（2）污染过程和修复过程中，污染物在地下环境中的物理、化学和生物作用的定量描述。包括污染物在不同相态间的分配、作用的热力学或反应动力学描述等。

（3）场地尺度污染物在地下环境介质中的迁移转化。包括有机污染物、重金属、新污染物、复合污染物在非均质地层中的迁移和归趋，非混溶多相流问题，以及地下水中污染物的模拟预测。

（4）修复剂（助剂）在地下环境中的传输与反应。包括气体、液体、胶体、降解菌等在地层介质中的均匀传质，竞争性无效反应的确定等。

（5）非均质-低渗透性地层污染的控制与修复问题。高分辨率要求下，污染物的地层界面效应问题；非均质地层修复剂流体的优先流问题；低渗透性地层污染物"出不来"、修复剂"进不去"问题等。

场地污染水文地质学的关键技术包括：

（1）小尺度下地层参数获取、污染物的精准刻画技术；

（2）非均质-低渗透性地层中污染物的迁移转化理论和技术；

（3）水文地球化学作用的模拟分析技术；

（4）污染修复过程中污染物和修复剂在地下多相体系中作用过程的理论和技术。

第 2 章　污染物及流体特性

污染物在地下环境中的迁移和归趋受污染物的物理化学、生物特性和地层结构、水-岩地球化学特性所控制。与环境介质无反应、难降解的污染物在地下水中的迁移能力强，相反，反应型的污染物在地下水中迁移过程中，要与环境介质发生物理、化学或生物作用，其迁移能力受与介质作用能力的影响。本章主要从污染物类型、特征，在地下环境中的迁移和转化作用，以及流体与界面等方面进行论述，主要参考了国际上地下水污染研究有关的污染物特性以及流体和界面方面的成果（Suthersan et al.，2017；Payne et al.，2008）。

2.1　污　　染　　物

2.1.1　污染物类型

1. 有机污染物

有机污染物由碳和氢原子组成。有机物的种类非常多，有环境中天然存在的和人为排放的。地下水中经常出现、引起关注的有机污染来自石油炼制和运输、氯代溶剂和非氯代溶剂、化工生产过程中的原材料和产物，以及生产过程中的各种添加剂等。随着技术和生产过程的持续进步，会有更多未知的有机污染物出现，需要引起关注。

有机污染物在地下水中的迁移和转化取决于其物理和化学性质，依赖于有机物分子的大小、溶解度和挥发性等。有机污染物在地下环境中可以以全部 4 种相态存在，即 NAPL 自由相、残余相（介质骨架吸附）、液相（地下水溶解）和气相。自由相 NAPL 的密度如果大于水的密度 [重质非水相液体（dense non-aqueous phase liquid，DNAPL）]，在地下环境中向下迁移，在含水层的下部聚集；如果小于水的密度 [轻质非水相液体（light non-aqueous phase liquid，LNAPL）]，根据泄漏量的大小，可以在地下水面上扩展或向下"推压"地下水水面。如果 NAPL 自由相在很长时间存在，其在地下环境中的分布和衰减与 NAPL 化合物类型、相对溶解度、挥发性、化学转化敏感性等密切相关。有机污染物可以根据其化学结构和官能团分为不同的种类。

1）卤代有机物

（1）氯代烯烃和氯代烷烃。

氯代脂肪族溶剂的大量使用导致了相关污染物的泄漏，基于其大量的使用和难以降解的特性，氯代溶剂是地下水中最为常见的 VOCs 污染物。最为常见的污染物包括：氯乙烯类、氯乙烷类和氯甲烷类。4 种主要的氯代溶剂包括：四氯化碳、四氯乙烯（perchlorethylene，PCE）、三氯乙烯（TCE）和 1,1,1-三氯乙烷（1,1,1-trichloroethane，1,1,1-TCA）。后来其他的氯代脂肪族化合物［1,2-二氯乙烷（dichloroethane，DCA）、氯仿、二氯甲烷等］也被广泛使用，进入环境。氯代溶剂一般以有限的溶解度、密度大于水为特点。一些降解的中间产物［如顺-1,2-二氯乙烯（cis-1,2-dichloroethylene，cis-1,2-DCE）、1,1-二氯乙烯（1,1- dichloroethylene，1,1-DCE）、氯乙烯等］也有可能和它们的母本一同出现在地下水中，有时甚至会带来更大的风险。

氯代溶剂污染的修复可以采用不同的方法。由于具有挥发性，可以采用基于空气扰动和热修复的技术；其溶解特性可以采用地下水抽取系统去除；还可根据具体污染物的特性，采用多种原位修复技术，包括强化生物降解、化学氧化、直接非生物还原等。

（2）氯代芳香化合物。

氯代芳香化合物包括单环（如氯苯类）和具有更多的取代和物理化学特性的多环［如多氯联苯（polychlorinated biphenyls，PCBs）］，大多数氯代芳香化合物具有较高的物理和化学稳定性，常用于电、传热等行业。许多单环氯苯类化合物也用于溶剂和化工过程的中间体。PCBs 具有低的蒸气压，极易被吸附，水溶性较低，难降解，可长期存在于环境中，且可以在食物链被生物累积，已经受到普遍的关注。

由于氯苯的溶解性、被氧化和生物降解的特性，可以采用多相抽提或原位修复技术进行处理。PCBs 的原位修复已有大量的研究，但实际应用效果有限。研究表明，多菌种降解可以去除联苯基团上的氯，形成毒性较小的中间体。但由于较低的生物降解总速率，这种修复技术进一步的实际应用受到限制（Suthersan et al.，2017）。

（3）氟代有机化合物。

氟代有机化合物包括含氯氟烃（chlorofluorocarbons，CFCs）、全氟羧酸和磺酸，易溶于水，具有低的挥发性和蒸气压。由于较强的碳—氟键，氟代有机化合物难以被非生物和生物降解。全氟烷基物质（per- and polyfluoroalkyl substances，PFAS）用于制造许多家庭日用和商用产品、工业涂料、阻燃剂等，应用十分广泛。PFAS 具有生物累积性，其对人体的风险仍在研究中。PFAS 属于新污染物，在水中的迁移性强，难降解。

2）酮类化合物

酮类化合物包括丙酮、甲基乙基酮和甲基异丁基酮，在环境中对人体和生态受体具有潜在风险。与氯代溶剂相比，这类污染物一般极易溶于水，不易被含水层介质骨架吸附。因此，在含水层中的迁移距离比氯代溶剂大。酮类化合物的化学结构与微生物呼吸作用所需的有机酸相似，许多这类化合物可以被微生物降解。

3）石油烃

石油碳氢化合物中的绝大多数都属于 LNAPL，泄漏后漂浮于地下水水面上，存在于非饱和带介质中。大多石油烃在水中的溶解度有限，随着分子量的增加，其蒸气压和挥发性降低。石油类污染物的风险性变化很大，苯、甲苯、乙苯和二甲苯（benzene，toluene，ethylbenzene，xylene，BTEX）作为汽油中的添加物具有挥发性和较高的相对溶解度；而润滑油中可以被水溶解的组分很少，一般认为在地下环境中难以迁移。汽油、煤油、柴油和废油等组分不同，具有各自的物理、化学特性，因而在地下环境中的行为，以及对人体和环境的风险也不同。石油类污染物中一些有机化合物（如 BTEX、萘）往往作为单独的污染物进行监测和评估，其在地下环境中的迁移和风险引起普遍的关注。石油类污染物随时间可以发生风化，那些相对易溶解、挥发的组分先进入地下水和土壤气中，导致 LNAPL 的组成发生变化，这种趋势使石油类污染刻画和修复策略的制订变得较为复杂。

4）多环芳烃

多环芳烃（polycyclic aromatic hydrocarbons，PAHs）可以是天然存在或人为生产的化合物，通常具有大的分子量，易于被吸附，溶解度有限，挥发性较差。PAHs 来自化石燃料的不完全燃烧、木材加工等多种工业过程（如煤炭气化、石油炼化、焦化）。自然界可来源于火山活动、火灾等，热成因来源的 PAHs 可以在土壤、河流沉积物中普遍检出。PAHs 的生物降解性能根据分子结构的不同而差异较大，一般在好氧和厌氧条件下，它们的半衰期在几年到几十年。

5）燃料含氧化合物

从 1979 年开始，含氧化合物取代四乙基铅用于燃料的精炼和混合，最为常见的是甲基叔丁基醚（methyl tert-butyl ether，MTBE），此外还有二异丙基醚和甲基叔戊基醚，它们可以改进发动机燃烧效率，减少尾气中 VOCs、氮和硫的氧化物的排放。从 2006 年开始，石油工业中用于混合的含氧化合物几乎全部被乙醇取代。燃料含氧化合物具有较低的沸点、较高的水溶性能（MTBE 的溶解度为 26g/L），所以被认为比石油类污染物对地下水的影响大。3 种含氧化合物在好氧条件下可被微生物降解，MTBE 的厌氧降解通常导致叔丁醇（tert-butanol，TBA）的形成。

2. 无机污染物

1）金属

金属可来源于人为排放（如铬、铅等），也可来源于地层中（如铁、锰等）。重金属没有严格的定义，一般认为是具有大比重的金属。相对于比重较小的碱金属和碱土金属，重金属对环境的污染备受关注。地下环境中重金属的迁移与归趋受其氧化态和络合行为所控制。不同重金属在水中的反应性、离子电荷、溶解度变化非常大。

重金属污染的修复包括抽取-处理去除、非生物或生物氧化还原，修复技术的应用不会"破坏" 重金属。重金属在地下环境中的迁移和归趋直接与特定金属的水文地球化学特性相关，pH、金属氧化态以及形态和络合能力基本上决定了金属在含水层中的行为，随地下水流运移或被吸附在地层介质上。抽取-处理是重金属地下水污染传统的修复方法，抽出的污染地下水通过吸附得以从水中去除。许多原位修复技术通过调节含水层的地球化学条件，可以更经济地实现重金属的沉淀和去除。

2）氮化合物

自然界的氮循环是一个包括大气和生物的非常复杂的动态过程。由于农业化肥的使用，污水和垃圾渗滤液的泄漏，大量的人为活动产生的氮进入环境，天然氮循环的平衡被打破。农业化肥的使用导致了大面积的地下水氮污染，氮的面源污染问题一直是地下水污染修复的难点。因此，需要采取严格的控制措施，从污染的来源限制氮的进入。

3）高氯酸盐

高氯酸盐污染物来自炸药生产和处理过程，工业应用中常见的高氯酸盐包括高氯酸铵、高氯酸钠和高氯酸钾。此外，医药、农业中也有使用（高氯酸、化学试剂、化肥等）。高氯酸根在环境中极易溶于水，具有低挥发性，不易被吸附。高氯酸盐与有机物和还原性物质具有很强的反应能力。基于其物理化学特性，高氯酸盐在地下水系统中的迁移能力较强，一般难以非生物降解。自然界中许多微生物可以使用高氯酸盐作为电子受体、天然有机碳作为电子供体进行反应。因此，在地下水污染修复过程中，往往需要注入有机碳试剂进行原位降解。

3. 其他总体指标

在确定地下水污染程度时，有时使用一些主体指标来定性地表征具有相同行为的物质，如总石油烃（total petroleum hydrocarbon，TPH）、总有机碳（total organic carbon，TOC）和总溶解固体（total dissolved solids，TDS）等。

1）总石油烃

TPH 是反映地下水石油类污染的集总参数，TPH 指标包括不同碳原子的石油烃污染物（可以到 40 个碳原子：四辛烷，$C_{40}H_{82}$）。TPH 可以用来分析石油类混合污染的总体特征，如果需要确定具体的污染物（如汽油、柴油、煤油和润滑油等），则需要进一步的色谱分析。汽油范围 TPH 分析（TPH-g）用来确定汽油泄漏场地碳原子数 $C_6 \sim C_{12}$ 的量；同样，柴油范围 TPH 分析（TPH-d）可以用来确定柴油泄漏场地碳原子数 $C_{10} \sim C_{28}$ 的量。由于单个有机化合物易挥发或易溶于水，所以它们（如 BTEX）的含量可以用来分析石油类污染物泄漏后的风化或耗减作用，估计泄漏时间。

TPH 指标常与具体污染物指标一同使用（如苯和萘，它们更具致癌作用），用来进行石油类污染场地的风险评估和修复方案设计。TPH 可以作为原位化学氧化剂的"汇"，消耗氧化试剂。BTEX 含量与 LNAPL 的比值影响石油类污染物的相对溶解度，以及污染的可处理性。

2）总有机碳

TOC 是地下水中溶解、悬浮或胶体态有机碳的总体表征。所有的天然水中都不同程度地有含碳物质，所以区别人为污染来源和天然来源的碳十分必要。在地下水污染修复中，TOC 指标常用来针对修复设计和运行进行经验估计，如原位微生物降解中有机电子供体是否缺失、影响土壤介质吸附特性的天然有机质含量、原位化学氧化剂的潜在"汇"的水平等。

3）总溶解固体

TDS 是地下水中溶解的化合物，包括无机盐、金属离子等。TDS 指标对于水-岩作用关于矿物和离子活动的刻画分析非常重要。与地下水的其他集总参数一样，TDS 指标应与水中其他阴、阳离子指标共同刻画水质特征。污染场地调查中，常常分析对比场地和背景区的 TDS，辅助确定污染源的影响。

2.1.2 污染物特征

污染物在环境中的行为受其物理化学性质和结构的影响，这些特性决定了污染物在地下环境固-液-气不同相态的分配、迁移或降解。

1. 溶解度

有机或无机污染物从污染源泄漏后，最初控制其迁移和转化的是污染物的水溶解度。污染物的水溶解度是污染物的最大水相浓度，在特定的温度、压力下，溶液与化合物（气、液、固）达到平衡。超过这一浓度，在溶质-溶剂平衡系统中就存在着污染物的多相体系。水溶解性是污染物在地下水中迁移的重要参数，对于有机污染物而言，特别是亲水化合物，水溶性是众多参数中评估其迁移能力最重要的参数。水溶性影响污染物的迁移性、可溶滤性、生物降解可利用性及其最终归趋。一般而言，具有高水溶性的污染物易于在地下水中传输、扩散，含水层介质对其的吸附系数往往较小，趋向于易于被生物降解。易溶的物质更容易从土壤中解吸，不容易从水中挥发（Asante-Duah，2019）。

通常，有机污染物的溶解度变化很大，控制着其在地下水中的迁移量。能够与水完全混溶的有机物包括：醇类、酮类、醛类、醚类和羧酸类化合物。当这些化合物泄漏进入地下水，不会形成自由相 NAPL，这些化合物中的多数难以被含水层介质中的有机质和矿物表面吸附。疏水有机化合物的溶解度很小，易在地下形成自由相 NAPL，而自由相 NAPL 可被认为是溶解于地下水污染物的持久性污染来源。疏水有机化合物一般易于被介质中的有机质、胶体和矿物吸附，所以在正常的物理、化学条件下，有很大部分的污染物不在水相中。

溶解作用是一个平衡过程，即假设污染物与环境的关系是不变的常数。实际上，大多数的环境条件是动态变化的，污染物的归趋受挥发、吸附、对流、扩散和降解等作用共同控制，在没有主动修复时，上述作用过程的"总体平衡"常常用"稳定状态"来描述。因此，稳定状态下污染物的溶解度仅反映了污染物与环境的瞬时平衡。在这个意义上，污染场地的主动修复，打破了天然条件下的稳定状态，属于污染物与环境作用的"动态状态"，意味着采用工程技术去操控污染物的归趋和迁移条件。

对于单一化合物，水溶解度是基本的物理常数，取决于污染物的分子结构、电化学特征等，它控制着污染物的分配行为。对于混合污染物（如石油烃等），某一组分的溶解度是其在混合物中摩尔分数的函数。混合污染物在水中平衡时某组分的浓度可由下式计算：

$$C_i^* = C_i^0 X_i \gamma_i \tag{2-1}$$

式中，C_i^* 为混合污染物中 i 组分的溶质平衡浓度；C_i^0 为纯化合物 i 的溶质平衡浓度；X_i 为混合污染物中 i 组分的摩尔分数；γ_i 为混合污染物中 i 组分的活度系数。

有机污染物的溶解度还受其他共存有机物的影响，不同有机污染物在水中可以发生共溶解。有机污染物可以作为"共溶剂"，使水中特定溶质的总溶解度增大。如果共溶解物质都与水可混溶，以高浓度出现（大于10%，以体积计），这些组分可以充当溶剂，作为双溶剂体系的一部分，导致择优溶解。如果共溶解物质与水不能完全混溶，但在水中浓度升高（如废油 LNAPL 出现在地下水水面上），污染物在多相流体间的溶解与污染物的相对溶解度成正比，并且控制其在双溶剂体系中的分配。

2. 沸点

沸点定义为液体蒸气压等于液体上方大气压力时的温度值。对于有机化合物，其沸点区间为-162℃至大于 170℃。沸点可以间接反映化合物的挥发性，沸点越高，挥发性越差。

3. 蒸气压

化合物的蒸气压是评价其挥发分配进入气相的参数。蒸气压定义为在给定温度下，化合物与其纯凝聚相（液体或固体）平衡时的压力。蒸气压一般随温度的升高而增大，蒸气压大的化合物为易挥发性物质。

不同有机污染物的蒸气压与溶解度一样具有很大的差别。蒸气压是确定污染物在地下环境中行为的重要参数，它表征了化合物从液相、吸附相或 NAPL 相挥发进入包气带土壤气体的趋势。温度和化合物性质是影响蒸气压最大的两个重要因素。对于混合化合物，混合物的组成对蒸气压也具有影响。

$$P_i^* = X_i \gamma_i P_i \tag{2-2}$$

式中，P_i^* 为 i 组分的平衡蒸气压；X_i 为混合污染物中 i 组分的摩尔分数；γ_i 为混合污染物中 i 组分的活度系数；P_i 为纯（化合物）i 组分的蒸气压。

4. 亨利定律常数

挥发性污染物的溶解度和蒸气压相互关联，决定了污染物在气-水体系中的分配。这一关系通常使用污染物的亨利定律常数来描述，它定量表达了溶解在水相的污染物进入气相的趋势。亨利定律表征了污染物在溶质和水中达到平衡时的分配。亨利定律常数定义为化合物在气相和液相间分配量的比值。

$$H = \frac{P_i}{C_w} \tag{2-3}$$

式中，H 为亨利定律常数（atm[①] · m^3/mol）；P_i 为化合物在气相中的蒸气压（atm）；C_w 为化合物在液相中的浓度（mol/m^3）。

如果气相中的蒸气压用 mol/m^3 来表达，则计算出的亨利定律常数为无量纲（H^*）。

$$H^* = \frac{H}{RT} \tag{2-4}$$

式中，R 为理想气体常数 [8.20575×10^{-5} atm · m^3/（mol · K）或 0.082 atm · L/（mol · K）]；T 为系统开尔文温度（K）（20℃=293.15K）。H^*=41.6H（20℃时）。

----

① 1atm=1.01325×10^5Pa。

亨利定律常数基于蒸气压和溶解度的共同作用，是污染物跨介质进入大气的重要参数。H 值在 $10^{-7} \sim 10^{-5}$ atm·m^3/mol，表示污染物具有弱挥发性；H 值在 $10^{-5} \sim 10^{-3}$ atm·m^3/mol，表示挥发性较重要；H 值大于 10^{-3} atm·m^3/mol 时（H^* 为 0.0416），挥发性很强（Asante-Duah，2019）。

根据亨利定律公式，蒸气压大、溶解度小的化合物更趋向于从水相进入气相分配；而蒸气压大，同时溶解度也非常大（如丙酮、乙醇）的化合物，从水到气的分配不太容易。亨利定律常数常应用于蒸气入侵和污染物运移模型中，评价污染物在土壤水、地下水和土壤气体中的分配。

2.1.3 污染物相间分配与分配系数

污染物在环境不同介质中的相间分配是非常重要的污染物归趋和行为特性。分配系数（partition coefficient）是用来评估地下环境中污染物迁移转化最重要的参数之一。分配系数是污染物在两相中浓度的比值。

1. 水-气分配系数

水-气分配系数（K_{wa}）是污染物在水相中浓度（$C_水$）和气相中浓度（$C_气$）的比值，它是亨利定律常数的倒数。

$$K_{wa} = \frac{C_水}{C_气} = \frac{1}{H} \tag{2-5}$$

2. 辛醇-水分配系数

辛醇-水分配系数（K_{ow}）是污染物在辛醇中浓度（$C_{辛醇}$）和水相中浓度（$C_水$）的比值，它是研究有机污染物在环境中迁移的重要参数。当有机污染物的 $K_{ow} < 10$ 时，可以被认为是相对亲水的；而当 $K_{ow} > 10000$ 时，则被认为是非常疏水的。亲水性有机物趋向于具有较大的水溶解性、较小的介质吸附系数以及较小的生物累积性。

$$K_{ow} = \frac{C_{辛醇}}{C_水} \tag{2-6}$$

3. 有机碳吸附系数

有机碳吸附系数，又称有机碳分配系数，是污染物在含水层介质有机碳和地下水中平衡时的分配。K_{oc} 值的区间一般为 $1 \sim 10^7$，其值越大，表明污染物越容易吸附在介质中的有机碳上，污染物疏水性越强。

$$K_{oc} = \frac{C_{有机碳}}{C_水} \tag{2-7}$$

式中，K_{oc} 为有机碳分配系数（mL/g）；$C_{有机碳}$ 为单位质量介质有机碳吸附的污染物质量（mg/g）；$C_水$ 为污染物在水相中浓度（mg/mL）。

4. 土-水分配系数

土-水分配系数是污染物在土相中浓度和水相中浓度平衡时的比值，用来表征污染物被介质的吸附特性。污染物分配系数越大，越趋向于被土吸附，不易迁移。

$$K_d = \frac{C_土}{C_水} \tag{2-8}$$

式中，K_d 为土-水分配系数（mL/g）；$C_土$ 为土中污染物浓度（mg/g）；$C_水$ 为污染物在水相中浓度（mg/mL）。

对于疏水性有机污染物：

$$K_d = f_{oc} K_{oc} \tag{2-9}$$

式中，f_{oc} 为土中的有机碳含量比例。

5. 生物浓缩因子

生物浓缩因子（bioconcentration factor，BCF）是污染物在生物体中的浓度与周围环境中（如水中）的浓度之比。BCF 值的区间一般为 1 至大于 10^6，一般来说，BCF 大于 1 即认为具有潜在生物富集性；大于 100 时就应引起特别的关注（Asante-Duah，2019）。

2.1.4 吸附与阻滞因子

污染物在介质固相和地下水中分配，吸附在含水层介质和溶解在地下水中的污染物存在着平衡作用过程。结果是污染物被阻滞，即污染物的迁移速度小于地下水的平均速度（流速）。

1. 阻滞因子

污染物的阻滞因子（R_f）是其在环境中迁移模型的重要参数，它描述了污染物与周围介质的作用，包括介质表面吸附、土壤结构或地层介质骨架的吸收、沉淀、胶体的物理过滤等（USEPA，1999）。

$$R_f = \frac{C_{移动} + C_{吸附}}{C_{移动}} = 1 + \frac{C_{吸附}}{C_{移动}} \tag{2-10}$$

式中，$C_{移动}$ 和 $C_{吸附}$ 分别为可以在地下水中移动和被吸附的污染物浓度。阻滞因子常常大于 1，只有在极少数情况，在阴离子排斥（anion exclusion）作用下小于 1（USEPA，1999）。对于线性吸附情形：

$$R_f = 1 + \frac{\rho K_d}{n} = 1 + \frac{\rho K_{oc} f_{oc}}{n} \tag{2-11}$$

式中，n 和 ρ 分别为含水层介质的孔隙度和密度。

在含水层系统中，阻滞因子用于描述污染物在地下水中的迁移速度（Nyer and Suthersan，1993；Hemond and Fechner，1994；USEPA，1999），可用地下水流速（v）和溶质运移速度（v^*）来确定：

$$R_f = \frac{v}{v^*} \tag{2-12}$$

由上式可知，污染物由于被含水层介质阻滞，其迁移速度小于地下水的对流速度。

2. 吸附

在平衡时，污染物在地下水和固体介质中的分配比例与阻滞因子有关，用 $F_{溶解}$ 和 $F_{吸附}$ 分别表示污染物溶解在地下水和吸附在含水层介质中的比例，则有

$$F_{溶解} = \frac{1}{R_f} \tag{2-13}$$

$$F_{吸附} = 1 - \frac{1}{R_f} \tag{2-14}$$

可以利用阻滞因子，直接计算出在地下含水层中，溶解在地下水中或被介质吸附的污染物比例。

2.2　流体和界面

流体是指能流动的物质，它是一种受任何微小剪切力的作用都会连续变形的物体。流体是液体和气体的总称。它具有易流动性、可压缩性、黏性。由大量的、不断地做热运动而且无固定平衡位置的分子构成的流体，都有一定的可压缩性，液体可压缩性很小，而气体的可压缩性较大，在流体的形状改变时，流体各层之间也存在一定的运动阻力（即黏滞性）。当流体的黏滞性和可压缩性很小时，可近似看作是理想流体。

在地下水污染修复中，常遇到的流体包括液体、气体或固体颗粒。流体的基本物理-化学特性决定了它与含水层固体介质的作用（赵勇胜，2015）。

液体在固体表面的行为（润湿）、液体和气体界面的行为（表面张力），以及不同流体接触面的行为（界面张力），对于含水层中地下水和其他流体的分布和迁

移具有重要作用。在地下水污染修复过程中，需要重点关注地下水和疏水性流体的作用，如气体、燃料油和有机溶剂等。特别是地下水与含水层多孔介质的相互作用，以及其他流体，如 NAPL 与介质的作用。

2.2.1　内聚力和表面张力

当温度降低时，分子间的两种吸引力导致凝结形成液体，包括较弱的范德瓦尔斯力（产生于分子间的偶极矩）和很强的氢键结合力。这两种作用机理都促成了液体内聚力（凝聚力）和液体黏着引力，以及其溶剂行为。水是污染修复中最为关注的流体，它具有非常强的偶极矩和强大的氢键力。水分子中氢原子与相邻氧原子的吸引力即氢键结合力，它构成了水的内聚力和其对带负电荷表面的黏附力。水分子中带负电的氧原子可以吸附带正电荷表面。水分子很强的偶极矩使其成为理想的离子固体溶剂，同时也能够与非极性流体非混溶，如油类和溶剂等。水虽然具有较大的表面张力，但对于很多固体表面，特别是含水层介质表面具有很好的润湿能力。

液体表面分子间的吸引力可抵制其表面积的增加。作用于液体表面，使液体表面积缩小的力，称为液体表面张力。不同的液体，表面张力不同。当液体表面与空气接触时，引入表面张力来描述水表面的分子内聚力。表面张力是不同流体界面作用的特殊情形，一般用界面张力来描述。在地下水污染中，界面张力作用非常重要，如不同流体可以润湿含水层介质，如果水和 NAPL 同时存在，二者会竞争占据含水层介质空隙。

2.2.2　表面能与润湿

当一种流体与固体或另一种流体接触，液体中的一些分子可以附着在相对表面，这一过程称为润湿。润湿流体可以在固体或另一种流体表面上扩展。人们在含水层中观测到的许多流体的宏观特性来自流体与含水层介质的接触。润湿过程的驱动力为润湿相和被润湿相的表面能差。表面能是指表面相对于内部所多出的能量，它与表面张力类似且有相同的量纲。

润湿使液体表面积增加，需要力的施加。当润湿流体和被润湿表面的黏着力（adhesive force）足以克服润湿流体表面分子间的内聚力（cohesive force）时，流体就会被吸着覆盖（润湿）相对表面。

完全润湿：润湿流体被强有力地吸着，在被润湿表面形成很薄的膜。例如，一滴汽油与水表面接触，汽油的表面张力很容易被克服，汽油在水表面形成几个分子厚度的膜（Payne et al.，2008）。

部分润湿：润湿流体有可能变形，但其作用力尚不足以显著增加接触界面面积。例如，一滴植物油与水表面接触就属于部分润湿。与汽油对比，植物油滴大多保持完整。另一个部分润湿的例子是水滴在玻璃表面的扩展。

完全不润湿：在液体和固体表面没有发生黏着作用，液体表面积没有发生改变。例如，一滴液体汞与玻璃表面相接触，就是很好的完全不润湿例子。

驱动润湿过程的能量来自润湿流体和被润湿表面分子或原子间的黏着力。因为润湿流体的表面积增加，所以可以推断流体的表面张力一定小于被润湿表面的张力。

通常用接触角来反映润湿的程度。接触角是指在气、液、固三相交点处所做气-液界面的切线，此切线在液体一方与固-液交界线之间的夹角（θ）。如图 2-1 所示，润湿过程与体系的界面张力有关。一滴液体落在水平固体表面上，当达到平衡时，形成的接触角与各界面张力之间符合杨氏公式（Young equation）：

$$\sigma_{SV} = \sigma_{SL} + \sigma_{LV} \cdot \cos\theta \qquad (2\text{-}15)$$

$$\cos\theta = \frac{\sigma_{SV} - \sigma_{SL}}{\sigma_{LV}} \qquad (2\text{-}16)$$

式中，σ_{SV}、σ_{SL} 和 σ_{LV} 分别为固-气、固-液和液-气界面张力。

当 $\theta=0°$ 时，称为完全润湿，固-液表面的黏着力完全克服液体表面张力，液体在固体表面上充分扩展；当 $\theta=90°$ 时，称为不润湿，固体表面张力和液体表面张力（表面能）接近相等，没有发生润湿；当 $\theta=180°$ 时，称为完全不润湿，表明液体与低表面能固体接触。其他接触角情况：当 θ 为锐角时，液体可以在固体表面上扩展，即液体润湿固体；当 θ 为钝角时，液体表面收缩而不扩展，液体不润湿固体。

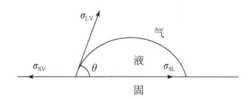

图 2-1　气、液和固体表面接触示意图

2.2.3　界面张力、毛细力和入口压力

当两种流体接触时，流体界面的表面张力是由两种流体的物理、化学性质共同决定的，被称为界面张力。在地下水污染中，往往是 NAPL 流体进入已经被水润湿的多孔介质。图 2-2 为圆柱容器中不同流体在接触界面受力示意图，可以利用接触角来确定哪种流体是润湿流体。如果界面张力较大，非润湿流体对润湿流体的推动力较大，接触界面的曲率半径较小（强凸）；如果界面张力小，接触界面的曲率半径大（弱凸）。作用在流体界面上的力包括：润湿流体压力（P_{w}）、非润湿流体压力（$P_{n\text{-}w}$）和界面张力（σ）。其中，润湿和非润湿流体压力作用于圆柱

横断面上，界面张力作用于润湿流体吸着的圆柱周边上。

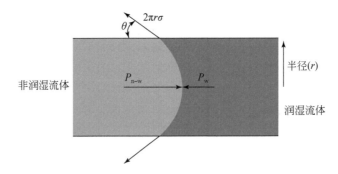

图 2-2　圆柱容器中不同流体在接触界面受力示意图

如果界面没有移动，说明受力达到平衡，可以得到下式：

$$\Delta P = P_{n-w} - P_w = \frac{2\sigma}{r}\cos\theta \tag{2-17}$$

式中，ΔP 为非润湿与润湿流体压力差（N/m^2），又称毛细力（P_c）；σ 为界面张力（N/m，dyn[①]/cm）；r 为界面曲率半径（m）。

润湿流体在含水层介质表面的吸着力导致其抵制其他流体的驱替。非润湿流体（如空气、NAPL）驱替润湿流体（如水）所需要的压力称为入口压力。

当水或其他润湿流体进入空气存在的狭小管道时，固体表面的吸着力会形成润湿膜，表面张力会对其他流体传递吸引力，使流体表面高度上升。当把两个相同直径的毛细管插入流体中，其中一个是具有低表面能的特氟隆（Teflon），另一个为高表面能的石英玻璃，前者流体不会润湿毛细管表面，其接触角接近 $180°$；而后者则可以形成毛细上升，其接触角为锐角（Payne et al.，2008）。毛细上升需要增加流体表面积和克服流体重力，毛细上升高度是吸着强度和表面张力的函数，上升力与升高水的重力达到平衡。

$$2\pi \cdot r \cdot \sigma \cdot \cos\theta = \pi \cdot r^2 \cdot h \cdot \rho \cdot g \tag{2-18}$$

$$h = \frac{2\sigma \cdot \cos\theta}{r \cdot \rho \cdot g} \tag{2-19}$$

式中，h 为毛细上升高度；σ 为表面张力；θ 为接触角；r 为管道半径；ρ 为密度；g 为重力加速度。

从式（2-19）中可以看出，毛细上升高度与管道半径成反比。在多孔介质含水层中，较粗介质具有大的孔道半径，毛细上升高度有限；而细介质地层具有较小的孔道半径，可以产生非常大的毛细上升高度。

---

① 1dyn=10^{-5}N。

2.2.4　表面活性剂

流体和表面的作用可以被表面活性剂干扰。表面活性剂可以溶解于液体中，改变液体的表面张力，覆盖于固体表面，增强或抑制固液表面间的吸着力；或者改变不同流体间的界面张力，改变两相流体体系中的入口压力和其他特性。在地下水污染修复中，表面活性剂常用于降低地下水和非水相液体污染物之间的界面张力，以增强非水相液体污染物的可恢复性。有时，含水层中的微生物种群也可以产生表面活性物质，使地下水的表面张力显著下降。

2.2.5　密度

化合物的密度与分子量、分子相互作用及化学结构有关。在污染修复中，密度参数非常重要，可以用来确定气相污染物比空气重还是轻，自由相污染物是浮在地下水水面上，还是下沉到含水层底部。密度也可以用来分析在不同溶质浓度存在时，地下水污染系统中是否存在密度驱动的地下水流模式，特别是用来分析研究污染修复过程中，注入含水层中的修复剂传输问题。

2.2.6　黏度

流体分子间的吸引产生内聚力，抵抗流体的分离和剪切。流体对剪切的抵抗称为黏度，它可以用来区分不同的流体。当流体与固体表面接触时，流体分子被吸着到固体表面，发生润湿。即使相邻的流体分子在以较大的速度运动，润湿层也通常不发生移动（Payne et al.，2008）。NAPL 在土壤介质中的迁移取决于 NAPL 对土壤表面吸着力的大小，以及是否施加了足够的剪切力来克服内聚力。在天然条件下，重力和地下水对流作用可以引发对 NAPL 的剪切力。

当流体在导管中流动，从管壁到管中心形成一个不同流速剖面，其中管壁润湿表面的速度为零，导管中心的速度最大。流体的流动必须要克服流体的内聚力。流体运动的部分一定要连续地与润湿层发生剪切作用。流体与固体界面的吸着力和流体内部抵抗剪切作用（黏度）力导致了流体流动的摩擦阻力，流体的黏度可以在整个流体中传输导管边壁的摩擦阻力。与在导管中流动类似，流体在多孔介质中流动时，其在空隙中的流动速度也不相同。在相邻土壤颗粒表面中心点的流速最大，从中心点到土壤颗粒表面的剖面上，流速不断降低。颗粒表面吸附着的NAPL 形成了润湿层，基本上不移动。多孔介质地层中多数形成微小通道，所以流体的黏度对流速剖面的形成具有很大影响。对于低黏度流体，较小的流体内聚力使流体在有限剪切力条件下，也可以发生运移；而对于高黏度流体，在自然条件下，有可能难以克服土壤的吸着力和 NAPL 的内聚力，导致流体的速度极低或接近于零。

图 2-3 显示了流体在简单管道中流动的速度剖面。曲线①流体黏度较低，曲线②流体黏度较高。管壁的摩擦阻力可以被抵抗剪切作用的黏性力传递到流体的其他部分。当黏度增加，驱动流体在管道中流动所需的能量也增加。黏度反映了在流体内部传导边壁阻力的程度。高黏度流体具有很强的抗剪切能力，边壁阻力在流体中的传导作用很强；低黏度流体的抗剪切能力弱，其在整个流体中传导边壁阻力的能力也弱。

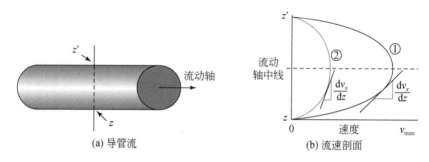

(a) 导管流　　　　　　　　(b) 流速剖面

图 2-3　简单管道中流体流动的速度剖面图（据 Payne et al.，2008）

含水层介质骨架具有非均质性和复杂性，与简单管道不同，但管道流中的流体运动机理和规律可以用来建立含水层中流体运移的经验评估模型。

图 2-3 中流体在管道中每一点的流动方向都是平行的，这种情形称为层流。流动方向波动、不规则称为紊流。高黏度流体由于抗剪切力强，不易形成紊流，而低黏度流体则易形成紊流。

黏度可以被定义为剪切应力与速度梯度的比值。剪切应力为平行于流向单位面积上的力，速度梯度是垂直于流向单位长度的速度差。下式为黏度计算公式：

$$\mu = \frac{F/A}{\mathrm{d}v_x/\mathrm{d}z} \tag{2-20}$$

式中，μ 为黏度（dyn·s/cm^2）；F/A 为剪切应力；$\mathrm{d}v_x/\mathrm{d}z$ 为速度梯度。

图 2-3 中的两条曲线显示了流体黏度如何确定速度剖面。低黏度流体的平均速度较大（曲线①），因为低黏度更容易"剪切"，边壁阻力没有在运动流体中有效地传输。因此，低黏度流体的速度梯度（曲线①）大于高黏度流体的速度梯度（曲线②）。

流体黏度通常使用厘泊为单位 [10^{-2}g/(cm·s)]。也可以使用动力黏度来描述流体，定义为黏度与密度的比值。动力黏度的单位为 S（Stoke），常使用 cS（10^{-2}g·cm^2/s）。

1 P（泊）=1dyn·s/cm^2；

1 dyn（达因）=1g·cm/s^2；

1 cP（厘泊）=10^{-2}P（泊）=10^{-3}Pa·s（帕斯卡·秒）=1mPa·s（毫帕斯卡·秒）。

流体黏度的大小与温度有关，一般地下水污染修复所处的温度区间为5~30℃。对于纯水，温度在0~20℃变化，其黏度从1.787cP降低到1.002cP（表2-1）。在地下水污染修复过程中所使用的一些溶液的黏度大都大于地下水的黏度，且黏度随着浓度的增加而增大。因此，在注入地下含水层中时，这些溶液的传输需要比水更大的压力。高锰酸盐溶液是个例外，其黏度小于水，且随浓度的增加，黏度降低（表2-2）。表2-3为一些常见的非水相液体污染物的密度、黏度和界面张力。

表 2-1　纯水的密度、黏度和界面张力表（据 Payne et al.，2008）

温度/℃	密度 /(g/cm³)	黏度/cP	界面张力（水-气界面） /(dyn/cm)
0	0.99987	1.787	75.6
4	1.00000	1.567	—
10	0.99973	1.307	74.4
20	0.99823	1.002	72.7
30	0.99568	0.7975	71.2
40	0.99225	0.6529	69.6
50	0.98807	0.5468	67.9
60	0.98323	0.4665	66.2
70	0.97779	0.4042	64.4
80	0.97182	0.3547	62.6
90	0.96534	0.3147	—
100	0.95838	0.2818	58.9

表 2-2　部分常用于修复的水溶液在 20℃时的密度、黏度和界面张力表（据 Payne et al.，2008）

溶液	溶液强度 /%(质量)	密度 /(g/cm³)	黏度/cP	界面张力（与空气界面） /(dyn/cm)
水	100.0	0.99823	1.002	72.7
乙醇	1.0	0.9973	1.023	—
	5.0	0.9893	1.228	—
	10.0	0.9819	1.501	47.53
	100.0	0.7893	1.203	21.82
D-果糖	1.0	1.0021	1.028	—
	5.0	1.0181	1.134	—
	10.0	1.0385	1.309	—
	48.0	1.2187	9.06	—

溶液	溶液强度 /%(质量)	密度 /(g/cm³)	黏度/cP	界面张力（与空气界面） /(dyn/cm)
乳酸盐	1.0	0.9992	1.027	—
	5.0	1.0086	1.138	—
	10.0	1.0199	1.296	—
	60.0	1.1392	6.679	—
高锰酸钾	1.0	1.0051	1.000	—
	2.0	1.0118	0.998	—
	4.0	1.0254	0.992	—
	6.0	1.0390	0.985	—
蔗糖	1.0	1.0021	1.028	—
	5.0	1.0178	1.146	—
	10.0	1.0381	1.336	—
	60.0	1.2864	58.487	—

表 2-3　污染修复中一些非水相液体污染物的密度、黏度和表面张力表

（据 Payne et al.，2008）

液体	溶液强度 /%(质量)	密度 /(g/cm³)	黏度/cP	界面张力（与空气界面） /(dyn/cm)
三氯乙烯	100	1.47	0.444	34.5
四氯乙烯	100	1.63	0.844	44.4
汽油	100	0.75	0.4	25
风化的 JP-4 LNAPL	0.04，CVOCs	0.78	0.96	23.5
混合 DNAPL	17，CVOCs	1.05	10.4	11.6
风化混合 DNAPL	<0.1，CVOCs	1.04	51.7	14.3
煤气厂 NAPL	焦油混合物	1.03	1389	83.75

注：CVOCs 为含氯挥发性有机物。

在地下水污染修复中，许多流体在不同的剪切应力水平下，其黏度是一个常数。这样的流体称为牛顿流体，如水就是牛顿流体。也有的流体其黏度不是常数，属于非牛顿流体。例如，水中混杂有固体颗粒或微小气泡可以表现为剪切增稠流体，当增加剪切应力，黏度也增加；而有的流体则可以是剪切稀化流体，随着剪切应力的增加，黏度降低。触变流体属于剪切稀化流体的特殊类型，当施加很小的或不施加剪切应力时，呈现固体；当施加的剪切应力超过特定数值时，发生液化（如牙膏就属于触变流体）。图 2-4 为牛顿流体和非牛顿流体的黏度和剪切应力关系示意图。牛顿流体的黏度不随剪切应力的变化而变化；而非牛顿流体的黏度随剪切应力的增加而增加（剪切增稠流体），或随剪切应力的增加而减小（剪切稀化流体）。

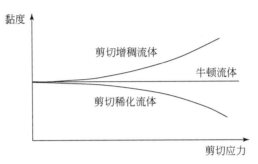

图 2-4 牛顿流体和非牛顿流体的黏度和剪切应力关系示意图

在地下水污染修复中，流体的剪切增稠行为会给流体的传输带来极大的困难。在注入氧化剂或可生物降解溶液（如乳酸盐、碳水化合物等）时，由于反应有可能形成气泡；当含水层进行抽水时，地下水中夹带的气泡在水动力场的情况下，有可能导致流体增稠，使地下水的黏度增加。同样，抽水形成的动力场可以使悬浮着的固体（如零价铁注入）产生增稠作用。因此，在地下水污染修复系统设计和修复过程中，对于在抽水条件下有可能形成的非牛顿流体现象很有必要予以关注。

2.2.7 温度和溶解性固体对流体特性的影响

改变含水层中流体的组成或温度，可以显著影响其流体特性，进而影响流体在含水层中的行为。在地下水污染修复中，往往需要了解不同流体在含水层中的运移，NAPL 和修复剂是最重要的两类流体，需要重点关注。这两类物质流体特性与地下水相比具有很大的不同。

温度可以影响流体的许多特性，如密度、表面张力和黏度等，图 2-5 为温度对水的流体特性的影响，随着温度的升高，地下水的密度、表面张力和黏度都在下降，但下降的幅度不同。一般污染地下水的温度区间为 5～30℃，在这一温度变化区间，地下水的密度变化很小，密度值只下降了约 0.4%；表面张力的变化不大，降低了约 5%；而黏度在这一温度区间的变化较大，黏度值的降低达到近 50%。由于流体黏度是在流体中传导固体表面摩擦阻力的关键参数，黏度的降低可以显著降低流体在含水层多孔介质中流动的阻力。

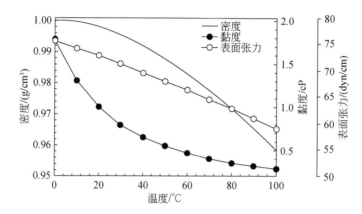

图 2-5　温度对水的流体特性影响示意图（据 Payne et al.，2008）

　　温度对非水相液体黏度的影响比对水的影响大很多。图 2-6 为水和 NAPL 温度-黏度关系曲线对比，其中 NAPL 样品取自废油-溶剂污染场地。样品在实验室进行了 3 个温度条件下的黏度测定（温度区间为 20～55℃）。在这一温度区间内，水的黏度下降了 40% 多，而 NAPL 的黏度下降了 60% 多。上述结果表明，在地下水污染修复过程中，如果涉及含水层温度的升高，会使地下水、NAPL 污染物的流动性增加，特别是 NAPL 污染物的流动性会有很大提升。由于 NAPL 的黏度对温度的变化较敏感，所以实验室模拟实验的温度要与地下含水层的温度一致，否则模拟研究含水层中 NAPL 的迁移能力被过高估计。

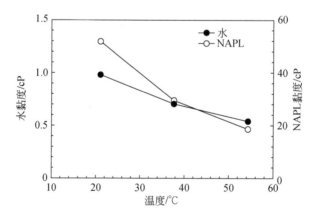

图 2-6　水和 NAPL 温度-黏度关系对比曲线（据 Payne et al.，2008）

　　流体中溶解性固体的增加可以增大流体密度，这一问题在地下水污染修复过程中也经常遇到。图 2-7 为海水中不同含盐度情形下，流体密度随温度的变化（Lide，2004）。从图中可知，当温度为 10℃ 时（温带气候条件下地下水的温度），含盐度 40g/L 的水的密度大约比含盐度 1g/L 的水大 3%，分别为 1.031g/cm³ 和 1.001g/cm³。流体密度的增加，影响抽取地下水时的水动力特性；也可能导致注入的修复剂与污染地下水的密度差异而发生修复剂下沉到含水层底板（修复剂密度大于地下水密度）或漂浮在地下水位上（修复剂密度小于地下水密度）等情形。

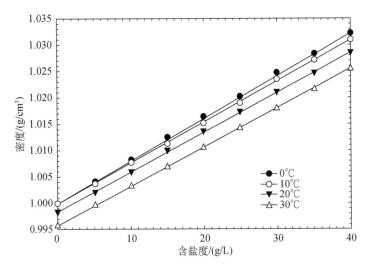

图 2-7　海水不同盐度和温度对密度影响示意图

第 3 章　多孔介质特性

多孔介质由固体矿物或矿物颗粒骨架构成，固体之间的空隙被流体（气或液体）所填充。流体在多孔介质中流动有两个条件：①介质中的孔隙空间必须能够连通；②孔隙应该足够大，能传输水分子（Bear，1988）。一个孔隙是由 3 个或以上岩石颗粒之间形成的空隙空间。当相邻的孔隙连通可形成孔隙通道（喉道），这样的孔隙通道在多孔介质中形成 3-D 网络，可以使流体在其中流动。由于岩石颗粒的形状和大小都有所不同，所以围绕在岩石颗粒间的孔隙通道的大小和形状也各自不同。

多孔介质中孔隙的形态、大小及分布是孔隙结构最基本的特征。多孔介质孔隙形态千差万别，但可以按形态划分为两种类型：一种是固体颗粒之间狭窄的孔隙空间，称为孔喉；另一种是固体颗粒之间空隙较大的空间，称为孔穴。孔喉是孔穴之间的通道。孔穴是多孔介质全部孔隙空间的主体，孔喉只占据孔隙空间很小的部分（沈平平，2000）。孔穴和孔喉在污染物运移与修复剂传输中所起的作用不同，孔穴是流体的储存空间，而孔喉是流体运动的通道，它决定着流体的迁移、传输能力。

地层介质骨架的特征直接与地层的沉积环境有关，沉积环境决定了沉积类型、厚度、矿物颗粒的形状和大小等。因此，研究地层介质特征需要地质、水文地质等多学科知识。

3.1　介　质　骨　架

组成多孔介质的矿物颗粒集合受其沉积环境的控制，其成因可以是风积、冲积、洪积和湖相沉积等。不同的成因，沉积物的大小、形状、分选等都有所不同。沉积环境决定了物理和化学风化作用，影响着矿物颗粒的迁移和分布。矿物颗粒是介质骨架的基本构件。

3.1.1　粒度划分

介质骨架最重要的描述参数是颗粒大小，沉积颗粒的大小变化非常巨大，从巨大的漂砾到微小的风成粉土。表 3-1 为松散沉积物粒径划分（Payne et al.，2008）。表 3-2 为根据《土的工程分类标准》（GB/T 50145—2007）中土的粒组划分。从两种粒径的划分表可以看出有所不同，但差异并不显著。

表 3-1 松散沉积物粒径划分表

名称	砾石	极粗砂	粗砂	中砂	细砂	极细砂
粒径（d）/mm	$d \geqslant 2$	$1 \leqslant d < 2$	$0.5 \leqslant d < 1$	$0.25 \leqslant d < 0.5$	$0.125 \leqslant d < 0.25$	$0.0625 \leqslant d < 0.125$
名称	粗粉土	中粉土	细粉土	极细粉土	黏土	
粒径（d）/mm	$0.037 \leqslant d < 0.0625$	$0.0156 \leqslant d < 0.037$	$0.0078 \leqslant d < 0.0156$	$0.0039 \leqslant d < 0.0078$	$d \leqslant 0.002$	

表 3-2 土的粒组划分表

颗粒名称		粒径（d）/mm
漂石（块石）		$d > 200$
卵石（碎石）		$60 < d \leqslant 200$
砾粒	粗砾	$20 < d \leqslant 60$
	中砾	$5 < d \leqslant 20$
	细砾	$2 < d \leqslant 5$
砂粒	粗砂	$0.5 < d \leqslant 2$
	中砂	$0.25 < d \leqslant 0.5$
	细砂	$0.075 < d \leqslant 0.25$
粉粒		$0.005 < d \leqslant 0.075$
黏粒		$d \leqslant 0.005$

在实际工作中，地层介质的粒径不可能是均一的，常常大小混杂。松散介质的命名除了考虑颗粒粒径的大小外，还要考虑其含量所占的比例。表 3-3 为松散岩石分类（地质矿产部水文地质工程地质技术方法研究队，1983）。

根据《岩土工程勘察规范》（GB 50021—2001）（2009 年版）的分类，土按颗粒级配和塑性指数分为碎石土、砂土、粉土和黏性土。

（1）碎石土：粒径大于 2mm 的颗粒质量超过总质量的 50%。

（2）砂土：粒径大于 2mm 的颗粒质量不超过总质量的 50%，粒径大于 0.075 mm 的颗粒质量超过总质量的 50%（表 3-4）。

（3）粉土：粒径大于 0.075mm 的颗粒质量不超过总质量的 50%，且塑性指数等于或小于 10。

（4）黏性土：塑性指数大于 10。

表 3-3 松散岩石分类表

粒径 /mm	粒组的累积百分含量/%										
	砾石类			砂类*					黏性土类		
	卵石	粗砾	细砾	砾砂	粗砂	中砂	细砂	极细砂	亚砂土	亚黏土	黏土
>20	>50										
>10		>50									
>2			>50	>25	←			<10			→
>0.5					>50						
>0.25						>50					
>0.1							>75	<75			
<0.05				←	<3		→		3～10	10～30	>30

*对砂土进行分类时，应自左至右（从粗到细），以第一个符合该粒度成分含量的土类定名。

表 3-4 砂土分类表

名称	颗粒级配
砾砂	粒径大于 2mm 的颗粒质量占总质量的 25%～50%
粗砂	粒径大于 0.5mm 的颗粒质量超过总质量的 50%
中砂	粒径大于 0.25mm 的颗粒质量超过总质量的 50%
细砂	粒径大于 0.075mm 的颗粒质量超过总质量的 85%
粉砂	粒径大于 0.075mm 的颗粒质量超过总质量的 50%

在地下水污染修复工作中，根据需求可以采用水文地质或工程地质相应的松散介质分类标准。这些标准存在一些差异，特别是如果根据介质粒径估计其孔隙度、渗透系数等水文地质参数时，最好明确所采用的分类体系的一致性，否则容易产生不必要的错误。

3.1.2 粒度分布

松散沉积物颗粒的粒径变化很大，即使在同一取样样品中，其颗粒直径大小的变化可以达几个数量级，因此通常用统计学的方法研究介质颗粒集合的特征。使用筛分法可以获得样品的粒度分布。粒度分布可以用直方图和累积质量百分比图来表征。沉积物的平均粒径（$\bar{d}$）可由测量值（x_i）除以测量次数求和求得：

$$\bar{d} = \sum_{i=1}^{N} \frac{x_i}{N} \tag{3-1}$$

对于筛分而言，x_i 是累积质量对应的筛孔直径，N 为筛分使用的筛的个数。

分选用来描述沉积物颗粒粒径的均一性程度，分选好的沉积物意味着介质粒径大小的变化区间很小，颗粒比较均一；而分选差的沉积物其介质粒径变化大。全部或几乎全部由一种粒径的颗粒组成的多孔介质称为均质介质。

沉积环境能量的变化可以导致沉积物粒径的变化，能量周期性的变化可以形成"粗""细"地层的交互。在沉积学中，采用标准差（σ）或方差（σ^2）来描述颗粒的分布。

$$\sigma^2 = \sum_{i=1}^{N} \frac{\left(x_i - \overline{d}\right)^2}{N} \tag{3-2}$$

在实际工作中，可以通过颗粒筛分累积质量百分比曲线很方便地求得沉积物的平均粒径和标准差（Payne et al.，2008）。其中 d 表示粒径，下角标为累积质量百分比。

$$\overline{d} = \frac{d_{16} + d_{50} + d_{84}}{3} \tag{3-3}$$

$$\sigma = \frac{d_{84} - d_{16}}{4} + \frac{d_{95} - d_5}{6.6} \tag{3-4}$$

我们常把按质量计土中小于某一粒径者占土壤总量10%的那种颗粒直径称为有效粒径，记为 d_{10}；把 d_{60} 与 d_{10} 的比值称为均匀系数（C_u），用来描述颗粒大小的分布范围。

$$C_u = \frac{d_{60}}{d_{10}} \tag{3-5}$$

C_u 值大说明沉积物粒径分布范围大，C_u 值为 1～3 被认为是分选良好，为 4～6 被认为是分选差。也有人认为均匀系数小于 2 的土壤可视为均质土（Bear,1979）。

3.2 多孔介质组成

多孔介质体系的组成可由基于单元体积的相图来定量描述（图 3-1），图中左侧基于体积，右侧基于质量。在这个三相体系中，总体积（V）由固体体积（V_s）和空隙体积（V_v）组成：

$$V = V_s + V_v \tag{3-6}$$

空隙体积包括空气填充的空隙体积（V_a）和液体（水）填充的空隙体积（V_w）：

$$V_v = V_a + V_w \tag{3-7}$$

饱和度（S_d）定义为水填充的空隙体积与空隙体积之比：

$$S_d = \frac{V_w}{V_v} \tag{3-8}$$

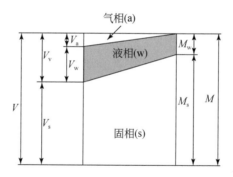

图 3-1　多孔介质相图（据 Payne et al., 2008）

含水率（θ）与饱和度不同，饱和度为体积比，而含水率一般为水的质量（M_w）与固体质量（M_s）之比：

$$\theta = \frac{M_w}{M_s} \tag{3-9}$$

3.2.1　孔隙度

根据各体积之间的关系，可以定义孔隙度（n）为空隙体积与总体积之比，孔隙比（e）为空隙体积与固体体积之比：

$$n = \frac{V_v}{V} \tag{3-10}$$

$$e = \frac{V_v}{V_s} \tag{3-11}$$

地层介质的孔隙度是描述其储容水能力的参数，在一定条件下，还控制岩土滞留、释出和传输水的能力。地层介质的孔隙度主要取决于介质颗粒的分选程度，分选好的地层介质其孔隙度较大，分选差的地质介质其孔隙度较小。此外，颗粒的形状和胶结程度也影响孔隙度的大小。

在污染场地工作中，往往使用有效孔隙度（n_e）的概念。有效孔隙度是指重力水流动空隙体积（不包括结合水占据的空间）与总体积之比，有效孔隙度一般小于孔隙度。

3.2.2　密度

多孔介质地层的密度（ρ）为单位体积中介质骨架的固体质量（M_s）与水的质量（M_w）之和：

$$\rho = \frac{M_s + M_w}{V} = \frac{\rho_s V_s + \rho_w V_w}{V} \tag{3-12}$$

式中，V 为地层总体积；V_s 为介质骨架的固体体积；V_w 为水的体积；ρ_s 为介质骨架的固体密度；ρ_w 为水的密度。

在松散沉积含水层中，固体介质一般由矿物石英组成，密度为 2.6~2.7g/cm³。因此，一般地质工程中设定介质骨架的密度为 2.65g/cm³。在污染场地工作中，可以通过介质骨架的固体密度、孔隙度和水的饱和度计算地层的密度。例如，石英砂地层，孔隙度为 0.35，水的饱和度为 10%，则可以计算地层的密度为

$$\rho=2.65\times（1-0.35）+1.0\times0.35\times0.1=1.76（g/cm^3）$$

在实际工作中，地层的密度受含水量的影响，而含水量会随季节发生变化。因此，常用地层介质的干密度（ρ_d）来描述。可以计算得出上述石英砂地层的干密度为 1.72g/cm³，而饱水后的地层（含水层）密度为 2.07g/cm³。表 3-5 为不同介质地层的密度和孔隙度值（Payne et al.，2008），其中地层密度值是在非饱和情形下的常见范围。实际工作中，地层的密度和孔隙度可能随场地条件的不同而有所差异。

在污染场地的研究中，有时需要计算上覆地层介质骨架和水的应力。应力可由介质的容重和上覆厚度来确定。地层介质的固体容重（γ_s）可由介质骨架的固体密度（ρ_s）和重力加速度（g）确定。容重在工程上指单位容积内物体的质量，对于流体，指作用在单位体积上的重力。

表 3-5　不同介质地层的密度和孔隙度表

介质	密度（ρ）/(kg/m³)	孔隙度（n）/%
砾石	2000~2350	24~38
粗砂	1400~1900	31~46
细砂	1400~1900	26~53
粉砂	1300~1920	34~61
黏土	600~1800	34~60
冰积物	1700~2300	20
粉砂+黏土（无机）	600~1800	29~52
粉砂+黏土（有机）	500~1500	66~75
泥炭	100~300	60~80

地层介质的固体容重：

$$\gamma_s = \rho_s \cdot g \qquad\qquad （3\text{-}13）$$

水的容重：

$$\gamma_w = \rho_w \cdot g \qquad (3\text{-}14)$$

可以通过地层介质的容重计算在给定深度（h），单位面积上由于地层介质骨架产生的固体压力（固体应力）：

$$\sigma_s = \gamma_s \cdot h \qquad (3\text{-}15)$$

单位面积上由于上覆水质量产生的压力（水的应力或孔隙压力）：

$$\sigma_w = \gamma_w \cdot h \qquad (3\text{-}16)$$

在给定含水层深度上的总应力（σ_t）等于地下水位上部非饱和土的质量与水位以下含水层介质质量之和。

$$\sigma_t = \gamma_D \cdot h_D + \gamma_S \cdot h_S = (\rho_D \cdot h_D + \rho_S \cdot h_S) g \qquad (3\text{-}17)$$

式中，h_D 和 h_S 分别为非饱和带和饱和带厚度；γ_D 和 γ_S 分别为非饱和带和饱和带容重；ρ_D 和 ρ_S 分别为非饱和带和饱和带密度。

在含水层中，存在与孔隙压力有关的浮力，它能够抵消一部分由上覆饱和地层介质量所导致的应力。我们把总应力（σ_t）与孔隙压力（σ_w）的差定义为有效应力（σ_e）：

$$\sigma_e = \sigma_t - \sigma_w \qquad (3\text{-}18)$$

有效应力是研究地层介质强度的重要参数，在地下水污染水动力控制、原位修复过程中，需要进行污染地下水的抽取和修复剂的注入，地下水位的抬升导致孔隙压力的增加，有效应力的降低；相反，地下水位的下降引起孔隙压力的下降，有效应力的增加。有效应力的变化会影响原位反应带修复剂的注入压力和注入量，直接影响修复方案的设计。同时，有效应力变化和含水层介质破坏直接相关，在污染修复设计中要高度重视。例如，在黏性土地层中，过高的注入压力会引起孔隙压力的增加，从而显著减小有效应力，导致地层的破坏，影响污染修复的效果。

可以通过地层介质的密度、厚度和地下水位计算含水层给定深度的总应力、孔隙压力和有效应力。例如，某污染场地地层为均质砂层，包气带厚度为 300cm，包气带砂层的干密度为 1.72g/cm^3，饱和含水层的密度为 2.07g/cm^3，则可计算出地下水位 1000cm 以下位置处的总应力、孔隙压力和有效应力。

$$\gamma_D = 1.72 \times 980 = 1685.6 \ (\text{dyn/cm}^3)$$

$$\gamma_S = 2.07 \times 980 = 2028.6 \ (\text{dyn/cm}^3)$$

$$\gamma_W = 1 \times 980 = 980 \ (\text{dyn/cm}^3)$$

$$\sigma_t = 1685.6 \times 300 + 2028.6 \times 1000 = 2.53 \times 10^6 \ (\text{dyn/cm}^2)$$

$$\sigma_w = 980 \times 1000 = 9.8 \times 10^5 \ (\text{dyn/cm}^2)$$

$$\sigma_e = 2.53 \times 10^6 - 9.8 \times 10^5 = 1.55 \times 10^6 \ (\text{dyn/cm}^2)$$

3.3 含水层储水特性

3.3.1 给水度

在非承压的浅部条件下，当水位下降时，饱和含水层中的地下水将在重力下释出（如地下水的抽取）。给水度（S_y）是指地下水位下降单位体积时，释出水的体积和疏干体积的比值。这一比值区间为 0.04～0.35（表 3-6）（张人权等，2011），含水层介质颗粒越小，其给水度越小。影响重力释水的因素较多，结合水不能释出，地下水位快速下降时，一部分水以悬挂毛细水形式滞留在包气带。

表 3-6 不同松散介质的给水度表

介质	给水度	介质	给水度
粗砂	0.20～0.35	粉砂	0.10～0.15
中砂	0.15～0.30	亚砂土	0.07～0.10
细砂	0.10～0.20	亚黏土	0.04～0.07

3.3.2 持水度

地下水位下降时，一部分水重力释出，而另一部分水由于分子力和表面张力仍保留在介质空隙中，如结合水及毛细水。持水度（S_r）是指地下水位下降时，滞留而不释出的水的体积与疏干体积的比值。根据上述定义，给水度与持水度之和等于孔隙度。

$$n = S_y + S_r \tag{3-19}$$

其中，给水度为天然条件下可流动的部分，而持水度为依靠重力不可流动的部分。在实际工作中，可以利用给水度作为有效孔隙度（n_e）的初始估计值。有效孔隙度的概念非常重要，它表征了孔隙度中能够使地下水和溶质流动的部分，在考虑地下水对流和溶质运移时，它要比孔隙度更为准确。许多教科书中利用介质的总孔隙度（n_t）乘以一个介于 0～1 的系数（ε）来代表有效孔隙度：

$$n_e = n_t \cdot \varepsilon \tag{3-20}$$

以上关于给水度、持水度以及孔隙度和有效孔隙度关系的描述和定义，适合于解决供水和其他大尺度水流问题。从污染物迁移、修复剂传输的角度，可以使用流动孔隙度（n_m）和不流动孔隙度（n_i）的定义。流动孔隙度是指含水层中能够导致对流和运移的孔隙度部分；而不流动孔隙度为含水层介质中不能导致流动，作为储存或非常缓慢移动的孔隙度部分。因此，含水层介质的总孔隙度等于流动孔隙度和不流动孔隙度之和：

$$n_t = n_m + n_i \qquad (3\text{-}21)$$

不流动孔隙度的确定比较复杂，它不仅包括孔隙中的结合水、毛细水部分，还包括因孔隙连通性问题而出现流动的"封闭端"（dead end）导致水流不流动的部分。

3.4 地层介质渗透性

地层介质的渗透性是指其传输流体的能力，流体可以包括水、污染物流体（溶解相、自由相 NAPL）、修复剂、气体和固体（如纳米铁等）。地层介质的渗透性能对于污染场地的控制与修复非常重要，对修复效果往往起着决定性的作用。

流体在多孔介质中运动，需要克服孔隙通道壁的吸引力、流速不等的分子之间的黏滞摩擦力。孔隙通道越小，流动需要消耗的能量越大。因此，影响流体在多孔介质中流动性能的主要因素是孔隙的大小。孔隙越大，透水性越好。

地层介质的渗透性可以用渗透率（k）来描述，它只与介质空隙特性有关，表征介质对不同流体的固有渗透性能。在水文地质工作中，往往使用渗透系数（K）来描述地层的渗透能力，而且往往关注地层对水的渗透系数。渗透系数不仅与地层介质特性有关，而且也与渗透流体的特性有关，如密度和黏度。渗透率与渗透系数有如下关系：

$$K = \frac{\rho g}{\mu} k \qquad (3\text{-}22)$$

式中，K 为渗透系数（cm/s）；k 为渗透率（cm^2），在石油工业中，常用达西（D）来表示，$1D = 0.987 \times 10^{-8} cm^2$；$\mu$ 为黏度 $[g/(cm \cdot s)]$；ρ 为密度（g/cm^3）；g 为重力加速度（cm/s^2）。

关于地层介质的渗透率，可以由多种方法获得：

$$k = c d_{10}^2 \qquad (3\text{-}23)$$

式中，c 为介于 $45 \sim 140$ 的系数（黏性土-砂）；d_{10} 为有效粒径。

$$k = \frac{n d^2}{32} \qquad (3\text{-}24)$$

式中，n 为孔隙度；d 为孔道直径。

$$k = \frac{r^2}{8\tau} \qquad (3\text{-}25)$$

式中，τ 为流向上孔隙介质的曲折因子，无量纲（取值区间为 $1.25 \sim 1.8$）；r 为孔隙半径（cm）。

在一定情况下，渗透率 k 可随时间发生变化。这种变化主要是由介质特性的改变引起的，如外部荷载变化导致孔隙骨架的结构和构造发生变化、固体骨架的溶解作用、黏土的膨胀作用、化学沉淀作用、微生物活动导致的孔隙堵塞等。在原位修复过程中，由于多孔介质特性、渗流流体特性的改变，经常会影响修复剂在地层介质中的传输。

在地下水资源研究中，往往把渗透系数作为描述地层介质渗透性能的参数，因为当水的物理性质变化不大时，可以忽略其对渗透系数的影响。但在研究石油、污染物和修复剂流体在介质中的流动时，有时需要考虑流体的物理性质，采用渗透率来表征地层介质的渗透性能。表 3-7 为部分岩土的渗透系数与透水性（地质矿产部水文地质工程地质技术方法研究队，1983），表 3-8 为松散岩土的渗透系数取值范围（张人权等，2011），在污染场地工作中可供参考。

表 3-7　部分岩土的渗透系数与透水性一览表

岩土名称	渗透系数		透水性分级
	/(m/d)	/(cm/s)	
卵石、砾石、粗砂、具溶洞的灰岩	>10	>1.16×10^{-2}	强透水
砂、裂隙岩石	1~10	1.16×10^{-3}~1.16×10^{-2}	中等透水
亚砂土、黄土、泥灰岩、砂层	0.01~1	1.16×10^{-5}~1.16×10^{-3}	弱透水
亚黏土、黏土质砂岩	0.001~0.01	1.16×10^{-6}~1.16×10^{-5}	微透水
黏土、致密的结晶岩、泥质岩	<0.001	<1.16×10^{-6}	不透水

表 3-8　松散岩土的渗透系数取值范围表

松散岩土名称	渗透系数	
	/(m/d)	/(cm/s)
亚黏土	0.05~0.5	5.79×10^{-5}~5.79×10^{-4}
亚砂土	0.1~0.5	1.16×10^{-4}~5.79×10^{-4}
粉砂	0.5~1.0	5.79×10^{-4}~1.16×10^{-3}
细砂	1.0~5.0	1.16×10^{-3}~5.79×10^{-3}
中砂	5~20	5.79×10^{-3}~2.31×10^{-2}
粗砂	20~50	2.31×10^{-2}~5.79×10^{-2}
砾石	100~500	1.16×10^{-1}~5.79×10^{-1}
漂石	>500	>5.79×10^{-1}

在污染场地的修复中，无论是何种修复技术，地层介质的岩性是一个关键的参数。有许多修复技术都对地层介质的渗透性能有要求，如空气扰动修复、原位化学氧化还原修复等都要求污染含水层有较强的渗透性，当渗透系数小于 10^{-4}cm/s 时，这些修复技术的使用效果降低，甚至无效。因此，低渗透性地层是污染场地修复的难点，存在污染物"出不来"，修复剂"进不去"的难题。

有关地层的透水性，Bear（1979）曾做过论述，认为渗透系数大于 10^{-2}cm/s 的地层是透水性好的含水层；而渗透系数在 10^{-6}~10^{-2}cm/s 的介质可以认为是弱透水的;渗透系数小于 10^{-6}cm/s 的地层是隔水的。从表 3-7 也可以看出,渗透系数在 $10^{-5}\sim$ 10^{-3}cm/s 的含水层是弱透水的。因此,当地层的渗透系数在上述弱透水(低渗透性)区间或更小时,污染物的修复具有较大难度。

3.5　地层介质非均质性

由于沉积作用和环境的影响,地层介质的岩性往往不可能是单一、均匀的,而是呈现复杂的非均质性。介质颗粒的大小与地层沉积能量有关,高能量沉积粒径大的介质,如山前冲洪积扇的卵砾石和砂层沉积,平原河流的砂层、黏性土层交互,以及低渗透性或高渗透性介质透镜体的存在等。即使在相同岩性的沉积地层中,其粒度、分选、级配等也不可能在空间上均匀分布,导致介质的渗透系数在空间上发生变化。岩石介质在地层中空间分布的多样性和复杂性,构成了其非均质性。

地层介质的非均质性具有尺度效应,在微观尺度上,体现为岩石颗粒大小、分布的差异;在小尺度上,体现为不同岩性地层的沉积;在大尺度上,体现为沉积盆地、水文地质单元组成地层岩性的变化。尺度越大,其非均质性越强。这也是室内小尺度的模拟实验放大到现场大尺度时,由于非均质性的问题,结果往往出现偏差的原因。

当含水层介质的变化较小,岩石特性较均匀,可以认为是均质含水层;而当含水层介质变化大,地层岩石特性空间变化较大,则为非均质含水层。非均质地层较复杂,根据不同的沉积类型,有许多种情形,但一般可考虑层状非均质和透镜体状非均质等情形。层状非均质介质是指介质场内各层内部渗透性相同,而不同层介质的渗透性不同。透镜体状非均质介质是指在渗透性相同的背景介质地层中,存在渗透性低(或高)的沉积透镜体。这两种非均质情形在实际工作中非常常见。

地层介质系统中,如果其渗透系数不随方向而变化,称之为各向同性介质;如果其渗透系数在不同方向上具有差异,则称之为各向异性介质。

在自然界,很难出现严格意义上的均质、各向同性含水层。如果考虑一个由砾石、粗砂和粉砂 3 层岩性组成的含水层系统,从整个含水层系统上看,属于非均质、各向异性含水层。但如果每一层的介质粒径相对均一,也可以认为每一层是均质含水层,但整体是各向异性的,因为在垂向上岩性发生了变化。

在建立污染场地概念模型时,往往把地层介质概化为均质、各向同性,而实际场地情况十分复杂,人们往往过度简化了场地的地层条件。相对于较大尺度的地下水资源评价预测而言,污染场地尺度的地下水污染控制与修复要求对地层岩性具有更高的精度和分辨率,即对地层岩性的非均质性要有更精细的刻画,以便于掌握污染物的迁移和反应,以及修复剂的传输和修复效果的评估等。

第4章 多相流体污染物在包气带中的迁移

污染物泄漏进入地下环境中，受多种复杂过程控制，包括迁移、转化、降解、多介质间转移、生物吸收或累积等。影响环境中污染物迁移的重要特性和参数包括：污染物的相态、水溶解性、弥散和扩散、挥发、吸附与阻滞、降解等。

泄漏的污染物在包气带以对流、扩散的形式扩展，并与包气带介质发生物理、化学和生物反应。其中，对污染物迁移起主导作用的是污染物流体形式的迁移，它决定了污染物迁移扩散的范围和程度。包气带的突出特点就是多相介质，有气、液（水和 NAPL）、固三相体系。

污染物以与水可混溶和非混溶的形式存在，可混溶情形下，污染物主要随水流发生迁移；非混溶情形下，以 NAPL 流体形式迁移；两种情形下，在迁移过程中都会与地层介质发生反应。因此，研究地下水流和 NAPL 流在包气带中的迁移非常重要。

4.1 包气带水的分布与运动规律

4.1.1 包气带划分及水的分布

包气带是指地面以下，地下水潜水面以上固、液、气三相同时存在的复杂系统，是地表污染物进入地下水的通道。对于松散沉积物，包气带自上而下可划分为土壤带、中间带和毛细带，图 4-1 为包气带划分及含水量变化。在地表没有附加水补给的情况下，经长期的重力排水之后，保持在土壤中的水量称为田间持水量（θ_{w_0}）。田间持水量为在重力排水作用终止后，单位体积土壤中保持的含水量，包括结合水、孔角毛细水和悬挂毛细水；其对应的土壤饱和度为 S_{w_0}。

土壤带接近地表，为植物根系带。土壤带受地表影响较大，包括地面水渗入、季节性温度、湿度变化，以及埋藏浅的地下水位的影响等。雨季该带水向下运动；旱季由于蒸发与植物的蒸腾作用，水向上运动。污染物泄漏后，首先通过土壤带向下进一步迁移进入地下水中。在渗水量（渗漏量）过量的较短期间内，土壤带可以暂时完全为重力水所饱和。

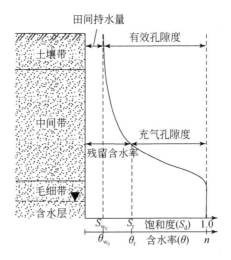

图 4-1　包气带划分及含水量变化图

中间带（又称过渡带）分布在土壤带和毛细带之间，其厚度取决于地下水位的埋深。如果地下水位过高，含水层岩性较细，毛细带上升到达土壤带时，就没有中间带。中间带中的水是靠吸着力和毛细力保持的，可以用残留含水率（θ_r）和残留饱和度（S_r）来描述。中间带位置（深度）不同，其残留含水率也在发生变化。在中间带内随着深度的增加，残留含水率在逐渐增大，在毛细带达到最大。在中间带，可以根据介质的孔隙度（n）和残留含水率计算出介质的充气孔隙度（n_a）。介质的充气孔隙度可用于挥发性有机物在多相体系中分布的分析计算。

$$n_a = n - \theta_r \tag{4-1}$$

在潜水面之上有一个含水量饱和（饱和度为 1，体积含水率等于孔隙度 n）的带，称为毛细带。毛细带是由于地层介质中的毛细力作用，水分从地下水面上升形成的。毛细带的厚度取决于地层介质的粒径大小。粒径越小，毛细上升高度越大，如黏性土中的毛细带厚度可大于 3m。表 4-1 为松散孔隙介质支持毛细上升高度（张人权等，2011）。

表 4-1　松散孔隙介质支持毛细上升高度表

土的分类	毛细上升高度/cm	土的分类	毛细上升高度/cm
粗砂	2～4	亚砂土	120～250
中砂	12～35	亚黏土	300～350
细砂	35～120	黏土	>350

在土壤带、中间带和毛细带内，水的压力为负值，因此不可能利用观测井观测水位的方法来进行监测。在包气带中，可以采用张力计等来测定介质中水的负压。

包气带中毛细负压水头值随着含水量的变小而增大，因为含水量降低，毛细水退缩到孔隙小的位置，弯液面的曲率增大，曲率半径减小，导致毛细负压绝对值更大。在含水层中，对于特定的地层介质，其渗透系数 K 是常数；但在包气带中，介质的渗透系数是含水量（W）的函数，随含水量的降低而变小（张人权等，2011）。

4.1.2　包气带水的运动规律

包气带水的运动属于非饱和流问题，有人把描述饱和含水层地下水运动的达西定律扩展应用到了包气带。垂向一维非饱和达西定律可表示为

$$v_z = -K(W)\frac{\partial h}{\partial Z} \tag{4-2}$$

式中，v_z 为垂向渗透流速；h 为压力水头；Z 为垂向距离。包气带存在毛细负压，其渗透系数随含水量的降低而变小。因此，包气带水的运移规律更为复杂，其影响因素也较多。

图 4-2 和图 4-3 分别为不同分选性土壤排水过程的水分特征曲线和土壤水分特征曲线的滞后现象（Bear，1979）。图 4-2 中，A_1、A_2 点为毛管水头临界点，对应的 h_{cc1}、h_{cc2} 为临界毛管水头。如果对一个饱和土样进行排水，开始时形成一个小的毛管水头（h_c），这时几乎没有水从土样中排出，即尚无空气进入土样；直到毛管水头达到临界值 h_{cc}，才会有水的排出。如果用压力来表示这一临界值，可称之为进气压力。即到达临界毛管水头时，较大孔隙开始排水。许多排水和吸水曲线可形成闭合的环线，在细粒土壤内，由截留的空气引起如图 4-3 所示的现象。由排水（吸水）曲线上的任意点，都可能开始吸水（排水）过程。

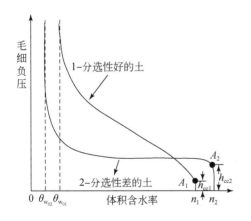

图 4-2　排水过程的水分特征曲线

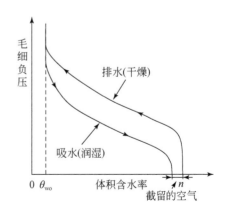

图 4-3　土壤水分特征曲线的滞后现象图

4.2　包气带中水与 NAPL 的迁移

4.2.1　介质含水率对污染物迁移的影响

包气带介质中天然含水量随季节发生变化，而不同的介质含水率会影响毛细作用力，从而影响流体的迁移。包气带不同的介质和含水率会对 NAPL 的迁移产生不同的影响。作者选用柴油来模拟 NAPL，通过实验室模拟实验，研究细砂、中砂和粗砂 3 种介质在不同含水率情形下对 NAPL 迁移的规律（宋兴龙等，2014）。

图 4-4 为柴油湿润锋推进速度随介质含水率的变化图，由图可以看出，柴油在粗砂中入渗时，当介质含水率从 0%提高到 4%，加快了湿润锋推进速度，而后介质含水率增加，为 4%~7%时，湿润锋推进速度反而降低；柴油在中砂和细砂中的入渗也具有相似规律，分别在介质含水率为 6%和 8%时出现最大湿润锋推进速度。最大湿润锋推进速度对应含水率均处于相应介质最大残余含水率的 40%~50%。这主要是由于介质中的水一方面可以覆盖介质表面，与柴油竞争在介质颗粒中的吸附点位，降低了介质对柴油的吸附作用，对柴油入渗速度有促进作用；而随着水分的不断增加，减小了介质的孔隙直径，增大了毛细作用力，对柴油入渗有阻碍作用。柴油在不同地层介质中入渗时，随着介质粒径增大，湿润锋推进速度增大。介质粒径越大，柴油在下渗过程中的通道越大，所受毛细阻力越小，湿润锋推进越快。

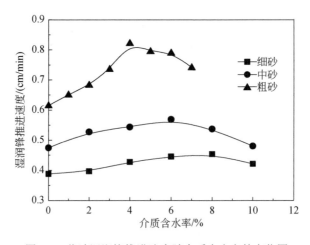

图 4-4　柴油湿润锋推进速度随介质含水率的变化图

图 4-5 为残余柴油量随介质含水率的变化图，由图可以看出，柴油在细砂中

入渗时，当含水率从 0%提高到 10%，残余柴油量从 143mL 下降到 62mL，柴油在中砂和粗砂中的入渗也具有相似规律。这是因为含水率增加导致水分子占据孔隙空间，使残留在介质中的柴油量逐渐减少。这表明，在同等条件下，包气带介质含水率越大，NAPL 向地下环境中迁移的距离越远，地下水受到污染的风险越大。

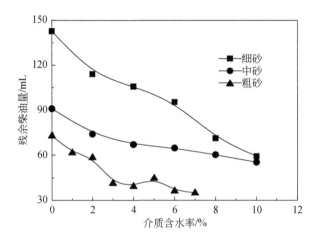

图 4-5　残余柴油量随介质含水率的变化图

柴油在砂性介质中入渗时，随着介质粒径增大，湿润锋推进速度增大，而残余柴油量下降。这表明，在同一泄漏条件下，介质粒径越大，地下水受到污染的风险越大。

4.2.2　NAPL 和水在包气带不同介质中的迁移

通过实验室砂箱模拟实验，研究柴油（NAPL）和水在包气带黏土、细砂和中砂介质中垂向（纵向）和横向的迁移规律；定量描述 NAPL 渗漏量与其在包气带中垂向和横向迁移的关系；NAPL 与水在包气带中迁移规律的对比分析（赵勇胜，2015）。

实验利用水模拟可混溶污染物的迁移，利用柴油模拟 NAPL 的迁移。从锋面迁移过程来看，无论是柴油还是水，随着介质渗透系数的增大（从黏土、细砂到中砂），锋面纵向迁移距离（Z）逐渐大于横向迁移距离（$2X$，X 为横向迁移半径）。从黏土中的横向迁移距离大于纵向迁移距离，变化为中砂中的纵向迁移距离大于横向迁移距离；污染体形状上，从以横向为长轴的椭球形变化为以纵向为长轴的椭球形。在泄漏模拟实验观测中发现，在同体积泄漏量情况下，水的扩散体积比柴油的污染体积要大，主要体现在横向扩展上，而在纵向上的差异不大，主要是水的湿润性较强的原因。

图 4-6 为柴油和水在 3 种介质中横向迁移距离（X）对比图，从图中可以看出，在相同流体注入体积下，流体在黏土中的横向迁移距离最大，细砂中次之，中砂中最小；通过曲线的斜率可以看出，总体上流体在黏土中的横向迁移速率最大，细砂中次之，中砂中最小。

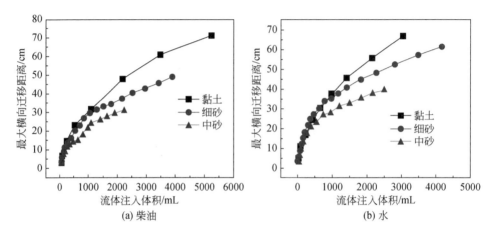

图 4-6　柴油和水在 3 种介质中横向迁移距离对比图

图 4-7 为柴油和水在 3 种介质中纵向迁移距离对比图，从图中可以看出，在相同流体注入体积下，流体在黏土中的纵向迁移距离最小，细砂中次之，中砂中最大；通过曲线的斜率可以看出，在整个迁移过程中，流体在中砂中的纵向迁移速率始终最大，细砂中次之，黏土中最小。这正好与在不同介质中的横向迁移规律相反。

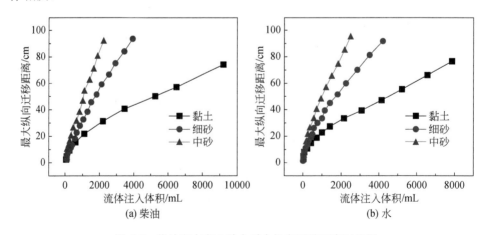

图 4-7　柴油和水在 3 种介质中纵向迁移距离对比图

第5章 污染物及修复剂在含水层中的运移

污染物与修复剂物质在地下含水层中的运移具有相同或相似的规律,二者都可以是溶于水的物质或与水非混溶的物质。虽然地下水中的污染物和修复剂在物理、化学或生物学特性方面具有很大差异,但二者在含水层中的运移同样受地下水对流、弥散(扩散)、与地层介质的作用等控制。因此,可以将地下水污染物和修复剂在含水层中的运移结合起来进行论述。

5.1 地下水流运动

5.1.1 达西定律

达西于 1856 年进行了水流通过砂层介质的实验,发现了砂层中的地下水流量 Q(cm^3/s)与水流通过的横截面积 A(cm^2)和任意两个断面上的水头差 Δh(cm)成正比;与相应两个断面的距离 L(cm)成反比,后称之为达西定律。

$$Q = KA\frac{\Delta h}{L} \tag{5-1}$$

式中,K 为渗透系数,上式也可以写成单位面积上流量 q(比流量,cm/s)的形式:

$$q = \frac{Q}{A} = K\frac{\Delta h}{L} \tag{5-2}$$

或

$$q = K\frac{\mathrm{d}h}{\mathrm{d}x} \tag{5-3}$$

由于量纲与流速一致,通常把比流量称为达西流速,实际上,比流量是单位横截面积上的流量 [$cm^3/(s \cdot cm^2)$],达西定律是一个经验定律。

在非常小的尺度上(介质颗粒与孔隙),所有的多孔介质都是非均质的;在所有尺度上,自然含水层介质是非均质的。因此,在达西定律分析中,观测的体积大小控制着分析的结果。从极小的观测体积"点"来分析,如果观测点位于介质颗粒上,以参数孔隙度为例,则孔隙度为 0,而观测点在颗粒间的孔隙中,则孔隙度为 1。当观测体积由"点"逐渐增大,包含多个颗粒和孔隙时,每个观测体积的孔隙度就是体积内的平均孔隙度。随着观测体积的增大,含水层的平均孔隙度变化呈现衰减的震荡形式，最终趋向于一个固定值（图5-1），这一数值被认为是能够刻画该含水层介质的平均孔隙度值。其他含水层参数，如渗透系数、地球化学参数等，都有随着观测体积增大，与孔隙度相似的变化规律。可以把孔隙度值（或其他多孔介质特性参数）不再变化时的观测体积称为代表单元体（Bear，1979，1988）。

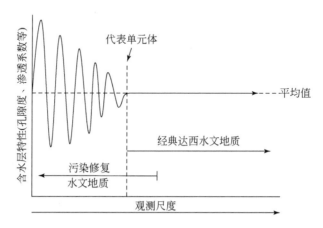

图 5-1　不同尺度地层介质特性变化示意图（据 Bear，1988）

从图 5-1 可以看出，传统的水文地质学中，地层介质参数的观测体积应等于或大于代表单元体，把大于代表单元体的尺度称为经典达西区域，此时，各种参数的观测值代表含水层的平均值。这对于供水水文地质、水资源管理研究是非常理想、可行的。但是，对于污染场地修复而言，小于代表单元体的尺度区域往往至关重要。虽然达西定律在小尺度上仍然有效，但含水层介质的参数选择存在很大问题，如果仍采用大于代表单元体的平均值，则不能够代表小尺度情形下的实际情况，有可能带来较大误差。因此，在以污染场地修复为目的的水文地质研究中，存在着与传统供水水文地质不同的情形，面临着更大的挑战。

5.1.2　等效渗透系数

当含水层由不同渗透系数的地层组成时，可以利用等效渗透系数来描述整个含水层。

当地下水流向与地层分布水平时，含水层的比流量（q）应等于每个地层比流量的和。

$$q = \sum_{i=1}^{n} \frac{K_i d_i}{d} \cdot \frac{\mathrm{d}h}{\mathrm{d}l} = K_x \cdot \frac{\mathrm{d}h}{\mathrm{d}l} \tag{5-4}$$

式中，i 为 i 地层；n 为地层总数；K_i 为 i 地层的渗透系数；d_i 为 i 地层的厚度；d 为含水层厚度；l 为距离；$\mathrm{d}h/\mathrm{d}l$ 为地下水的水力梯度；K_x 为含水层的等效渗透系数，

$$K_x = \sum_{i=1}^{n} \frac{K_i d_i}{d} \tag{5-5}$$

当地层间的渗透系数差异不大时，等效渗透系数方法具有较好的实际效果；当差异较大时，等效渗透系数方法难以刻画实际的地下水流动，它是非均质渗透系数的平均化。实际上，地下水是在渗透系数大的地层中流动，而在渗透系数小的地层中流动很少（图 5-2）。图中箭头为地下水流动的矢量表达，箭头的长度表示流速的大小。

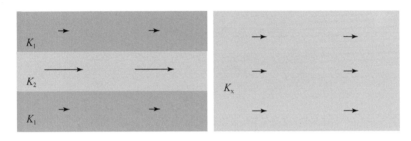

图 5-2 层状含水层及等效渗透系数处理示意图

如果地下水的流动方向与地层分布垂直时，其在各个地层中的比流量相等；地下水的总水位降等于各个地层中水位降之和。

$$q = K_1 \cdot \frac{\mathrm{d}h_1}{\mathrm{d}l_1} = K_2 \cdot \frac{\mathrm{d}h_2}{\mathrm{d}l_2} = \cdots = K_n \cdot \frac{\mathrm{d}h_n}{\mathrm{d}l_n} = K_z \cdot \frac{\mathrm{d}h_z}{\mathrm{d}l} \tag{5-6}$$

式中，K_z 为含水层的等效渗透系数。

$$K_z = \frac{qd}{\dfrac{qd_1}{K_1} + \dfrac{qd_2}{K_2} + \dfrac{qd_3}{K_3}} = \frac{d}{\displaystyle\sum_{i=1}^{n} \frac{d_i}{K_i}} \tag{5-7}$$

计算出的等效渗透系数与渗透性最差地层的渗透系数相近，这种情形下，低渗透性地层对地下水的流动起主导作用。

非均质含水层的另一种形式是在一种岩性中夹有低渗透性或高渗透性透镜体。图 5-3 和图 5-4 分别为夹有高渗透性和低渗透性透镜体的地下水流场剖面图。地下水趋向于在高渗透性透镜体中流动，流速较大，流线向透镜体收敛；而在低渗透性透镜体中流速很小，地下水在透镜体周围发生绕流。这些水动力现象，对于污染物的运移具有重要影响。

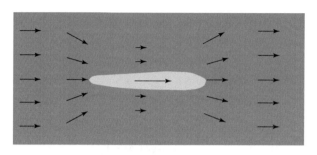

图 5-3　夹有高渗透性透镜体的地下水流场剖面图

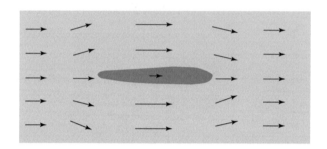

图 5-4　夹有低渗透性透镜体的地下水流场剖面图

5.1.3　流动孔隙度与不流动孔隙度

　　多孔介质的孔隙通道，有些地下水是可以流动通过的，也有一部分孔隙，地下水在其中不能流动。因此，含水层介质可以定义为流动孔隙度和不流动孔隙度。流动孔隙度（n_m）是指含水层中地下水可以流动的孔隙体积与介质总体积的比值，具有较高的渗透率，流动孔隙度往往要小于给水度；而不流动孔隙度（n_i）是指地下水不能流动的孔隙体积与介质总体积的比值，具有很低的渗透率，其中一部分是可以排出地下水的。在地下水污染物运移、通量研究方面，需要重点关注流动孔隙度，而当研究污染物的反向扩散问题时，关注的重点应该是不流动孔隙度。可以通过示踪试验来确定流动孔隙度，进而确定不流动孔隙度。

$$v_m = \frac{v_{avg}}{n_m / n_t} \tag{5-8}$$

式中，v_m 为地下水流动孔隙速度；v_{avg} 为平均地下水流速；n_t 为含水层介质的总孔隙度。

$$n_m = \frac{v_{avg} \cdot n_t}{v_m} \tag{5-9}$$

$$n_i = n_t - n_m \tag{5-10}$$

　　由于 $n_m < n_t$，所以地下水的流动孔隙速度大于平均流速。除了含水层介质粒

径非常大的情形，一般流动孔隙度都小于给水度。根据 Payne 等（2008）的示踪试验研究，砂砾石含水层的流动孔隙度远小于传统 0.2 的孔隙度值，常常小于 0.1。流动孔隙度的取值区间为 0.02～0.10。

5.1.4　非均质性对地下水流通量的影响

利用达西定律对地下水流场的分析，以及基于达西定律的地下水模拟计算，是以反映含水层平均状态作为前提条件，或者应用于独立的均质含水层单元。而实际上，含水层是非均质的，很难有足够的资料来刻画含水层介质非均质特性及空间变化。为了研究含水层非均质、各向异性对地下水流动的影响，Payne 等（2008）模拟了一个复杂的自然沉积含水层情形（图 5-5）。研究区面积为 300ft×400ft，厚度为 20ft①，划分了 12 万个单元，每个单元都有一个渗透系数值。图 5-5（a）为辫状河流沉积含水层的岩性和地下水位等值线，其中河流沉积部分（黑色部分）的渗透系数是其他部分渗透系数的 1000 倍，地下水由西向东流动。如果仅从地下水位等值线图（根据传统地下水位观测点绘制）很难判断非均质对地下水水流的影响。图 5-5（b）为地下水流矢量场图，黑色表示地下水流量大，由此可以看出，地下水绝大部分在高渗透性地层中流动。经过计算，大约 70% 的地下水在 25% 的高渗透性地层断面通过；90% 的地下水在 50% 的高渗透性地层断面通过，证明了

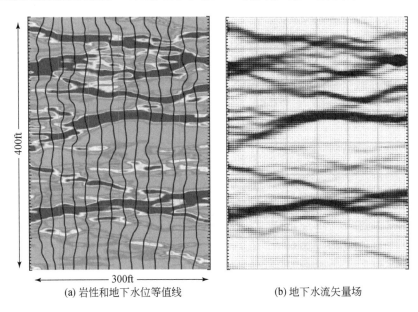

(a) 岩性和地下水位等值线　　　　(b) 地下水流矢量场

图 5-5　含水层非均质性对地下水流通量的影响示意图（据 Payne et al.，2008）

---

① 1ft=0.3048m。

含水层的非均质对地下水水流的影响巨大。

5.2 多孔介质中的弥散和吸附反应

多孔介质含水层中，污染物或修复剂流体发生对流、弥散和反应过程，对流和弥散可以被认为是运移过程，运移和反应过程影响着污染物的运移。污染物的运移具体包括：地下水中的运移（大孔隙通道运移）、固-液界面跨液膜运移、固相表面吸着物扩散、微孔道阻滞吸着物扩散、固相介质中的扩散（图 5-6）。污染物在地下环境中的反应包括：吸附、解吸、沉淀、络合、水解、氧化还原、溶解、生物降解等。这些反应过程对污染物在地下环境中的运移起着关键的控制作用。时间尺度可以是离子缔合反应的几微秒，离子交换吸附反应的几微秒至几毫秒，微生物催化反应的几天、几周或几个月，以及矿物溶解和结晶反应的几年。

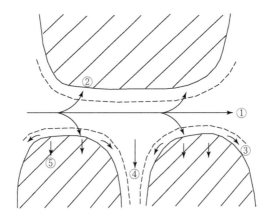

图 5-6 污染物运移过程示意图（根据 Suthersan，2002）

① 大孔隙通道运移；② 固-液界面跨液膜运移；③ 固相表面吸着物扩散；④ 微孔道阻滞吸着物扩散；

⑤ 固相介质中的扩散

5.2.1 多孔介质中的溶质弥散

弥散是当地下水从污染源处流动时，溶质羽扩展和被稀释的宏观趋势，它包括分子扩散和水动力弥散两部分。传统认为，水动力弥散在溶质的扩展中占主要地位，分子扩散影响很小。但也有研究认为，孔隙尺度的水动力弥散作用可能非常有限（Payne et al.，2008）。一般存在 3 种溶质扩展的基本模式：①时间相关。与水分子间的反复碰撞产生了溶质分子的微观扩展，随着时间的推移，在大尺度上可以观测到。这一分子扩散过程与地下水在孔隙介质中的流动无关，是溶质宏观弥散的重要影响因素。②流体相关。地下水在孔隙介质通道中流动，水流不断地反复分叉与重合，使溶质在纵向和横向上发生扩散。这一过程为水动力弥散，它只依赖于地下水在孔隙中的流动，伴随着溶质浓度的降低。③地层相关。由于地层沉积的非均质性，存在地下水流的优先通道，地下水流可能分叉与重合，导致溶质锋面的扩展。

通过近年来的研究工作和实际场地经验，可以得到如下一些结论（Payne et al.，2008）。

（1）传统的弥散观点导致了对溶质横向弥散的过高评估。按照水动力弥散的观点，水流不断分叉和重合，不仅导致了溶质的纵向弥散，同时也有明显的横向扩散。而实际工作中发现，溶质的横向弥散作用有限，主要是在沿渗流方向的纵向扩展。

（2）虽然水相扩散不能驱动溶质远距离迁移，但扩散溶质运移的累积效应对脉冲溶质在非均质地层中的分布具有至关重要的影响。

地下水中溶质可以在流动孔隙和不流动孔隙间扩散转移，可以被认为是扩散驱动的溶质运移阻滞效应。因此，可以用流动孔隙度和不流动孔隙度来求取污染物阻滞因子（R_{fn}）：

$$R_{fn} = 1 + \frac{n_i}{n_m} \qquad (5\text{-}11)$$

式中，n_i 为含水层介质的不流动孔隙度；n_m 为含水层介质的流动孔隙度。

高分辨率的现场和实验室研究都表明：横向弥散度非常小；流动孔隙和不流动孔隙间的相互扩散作用可以很好地解释沿地下水流动方向上的纵向弥散规律（Payne et al.，2008）。

5.2.2　吸附过程

有机污染物在地下含水层中主要是与介质中的有机碳作用而被吸附，污染物在含水层介质（固体）中的浓度（C_s）可以用其在地下水中的浓度（C_w）、含水层介质中天然有机碳含量比例（f_{oc}）和污染物的有机碳分配系数（K_{oc}）来计算。

$$C_s = K_{oc} \cdot f_{oc} \cdot C_w \qquad (5\text{-}12)$$

可以通过取样测试分析地下水中污染物的浓度和含水层介质中有机碳比例，污染物的有机碳分配系数可以查表或计算获得。表 5-1 为地下水中常见有机污染物的有机碳分配系数值。

对于有机污染物，其在含水层中迁移的有机污染物阻滞因子（R_{foc}）可以由下式进行计算：

$$R_{foc} = 1 + \frac{\rho_d}{n_t} K_{oc} f_{oc} \qquad (5\text{-}13)$$

式中，ρ_d 为含水层介质的干密度（$1.8g/m^3$）；n_t 为含水层介质的总孔隙度。

表 5-1　地下水中常见有机污染物的有机碳分配系数值表（据 USEPA，1996）

	化合物	K_{oc}/(L/kg)		化合物	K_{oc}/(L/kg)
氯代烯烃	顺-1,2-二氯乙烯	36	芳香烃	苯	62
	1,1,1-三氯乙烷	139		乙苯	204
	三氯乙烯	94		甲苯	140
	四氯乙烯	265		邻二甲苯	241
	氯乙烯	19		间二甲苯	196
				对二甲苯	331
				萘	1191

溶质运移速度（v^*）可以用平均地下水流速（v_{avg}）和有机污染物阻滞因子来确定：

$$v^* = \frac{v_{avg}}{R_{foc}} \tag{5-14}$$

式中，v^* 为吸附作用导致溶质被阻滞后的速度，主要受介质天然有机碳含量的影响，它与孔隙作用（流动孔隙、不流动孔隙）导致的阻滞不同。

阻滞因子可以用来计算溶质的迁移速度，而不能用于计算溶质的通量。

上述计算主要是基于吸附阻滞导致溶质的迁移速度小于地下水平均速度，而忽略了含水层介质流动孔隙度的作用。如果在具有流动孔隙和不流动孔隙的含水层中，疏水性有机溶质的迁移速度有可能大于地下水平均速度，这时，基于吸附阻滞的计算没有实际意义。Rivett 等（2001）报道了在美国伯登（Borden）含水层，地下水平均运移速度为 8.5cm/d，而三氯乙烯（TCE）等污染物的迁移速度约为 15cm/d。通过理论计算可以得到 TCE 的有机污染物阻滞因子（R_{foc}）为 1.1。可以利用上述资料估算含水层的流动孔隙度比例。观测到的 TCE 的迁移速度可以认为是阻滞后的溶质迁移速度：

$$v_{obs} = \frac{v_m}{R_{foc}} \tag{5-15}$$

式中，v_{obs} 为观测到的溶质迁移速度。由式（5-8），可以计算出上述含水层的流动孔隙速度（v_m）为 16.5cm/d，流动孔隙度 n_m 约占总孔隙度的 50%。

基于流动孔隙度和不流动孔隙度也可以计算污染物阻滞因子，由式（5-11）可以计算出 TCE 的污染物阻滞因子（R_{fn}）等于 2，大于基于吸附计算出的有机污染物阻滞因子（R_{foc}=1.1）。含水层流动孔隙速度只是估算值，实际上有可能大于 16.5cm/d。

5.3　多相流和非水相流

地下水是含水层中的主要流体，但地下水污染研究中，还要遇到许多其他的流体。可混溶的地下水污染流体，与地下水流体特性相近。氧化剂流体往往具有较大的溶解性固体，其密度和黏度有可能随着反应而增大，会影响其在含水层中的渗透。与水不混溶的 NAPL 污染物，其在含水层中的渗透更为复杂，有可能形成两相或三相流体（包括气相）。

可混溶的污染物流体，在含水层中的运移可以用达西定律来描述，但流体渗透系数需要根据其流体特性进行计算：

$$K_{流体} = \frac{\rho_{流体} g}{\mu_{流体}} k \qquad (5\text{-}16)$$

式中，$\rho_{流体}$ 为流体密度；$\mu_{流体}$ 为流体黏度；k 为渗透率。

如果是饱和的 NAPL，其在含水层中运移的渗透系数（K_{NAPL}）可以由下式计算：

$$K_{NAPL} = K_w \cdot \frac{\rho_{NAPL} / \rho_w}{\mu_{NAPL} / \mu_w} \qquad (5\text{-}17)$$

式中，K_w 为含水层介质水的渗透系数；ρ_{NAPL} 为 NAPL 的密度；ρ_w 为水的密度；μ_{NAPL} 为 NAPL 的黏度；μ_w 为水的黏度。

5.3.1　NAPL 与水两相流体系

描述单一流体在含水层中的运动相对简单，但在地下水污染修复中，往往面对的是两相或三相流体（气、水、NAPL），因此其运移机理十分复杂。已有许多学者对多相流的运移问题进行了研究，但目前污染场地修复中，准确预测 NAPL 的运移仍然非常困难。

对于含水层中水和 NAPL 两相体系，NAPL 和水的渗透系数还与其在含水层中的饱和度有关，流体的运动存在 3 种情形：

（1）当 NAPL 的饱和度远大于水的饱和度，NAPL 的渗透系数大于水的渗透系数（$K_{NAPL} > K_w$），此时，以 NAPL 流体的流动为主。

（2）当水的饱和度远大于 NAPL 的饱和度，水的渗透系数大于 NAPL 的渗透系数，此时，以地下水的流动为主。

（3）当 NAPL 的渗透系数与水的渗透系数相近时，属于 NAPL 与水混合流动，流体的流动取决于流体的有效饱和度。

5.3.2 入口压力与 NAPL 垂向迁移

在含水层中，包括污染严重的含水层，孔隙介质是被水润湿的，水吸着在介质颗粒表面，把孔隙空间桥连起来，形成毛细力。NAPL 如果进入被水润湿的多孔介质，必须首先克服上述毛细力。这一压力阈值称为流体入口压力。当 NAPL 进入水润湿孔隙介质时，入口压力用 P_e^{ow} 表示。含水层介质的孔隙越小，流体的入口压力越大。

毛细力与孔隙直径、流体的界面张力等有关。但在孔隙介质含水层中，由于孔隙通道的复杂性，采用毛细力公式进行计算较为困难。McWhorter（1996）基于实验提出了计算多孔介质入口压力的公式，流体的入口压力与流体的性质和多孔介质的渗透系数有关。

$$P_e^{ow} = \frac{\sigma_{ow}}{\sigma_{aw}} \cdot 1.34 \cdot K^{-0.43} \tag{5-18}$$

式中，P_e^{ow} 为 NAPL 的入口压力（水柱高度，$cm\ H_2O$）；σ_{ow} 为 NAPL 水界面张力（dyn/cm）；σ_{aw} 为气-水界面张力（dyn/cm）；K 为渗透系数（cm/s）。

利用式（5-18）计算时，气-水界面张力需要进行实际测试分析，因为地下水的污染可能存在生物表面活性物质，使气-水界面张力降低。

以重质非水相液体污染物三氯乙烯（TCE）为例，其与水的界面张力为 34.5dyn/cm，气-水界面张力取 72.7dyn/cm，对于细砂含水层（$K=10^{-3}cm/s$），可以计算出 TCE 污染进入细砂含水层的入口压力为 $12.4cm\ H_2O$。

表 5-2 为根据美国两个污染场地 NAPL 污染物的特性，计算出其在不同渗透性含水层中的入口压力。

表 5-2　两个污染场地 NAPL 污染物在不同渗透系数含水层中的入口压力表

渗透系数 /(cm/s)	NAPL 的入口压力（P_e^{ow}）/cm H_2O	
	σ_{ow}=11.6dyn/cm	σ_{ow}=14.3dyn/cm
1×10^{-6}	81.0	99.8
5×10^{-6}	40.5	50.0
1×10^{-5}	30.1	37.1
5×10^{-5}	15.1	18.6
1×10^{-4}	11.2	13.8
5×10^{-4}	5.6	6.9
1×10^{-3}	4.2	5.1
5×10^{-3}	2.1	2.6
1×10^{-2}	1.5	1.9

资料来源：据 Payne et al.，2008。

自由相 NAPL 池底部压力（$P_{\text{NAPL底}}$）是产生流体入口压力的驱动力，它与 NAPL 池厚度（h_{NAPL}）、流体密度、周围地下水的浮力、地下水的垂向水力梯度（$\mathrm{d}h_{\text{w}}/\mathrm{d}z$）有关（图 5-7）。

$$P_{\text{NAPL底}} = \frac{h_{\text{NAPL}} \cdot g \cdot (\rho_{\text{NAPL}} - \rho_{\text{w}})}{\rho_{\text{w}} \cdot g} + \Delta h_{\text{w}} \qquad (5\text{-}19)$$

式中，g 为重力加速度；Δh_{w} 为 NAPL 池厚度上的水位差，图中观测井 A 和 B 的水位差（$h_{\text{A}} - h_{\text{B}}$）。$\Delta h_{\text{w}}$ 也可以用地下水的垂向水力梯度来计算：

$$\Delta h_{\text{w}} = h_{\text{NAPL}} \cdot \frac{\mathrm{d}h_{\text{w}}}{\mathrm{d}z} \qquad (5\text{-}20)$$

则有

$$P_{\text{NAPL底}} = \frac{h_{\text{NAPL}} \cdot g \cdot (\rho_{\text{NAPL}} - \rho_{\text{w}})}{\rho_{\text{w}} \cdot g} + h_{\text{NAPL}} \cdot \frac{\mathrm{d}h_{\text{w}}}{\mathrm{d}z} \qquad (5\text{-}21)$$

$$P_{\text{NAPL底}} = h_{\text{NAPL}} \cdot \left(\frac{\rho_{\text{NAPL}} - \rho_{\text{w}}}{\rho_{\text{w}}} + \frac{\mathrm{d}h_{\text{w}}}{\mathrm{d}z} \right) \qquad (5\text{-}22)$$

为了确定能够克服孔隙介质入口压力对应的自由相 NAPL 池厚度（h_{NAPL}），设自由相 NAPL 池底部压力等于入口压力，则有

$$h_{\text{NAPL}} = \frac{P_{\text{e}}^{\text{ow}}}{\left(\dfrac{\rho_{\text{NAPL}} - \rho_{\text{w}}}{\rho_{\text{w}}} + \dfrac{\mathrm{d}h_{\text{w}}}{\mathrm{d}z} \right)} \qquad (5\text{-}23)$$

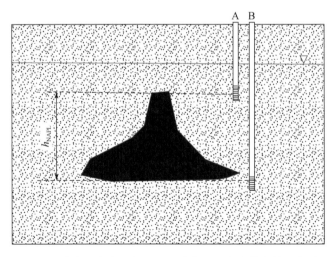

图 5-7　含水层中自由相 NAPL 池底部压力计算参数示意图

当含水层介质渗透系数确定，NAPL 污染物确定，则式（5-23）中 NAPL 厚

度只是垂向水力梯度的函数。当垂向水力梯度增大时，克服入口压力所需要的 NAPL 厚度变小。h_{NAPL} 也可以称为临界 NAPL 厚度。

如果仍考虑 TCE 的污染，计算出其在细砂含水层的入口压力为 12.4cm H_2O，其他参数为 $\rho_{TCE}=1.47$，$\rho_w=0.998$，假设垂向水力梯度为 -0.01。

$$h_{TCE} = \frac{12.4}{\dfrac{1.47-0.998}{0.998}-0.01} = 26.8 \text{（cm）}$$

由于 TCE 与水的密度差较大，所以其克服孔隙介质入口压力对应的自由相厚度较小。即在自由相厚度大于 26.8cm 阈值时，TCE 在含水层中会发生迁移，如果泄漏量小，自由相厚度小于该阈值时，污染物在孔隙含水层中不易迁移。

5.3.3 观测井滤网入口压力

可以利用毛细力公式来计算 NAPL 进入观测井的入口压力。

$$P_e^{ow} = \frac{2 \cdot \sigma_{ow}}{r} \cos\theta \tag{5-24}$$

式中，r 为孔道半径；θ 为接触角；

观测井滤网孔隙可以代替公式中的孔道半径，如一般地下水污染观测井的滤网孔隙半径为 0.0254cm，假设地下水为理想润湿流体，接触角为 0°，则

$$P_e^{ow} = \frac{2 \cdot \sigma_{ow}}{0.0254} \cos\theta$$

如仍以三氯乙烯（TCE）为例，其与水的界面张力为 34.5dyn/cm，可计算出其进入井中的入口压力为

$$P_e^{ow} = \frac{2 \times 34.5}{0.0254} \cos\theta = 2716.5 \text{（dyn/cm}^2\text{）}$$

可以把入口压力的量纲转化为 cm H_2O：

$$P_e^{ow} = \frac{P_e^{ow}}{\rho_w \cdot g}$$

$$P_e^{ow} = \frac{2716.5}{0.998 \times 980} = 2.78 \text{（cm } H_2O\text{）}$$

当入口压力大于上述计算值时，自由相的 TCE 才能进入观测井中，即如果泄漏的 TCE 厚度所产生的压力小于 2.78cm H_2O 时，自由相的 TCE 难以进入观测井中。

5.3.4 场地活动对 NAPL 垂向迁移的影响

NAPL 污染物的垂向迁移对于水力梯度和含水层特性非常敏感，而在污染场地污染源带的治理时，很容易改变这些特性，从而导致 NAPL 迁移的不确定性。

1. 钻进

在 NAPL 污染源带进行钻探，有可能导致污染物的垂向迁移，需要十分小心谨慎。根据前面的论述，NAPL 进入孔隙介质含水层需要克服入口压力，而不科学的钻进容易导致污染物不需要克服入口压力，通过钻孔通道进入地下进行迁移。

2. 垂向水力梯度

地下水的垂向水力梯度对于 NAPL 池的稳定和迁移至关重要。垂向水力梯度可以天然形成或由地下水的人工开采、回灌所致。

3. 表面活性剂

含水层中的微生物能够产生生物表面活性剂，能够使 NAPL 污染物与水的界面张力显著降低，从而降低克服入口压力所需要的自由相 NAPL 池的厚度，即 NAPL 更容易进入含水层中发生迁移。有研究者在还原脱氯含水层中发现了大量的产生生物表面活性剂的微生物种群（Payne et al.，2008）。

4. 地下水的开采、回注

地下水的开采和回注对于自由相 NAPL 体的稳定、迁移和分布都有巨大的影响。地下水动力场的改变直接导致地下水流向的改变，从而影响 NAPL 污染物的迁移转化，所以需要予以高度重视。

5.3.5　气体对渗透系数的影响

基于气流的地下水原位修复技术和其他修复技术，如原位化学氧化还原技术，会不同程度地在含水层中产生气体，发生迁移。含水层中气体的存在可导致渗透系数的降低，影响地下水的对流和污染物的迁移。气体的存在占据了含水层的部分孔隙，使水占据的孔隙减小，水的流动孔隙度减小，渗透系数亦减小。

气体在含水层中也发生迁移，根据气体的饱和度可以计算含水层对气体的渗透率；同时，也可以根据水的饱和度计算含水层对水的本能渗透率。给定含水层的孔隙是一定的，因此气体的存在势必降低水的渗透性能。

5.4　非水相液体污染物的迁移及跨介质转化

5.4.1　NAPL 污染物的迁移和归趋

研究 NAPL 污染物在地下环境中的迁移和归趋具有非常大的挑战，这不仅仅是由于有非常多的 NAPL 类型和地层介质结构类型，而且控制这些污染物归趋和迁移的机理复杂。影响 NAPL 迁移的主要流体性质包括：挥发性、相对极性、土壤有机质亲和力、密度、黏度和界面张力等。在地下水与自由相 NAPL 界面，溶解态的污染物以分子扩散的形式扩展，导致地下水和含水层介质的污染。

LNAPL 污染物常出现在饱和带的顶部，主要受地下水力梯度和污染物的黏度控制；DNAPL 污染物则趋向于在地下环境中向下迁移，聚集在含水层底板附近。经历一定的时间，DNAPL 可以扩散进入底板弱透水层，形成二次污染源，且不断缓慢向含水层中释放污染物，难以去除。总之，DNAPL 具有低水溶性、密度大、黏度小的特点，因此具有较强的向下渗透能力。NAPL 污染物，特别是 DNAPL 污染物在地下环境中的迁移和归趋受复杂因素的影响，所以难以准确探测。

NAPL 污染物的迁移机理需要考虑溶解相污染物随地下水的迁移，气相的迁移，以及自由相污染物的迁移。每种迁移的重要程度依赖于污染物的性质和场地的条件。例如，土壤中的含水量增加，导致地层空隙体积的减少，会使挥发作用的影响变小。NAPL 污染物泄漏以后，可以溶解在包气带孔隙水中，以气相存在于孔隙中，或以残余态封闭在孔隙中。当泄漏量足够大时，NAPL 污染物会在自身流体重力、水流重力（如果存在）、介质毛细力的共同作用下在包气带中迁移，直至到达地下水中。在含水层中，一部分污染物以溶解态随地下水流动，形成地下水污染羽，向污染源下游迁移；一部分污染物被吸附、阻滞在含水层介质中；剩余的污染物将以自由相的形式存在，要么浮在地下水水面上（LNAPL），要么下沉聚集在含水层底板上（DNAPL）。自由相的 NAPL 体，构成了地下水污染的持续释放源。

5.4.2 污染物的相态分布和跨介质转化

污染物泄漏到地下环境涉及复杂的跨介质转化过程，污染物可存在于不同的介质相态中。其中，污染物从污染土壤向其他介质的转化尤为重要，如污染土壤向地下水的转化、污染土壤向包气带气相和大气中的转化。在控制污染源的泄漏以后，污染的土壤常常成为污染物的"储存库"，而且这个"储存库"还是动态变化的，与地下水、大气发生交换。

通常，污染物与土壤的亲和能力决定了其迁移能力，如憎水性或阳离子型污染物由于阻滞作用，其迁移能力较小。这也说明了为什么在地表水沉积物和污染源泄漏带土壤中污染物的含量较高，污染严重。污染物也可以从污染的大气或地下水向土壤跨介质转化，如大气污染沉降、污染地下水位的波动等。

污染场地中的污染物可以存在于不同的介质中，如土壤和地下水中，其相态包括：①吸附态，吸附在固体颗粒上的污染物；②气态，由于挥发作用，存在于包气带孔隙中；③溶解态，溶于水中，存在于包气带和含水层中；④自由态，以残余或可移动形式存在的与水非混溶污染流体，存在于地下水水面上（LNAPL）或含水层底板上（DNAPL），以及土壤孔隙中。

污染物在地下环境中的分布受污染物在不同介质间的平衡作用所控制，所以可以利用介质间污染物的分配系数来描述其分布，如水-气分配系数、土-水分配系数等。重金属与有机污染物在不同介质中的分配具有较大的不同，首先绝大多数的重金属在包气带气相中的存在很微小；其次除六价铬［Cr(Ⅵ)］等极个别重金属以阴离子基团形式存在以外，多数重金属（阳离子形式）趋向于被固体介质吸附，相对不易进入地下水中。因此，有机污染物的跨介质不同相态间的转化更为重要。

5.5　污染物迁移的影响因素

污染场地中污染物的迁移一般取决于污染物的物理、化学和生物学特性，以及污染场地地层介质的特性和水文地质条件，二者相互作用和影响。污染场地的一些自然衰减作用过程是影响污染物在地下环境中归趋和迁移的主要因素，如微生物降解、弥散、扩散、吸附交替、挥发、沉淀、过滤和气体交换等。污染场地的水文地质条件（水动力、水化学、介质岩性结构等）是影响污染物归趋和迁移的另一主控因素。

5.5.1　污染物性质

污染物的物理、化学性质决定了其在地下环境中的迁移特性，一些影响污染物在地下环境中迁移和归趋的污染物性质包括：

（1）污染物在水中的溶解度对于其在地下环境中的迁移具有决定性的作用，对于混溶性污染物，溶解度大的易于迁移；而对于非混溶的 NAPL 污染物，则受其密度、黏度等特性的影响。

（2）污染物的土-水分配系数越大，污染物越趋向于被介质吸附，因而其在地下水中的迁移能力越弱。

（3）水解作用可以使有机污染物大分子降解为小分子，难生物降解物质转化为易生物降解物质，固体物质溶解为溶解性物质，从而影响污染物的迁移性能。

（4）蒸气压和亨利常数反映了污染物的挥发能力，影响着污染物在地下环境、大气中的传输和迁移。

（5）降解-半衰期对污染物迁移的影响较大。降解可以是生物的、物理的和化学的，常常用半衰期来描述，即污染物降解到其初始值一半所需要的时间。生物降解是有机污染物在环境中去除的重要作用，受多种因素的影响。污染物的化学半衰期可以用来描述其在环境中的持久性，半衰期越长，污染物在环境中越持久。

污染物的化学降解主要包括水解、氧化还原反应等过程。

（6）阻滞因子是影响地下水中污染物迁移的另一个重要参数。阻滞因子大，说明污染物的迁移能力弱。可以从多个角度计算污染物的阻滞因子，如基于吸附分配系数，基于地下水平均流速和污染物迁移速度，基于含水层介质的流动孔隙度和不流动孔隙度等。这些基于不同角度计算出来的阻滞因子不一定都相同，有时还存在不小的差距。

5.5.2　场地特性

场地水文地质、水文地球化学条件是污染物迁移和归趋的另一控制因素。具体包括：

（1）污染场地的地层岩性、结构特征是污染物迁移的另一主控因素。污染物主要在高渗透性地层中迁移，具有较大的迁移通量。如果是非均质、各向异性地层，污染物的迁移会寻找高渗透性的优先通道，而低渗透性的部分容易成为污染物的"储存库"，缓慢释放污染物。

（2）地层的矿物组成可以影响污染物与其的各种作用，矿物成分有可能直接或间接地与污染物发生物理、化学和生物反应，从而影响污染物在含水层中的迁移和归趋。

（3）地层的 pH-Eh 环境对于污染物的迁移转化尤为重要，直接影响和控制氧化还原反应、酸碱反应；微生物对有机污染物的降解受 pH-Eh 环境的影响；重金属的形态或迁移能力受 pH-Eh 环境的控制，如绝大多数的重金属在酸性环境下容易发生迁移。

（4）包气带是污染物进入含水层的通道，包气带含水率的变化影响着污染物在这一多相体系中的迁移和转化，其影响机制比较复杂。

（5）地下水的水力梯度和流速直接影响污染物随水流的迁移速度。

（6）地下水水化学成分会对污染物的迁移与归趋有较大的影响，不同的水化学组分、不同的污染物、不同的环境条件，使污染物在含水层中的作用非常复杂。

（7）地下水温度影响着挥发性有机物的挥发作用，温度较高有利于污染物的挥发；同时，对一些化学和生物反应也有促进作用。

第6章 污染物及修复剂在非均质地层中的扩散

虽然污染物与修复剂在物理、化学或生物学特性方面具有很大的差异，但二者在非均质地层中的扩散具有相同或相似的规律，都遵循菲克（Fick）定律。因此，可以将地下水污染物和修复剂在非均质地层中的扩散结合起来进行论述，本章采用溶质来代表污染物和修复剂。

基于代表单元体含水层平均值的达西定律，构成了地下水资源评价计算的基础。然而，在地下水污染场地控制与修复工作中，需要更高分辨率的污染物迁移、质量传输刻画，传统在达西平均框架下的对流-弥散理论难以达到要求。含水层介质中地下水污染物及修复剂的迁移和储存起主导作用的是介质的非均质性，所以非均质介质的作用机理研究非常关键。

通过近年来的研究和实践，人们发现了场地地下水污染具有如下特点：传统的含水层介质特性参数是在大尺度上对含水层条件粗略的平均化，如果进行细致的含水层结构研究，会发现快速、慢速等复杂的地下水流模式；天然含水层中溶质的横向弥散非常有限，溶质趋向于沿地层沉积控制的高渗透性方向迁移；溶质在快速、慢速流动地下水，以及静止地下水之间的相互扩散，可以降低溶质的总体迁移速度，使溶质在径流方向上扩展；疏水有机污染物的吸附作用可以增加含水层介质对污染物的储存，但这部分储存量小于以溶解相储存于不流动孔隙中的储存量（Payne et al., 2008）。这些认识对于场地尺度地下水污染物和注入修复剂的迁移转化研究具有重要的意义。

6.1 含水层物质储存能力

研究污染物或修复剂在地下含水层中的迁移作用，需要关注含水层介质对溶质的储存作用，其对于溶质的转化和迁移扩展具有非常重要的意义。目前，关于含水层介质对溶质的储存作用缺乏定量的分析研究。不同的污染物，介质对其储存的作用亦有可能不同，如溶解性无机污染物、可混溶有机污染物、非水相液体污染物等。Payne 等（2008）研究了疏水性和溶解性污染物泄漏后在含水层中储存的形式和能力。假设三氯乙烯（PCE，疏水）和高氯酸盐（溶解）分别从污染源泄漏（残余 NAPL 质量为含水层孔隙体积的 2%）。污染物在地下含水层中发生了迁移，溶解于地下水的污染物随地下水流迁移，形成了污染羽。图 6-1 和图 6-2

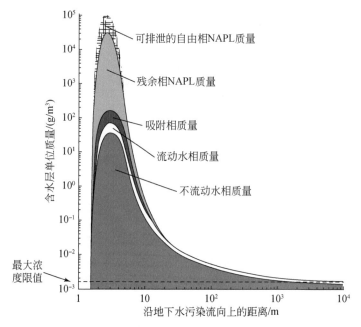

图 6-1 PCE 沿地下水污染流向上在地下环境中不同的储存形式和储存能力示意图

（据 Payne et al.，2008）

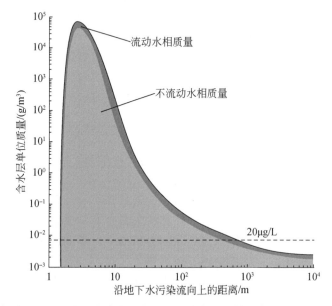

图 6-2 高氯酸盐沿地下水污染流向上在地下环境中不同的储存形式和储存能力示意图

（据 Payne et al.，2008）

分别为PCE和高氯酸盐沿地下水污染流向上在地下环境中不同的储存形式和储存能力。从图中可以看出：对于疏水性的PCE污染物，其在含水层中的储存形式多样，包括可排泄的自由相、残余相、吸附相、流动水相和不流动水相；在污染源带中，污染物的储存量较大；污染物残余相的质量较大，而吸附相较小。对于可溶于水的高氯酸盐，主要有两种形式，流动水相和不流动水相。同样，在污染源带中，污染物的储存量较大。这表明，不流动和储存在含水层中的污染物是修复过程中的关键所在。

污染物和注入的修复剂储存在含水层介质和其孔隙水中，包括不流动孔隙部分和流动孔隙部分。溶解相有机污染物在含水层中的储存能力与有机碳分配系数、含水层介质中有机碳含量比例，以及含水层的体积含水量和水中溶解浓度有关。

为了研究污染物溶解在水中和吸附在含水层介质中的质量比例，假设二者质量相等，则有

$$C_w \cdot K_{oc} \cdot f_{oc} \cdot \rho_d = C_w \cdot w_t \tag{6-1}$$

式中，C_w 为污染物在水中浓度（mg/L）；K_{oc} 为有机碳分配系数（L/kg）；f_{oc} 为有机碳含量比例（kg/kg）；ρ_d 为含水层介质的干密度（kg/m³）；w_t 为含水层的体积含水量（L/m³）。

平衡时的有机碳含量比例为

$$f_{oc\text{平衡}} = \frac{w_t}{K_{oc} \cdot \rho_d} \tag{6-2}$$

根据式（6-2）可以绘制溶解-吸附质量相等关系图（图6-3），其中含水层的

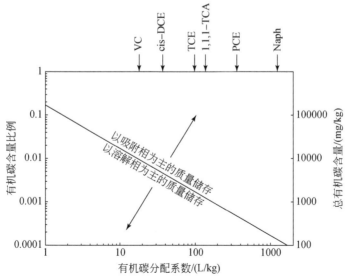

图 6-3　溶解-吸附质量相等关系图（据 Payne et al.，2008）

体积含水量为 300L/m³；含水层介质的干密度为 1800kg/m³。在图中 K_{oc}-f_{oc} 关系直线上方，污染物的储存以吸附为主，而在下方则以溶解为主。

从图 6-3 中可以看出：当含水层介质有机碳含量比例小于 0.001（TOC 为 1000mg/kg）时，对于 K_{oc} 小于 100L/kg 的有机污染物，如氯乙烯（VC）、二氯乙烯（DCE）和三氯乙烯（TCE），其水溶相储存的污染物质量大于吸附相；而三氯乙烷（TCA）、四氯乙烯（PCE）和萘（Naph）则以吸附相为主。由于含水层介质中的有机碳含量一般较小，所以以吸附相储存的污染物质量较小。

6.2 溶质在流动与不流动孔隙间的转化

传统溶质运移理论认为，溶质在含水层中的迁移主要受对流-弥散作用的影响，一般认为对流作用是影响溶质迁移的主要作用。溶质在含水层中的弥散包括水动力弥散和分子扩散，而分子扩散对溶质的迁移作用非常有限，可以忽略不计。但近年来的研究发现，在非均质地层中（实际污染场地往往具有非均质性，不同渗透性介质呈层状或透镜体状分布），地下水中溶质主要沿非均质含水层中高渗透性的通道对流迁移，弥散作用有限；而在渗透性高-低地层界面的分子扩散对非均质含水层中溶质的迁移具有较重要的影响。在高渗透性与低渗透性介质界面的扩散作用可以影响溶质的浓度，进而影响溶质在高渗透性地层中的迁移。图 6-4 为溶质在均质和层状非均质含水层中的对流-弥散迁移示意图。

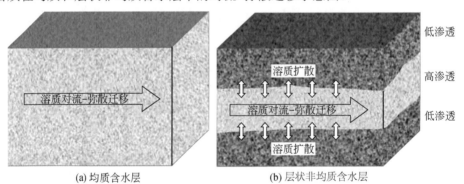

(a) 均质含水层　　　　　　　　　(b) 层状非均质含水层

图 6-4　溶质在均质和层状非均质含水层中的对流-弥散迁移示意图

菲克于 1855 年参考导热方程，通过实验确立了扩散物质通量与其浓度之间的宏观规律，即单位时间内通过垂直于扩散方向的单位截面积的物质量（扩散通量）与该物质在该面积处的浓度梯度成正比，称之为菲克第一定律。

$$J_x = -D \cdot \frac{\partial C}{\partial x} \cdot A \tag{6-3}$$

式中，J_x 为溶质在 x 方向上的扩散通量（mg/s）；D 为扩散系数（cm²/s）；$\partial C/\partial x$ 为在 x 方向上的浓度梯度（mg/cm⁴）；A 为垂直于扩散方向的横截面积（cm²）；负号表示扩散由高浓度向低浓度方向进行。

水溶液中扩散系数的值与溶质分子大小和温度有关，可以查阅有关手册获得。对于常见的分子量为 100 左右的溶解性污染物，扩散系数约等于 10^{-5}cm²/s，溶质的分子量越大，其分子扩散系数越小。溶质在多孔介质含水层中的扩散系数应该比在纯水溶液中更小一些。

菲克第一定律描述了给定浓度梯度下瞬时溶质质量通量速率，因为随着溶质的运移，溶质的浓度梯度在不断变化，所以需要不断根据浓度梯度的变化计算其对应的瞬时通量。

菲克第二定律是在菲克第一定律的基础上推导出来的，在非稳态扩散过程中，在距离 x 处，浓度随时间的变化率等于该处的扩散通量随距离变化率的负值。

$$\frac{\partial C}{\partial t} = -\frac{\partial J}{\partial x} = D \cdot \frac{\partial^2 C}{\partial x^2} \tag{6-4}$$

式中，$\partial C/\partial t$ 为溶质浓度随时间变化 [mol/（cm³·s）]；$\partial^2 C/\partial x^2$ 中 C 为溶质浓度，x 为距离。

Crank 对菲克第二定律进行了求解，假设两个流体接触（无限长扩散偶），在其界面处发生扩散，一个流体的浓度为 C_0，另一个流体的浓度为 0，流体接触界面位于 $x=0$ 处，当 $t=0$ 时，开始跨界面溶质质量的扩散迁移。

$$C(x,t) = \frac{1}{2}C_0\left(1 - \mathrm{erf}\left[\frac{x}{2\sqrt{D \cdot t}}\right]\right) \tag{6-5}$$

式中，erf 为误差函数，具有如下性质：erf(0)=0，erf(∞)=1，erf($-x$)=erf(x)。当考虑初始浓度不为零时，则有

$$C(x,t) = C_1 + \left(\frac{C_2 - C_1}{2}\right)\left(1 - \mathrm{erf}\left[\frac{x}{2\sqrt{D \cdot t}}\right]\right) \tag{6-6}$$

图 6-5 为不同流体扩散溶质浓度分布，图中初始浓度曲线呈"活塞"状，随着扩散的进行，曲线呈"反 S"形状，且不断"压扁"，直至最后成为直线（两种流体浓度平均值）。

Kitanidis 和 McCarty（2012）给出了溶质分子扩散距离与时间的简单关系式：

$$x^2 = 2Dt \tag{6-7}$$

如果溶质的扩散系数为 10^{-5}cm²/s，那么，扩散 1mm 约需要 8min；扩散 1cm 约需要 14h；扩散 1m 约需要 16 年，说明分子扩散距离非常有限。但这并不意味着分子扩散不重要，实际上，分子扩散是许多重要反应过程的控制环节，限制着反应的速率。挥发作用可以认为瞬时达到平衡，但挥发性溶质在气-液界面的缓慢

扩散是整个挥发过程的限速环节。另一个分子扩散限制整个作用过程的例子是固体介质吸附-解吸过程，介质表面可交换点位对离子的吸附或解吸附可能快速，但由于离子必须在水饱和介质（细小孔隙通道）中扩散迁移，所以净吸附或解吸附率可能非常缓慢。

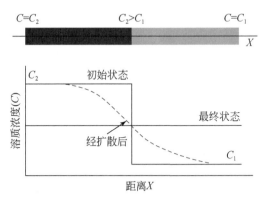

图 6-5　不同流体扩散溶质浓度分布图

图 6-4（b）中的高渗透性通道可以被视为流动孔隙部分，而上部和下部的低渗透性地层则是不流动孔隙部分。高渗透性地层是溶质运移的通道，低渗透性地层成为溶质的"储存库"。高、低渗透性界面发生溶质的扩散，扩散方向受高、低渗透性地层中溶质浓度大小的控制。溶质通过界面由高渗透性地层向低渗透性地层扩散，会降低溶质在高渗透性地层中的迁移速度；而溶质从低渗透性地层向高渗透性地层扩散，会使污染物长期缓慢进入地下水中，导致污染物修复的拖尾。可以用溶质扩散通量密度（FD）来评估界面扩散作用。

$$FD = n_t \cdot D_e \frac{dC}{dz} \tag{6-8}$$

式中，FD 为溶质扩散通量密度 [mg/（cm^2·s）]；n_t 为总孔隙度；D_e 为有效扩散系数（cm^2/s）；dC/dz 为在 z 方向上的浓度梯度（mg/cm^4）。

Parker 等（2004）认为，在应用菲克定律进行计算时，含水层介质的特性必须予以考虑，不能直接使用溶质在水中的扩散系数，应使用有效扩散系数。有效扩散系数等于水中的扩散系数（D_0）乘以含水层介质通道的曲折因子（τ）：

$$D_e = D_0 \cdot \tau \tag{6-9}$$

由于介质骨架的限制，溶质在含水层中的有效扩散系数小于在水中的扩散系数。τ 与含水层介质骨架结构有关，受孔隙度和孔隙通道形状等的影响。Parker 等（1994）研究表明，粉质和黏性土的 τ 值范围为 0.27～0.63。

Payne 等（2008）计算了 TCE 通过流动-不流动界面的扩散通量密度，假设 TCE 浓度为 200μg/L，向未污染地下水进行扩散，经过 1 天的扩散后，在流动-不流动界面附近 TCE 浓度分布见图 6-6。由图可以看出，在界面附近的浓度曲线最陡，表明浓度梯度最大，可计算出图中圆圈部分的浓度梯度为 $70\mu g/(L \cdot cm)$。随着扩散的进行，图 6-6 中的 TCE 浓度曲线逐渐扁平化，表明浓度梯度在逐渐减小。由于污染物的 FD 与 dC/dz 成正比，所以随着扩散的进行，FD 也在逐渐减小。可以通过计算污染物的 dC/dz 和 FD，来分析评估污染物的扩散损失，以及对其在含水层中迁移的影响。

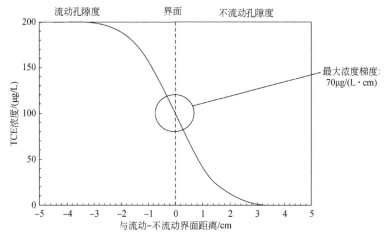

图 6-6　流动-不流动界面附近 TCE 浓度分布图（据 Payne et al.，2008）

如果假设未污染含水层介质一侧的孔隙度为 0.35，TCE 的有效扩散系数为 $9.8\times10^{-6}\ cm^2/s$，则可计算出污染物的扩散通量密度。图 6-7 为 TCE 界面扩散通量

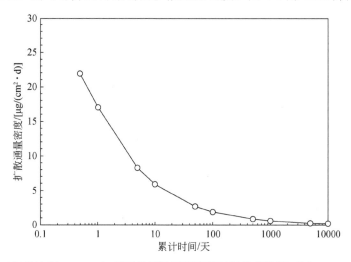

图 6-7　TCE（初始浓度 200μg/L）界面扩散通量密度随时间的变化图（据 Payne et al.，2008）

密度随时间的变化。从图中可以看出，扩散初期的通量密度较大，扩散 1 天时，约为 17μg/（cm²·d），但随着时间的推移，扩散通量密度衰减很快，降低到很小的水平。因此，可以通过计算扩散界面处溶质的浓度梯度和扩散通量密度，评估污染物通过地层界面向低渗透性地层的扩散效应。

6.3　溶质在非均质-低渗透性地层中的扩散实验

6.3.1　静态条件下污染物在低渗透性介质中的扩散

采用系列饱和土柱扩散模拟实验（直径 3cm），土柱下部为低渗透性含水地层（高 20cm），上部为模拟污染物溶液（高 10cm）。静置观测污染物扩散锋面随时间的变化，并对上部的污染物溶液进行取样分析（采用完全相同的系列模拟柱，以确保取样后后续模拟柱的条件不变）。模拟柱中没有水流运动，污染物的迁移主要是由于浓度场的扩散作用。

使用亮蓝溶液来模拟污染物（修复剂）溶液，可以直观观测污染物扩散锋面，亮蓝浓度为 30mg/L。共对两种低渗透性地层介质进行了模拟实验，分别是细砂（0.1～0.2mm）和粉砂（0.05～0.08mm），其对应的渗透系数分别为 3×10^{-3}cm/s 和 3×10^{-4}cm/s。

图 6-8 和图 6-9 分别为细砂和粉砂地层中污染物扩散的照片，污染物在细砂中扩散锋面的迁移距离明显比在粉砂中大，其最大迁移距离约是在粉砂中最大迁移距离的 6 倍，说明污染物在渗透性较大地层中的扩散距离较大（图 6-10、图 6-11）。

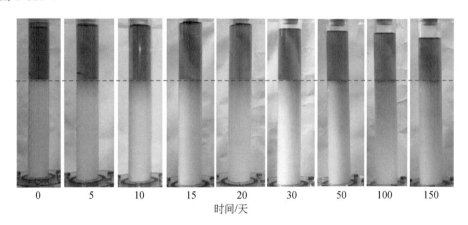

| 0 | 5 | 10 | 15 | 20 | 30 | 50 | 100 | 150 |

时间/天

图 6-8　细砂地层中污染物扩散锋面照片

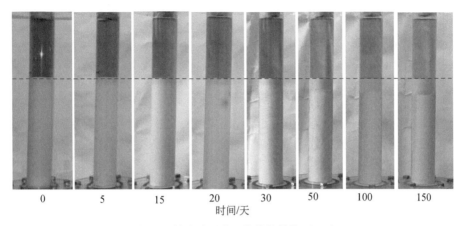

图 6-9　粉砂地层中污染物扩散锋面照片

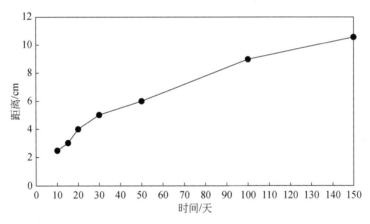

图 6-10　污染物扩散锋面距离曲线（细砂）

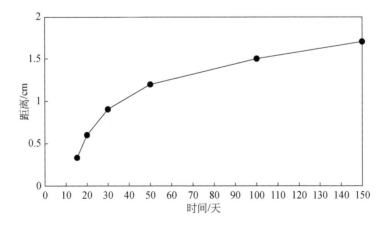

图 6-11　污染物扩散锋面距离曲线（粉砂）

根据实验柱上部污染物浓度的衰减变化，可计算出污染物的界面扩散通量密度。图 6-12 和图 6-13 分别为细砂和粉砂介质中的污染物扩散通量密度（FD）随时间的变化。污染物进入地层介质的扩散通量，表征了污染物在含水层中"储存量"的大小，从图 6-12 和图 6-13 可以看出，污染初期，污染物进入地层中的通量密度较大，随着时间的推移，污染物扩散通量密度呈指数衰减，污染物进入的通量越来越小，趋向于平缓。由图 6-10～图 6-13 对比可以看出：与扩散锋面距离变化规律相反，污染物扩散通量密度在粉砂中大于细砂，约为细砂中通量密度的2 倍。这说明，尽管污染物在细砂中的扩散迁移距离较大，但污染物进入的质量小于进入粉砂中的质量，即在低渗透性粉砂中污染物的"储存量"大于细砂。

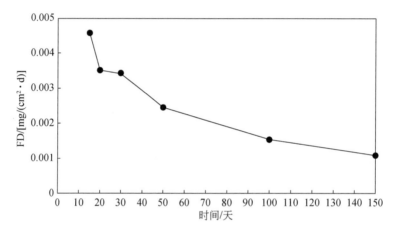

图 6-12　污染物扩散通量密度曲线（细砂）

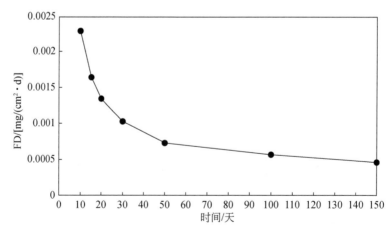

图 6-13　污染物扩散通量密度曲线（粉砂）

利用污染物扩散通量密度，可估算出污染物在低渗透性地层中的质量，这对于污染含水层的修复治理具有重要意义。

6.3.2 地下水流动条件下污染物在低渗透性介质中的扩散

为了研究在地下水流动状态下，污染物从地层界面向低渗透性地层的扩散作用，设计了砂箱模拟实验（图 6-14）。砂箱中装填了两种地层介质，渗透系数分别为 K_1 和 K_2，其中 K_1 为低渗透性地层，K_2 为高渗透性含水层。模拟装置使污染的地下水在高渗透性含水层部分流入和流出。使用亮蓝溶液模拟污染地下水，地层介质使用白色石英砂，可以直观观测污染物在高渗透性含水层中的对流迁移，以及在上部和下部低渗透性地层中的扩散迁移。

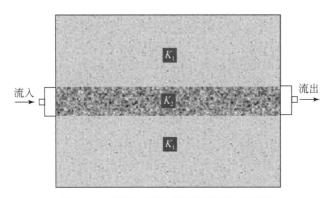

图 6-14　污染物扩散砂箱模拟实验示意图

地下水的流入端连接蠕动泵，地下水流出端采用可变水位进行调节。中间高渗透性含水层介质为粗砂（$K_2=1.3\times10^{-1}$cm/s）；上、下层低渗透性地层分别用细砂（$K_1=3.3\times10^{-3}$cm/s）和粉砂（$K_1=3.3\times10^{-4}$cm/s）进行了两组模拟实验。如果定义粗、细地层的渗透系数比为 R，则两组模拟实验的非均质地层的渗透系数比分别约为 40（粗砂/细砂）和 400（粗砂/粉砂）。

1. 层状非均质地层渗透系数比为 40 时的情形

首先，用未污染地下水饱和整个模拟装置，使高、低渗透性地层完全饱和；然后，在高渗透性含水层左端注入污染地下水（亮蓝溶液浓度为 30mg/L），待污染地下水均匀分布整个高渗透性含水层后，停止注入，停止排泄；最后，静置，观测污染物在上、下层低渗透性地层中的扩散过程。

1）高渗透性地层中地下水非流动状态下的溶质扩散

图 6-15 为渗透系数比 $R=40$ 时污染物在低渗透性介质中的扩散过程照片。从图中可以看出：在地下水非流动状态下，污染物分别向上、向下垂直扩散，且扩

散作用在整个水平方向上都非常接近。图 6-16 为污染物在上层和下层低渗透性介质中的扩散距离曲线，含水层中地下水非流动情形下，经过 155 天的扩散，污染物在上层和下层低渗透性地层中的扩散距离分别为 10cm 和 9cm。下层由于地下水垂向压力的增加，扩散距离略有减小。污染物在低渗透性地层中的扩散迁移较慢，且扩散距离随时间的增加而呈逐渐减缓的趋势。

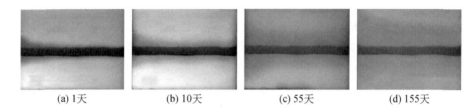

(a) 1天　　　　(b) 10天　　　　(c) 55天　　　　(d) 155天

图 6-15　污染物在低渗透性介质中的扩散过程示意图（R=40）

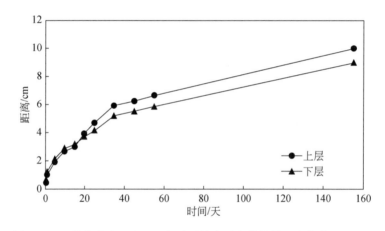

图 6-16　污染物在上层和下层低渗透性介质中的扩散距离曲线（R=40）

　　图 6-17 为渗透系数比 R=400 时污染物在低渗透性介质中的扩散过程照片。由于低渗透性地层的渗透系数小了一个数量级，所以污染物的扩散距离非常小。如图 6-18 所示，经过 165 天的扩散，污染物在上层和下层低渗透性地层中的扩散距离仅分别为 1.42cm 和 0.49cm。下层压力的影响更为明显，扩散距离小于上层。当实验进行至 55 天时，污染物在上、下层的扩散距离开始趋于稳定，随着时间继续增加，扩散距离基本保持稳定。

　　上述两组模拟实验表明：污染物在低渗透性地层中的扩散迁移垂直于地层界面，扩散距离非常有限，当渗透系数为 10^{-4}cm/s 时，经过近半年的扩散，迁移距离仅为 1cm 多。

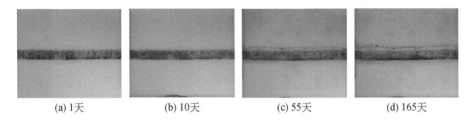

(a) 1天　　　　(b) 10天　　　　(c) 55天　　　　(d) 165天

图 6-17　污染物在低渗透性介质中的扩散过程示意图（R=400）

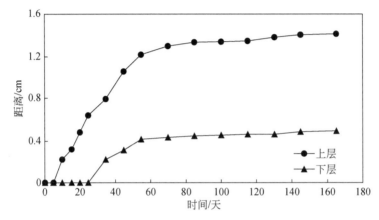

图 6-18　污染物在上层和下层低渗透性介质中的扩散距离曲线（R=400）

2）高渗透性地层中地下水流动状态下的溶质扩散

　　使用同样的模拟装置，对饱水的层状非均质地层进行模拟。使高渗透性含水层中的污染地下水进行流动，模拟在地下水流动状态下，污染物在上、下层低渗透性地层中的扩散迁移。模拟开始以 0.3m/d 的速度从左至右在中层高渗透性含水层注入污染物浓度为 30mg/L 的污染地下水，当污染物的扩散作用非常小时，停止注入，使用清水进行冲洗，地下水流速为 0.8m/d，直到地下水中的浓度降低，进入拖尾阶段。图 6-19 和图 6-20 分别为渗透系数比 R=40 时污染过程和冲洗过程中污染物在低渗透性介质中的扩散照片。由图可知，地下水在中层高渗透性含水层中的流动对污染物在低渗透性地层中的扩散影响较大，虽然污染物仍然垂直地层界面向低渗透性介质中扩散，但与地下水非流动情形（图 6-15）相比，具有如下不同：

　　（1）地下水流动情形下，含水层中水位压力的升高，可使污染物的扩散速度增大，在中层含水层地下水径流路径上，污染物在上、下层低渗透性地层中的扩散距离逐渐减小，污染范围呈现明显的"三角"形状，这与静态条件下的近似"矩形"有很大的不同。实验结果还表明，地下水流速的增加，可以使污染物在低渗透性地层中的扩散速度有所增加。

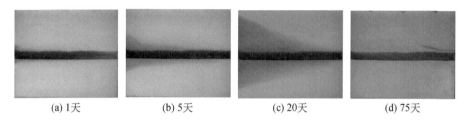

(a) 1天 　　 (b) 5天 　　 (c) 20天 　　 (d) 75天

图 6-19　污染过程中污染物在低渗透性介质中的扩散示意图（R=40）

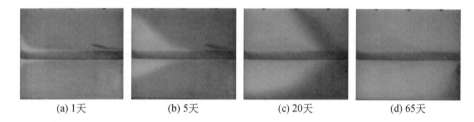

(a) 1天 　　 (b) 5天 　　 (c) 20天 　　 (d) 65天

图 6-20　冲洗过程中污染物在低渗透性介质中的反向扩散示意图（R=40）

（2）地下水的流动使污染物的扩散速度加快，75 天后即可全部污染整个模拟砂箱，而静态条件下，扩散 155 天后，仍未能污染整个模拟砂箱（图 6-15）。

冲洗过程中，污染物的反向扩散规律与污染过程类似。图 6-21 为污染和冲洗过程中流出地下水中污染物浓度变化曲线，其中前 75 天为污染过程，含水层中污染物浓度逐渐升高，污染一开始，地下水中的污染物浓度急剧升高，到第 3 天达到 24mg/L，随后地下水中污染物浓度缓慢增加，到第 75 天，污染物浓度达到 29.7mg/L。在整个污染过程中存在两种不同的污染物迁移作用：在中层高渗透性含水层中以对流为主的作用，在上、下层低渗透性地层中以扩散为主的作用。

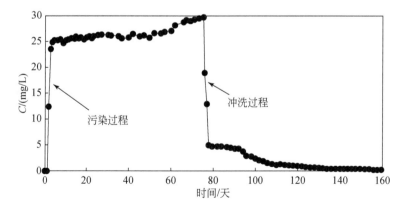

图 6-21　污染和冲洗过程中流出地下水中污染物浓度变化曲线（R=40）

地下水中污染物浓度的急剧升高，就是由污染地下水的对流作用所致，但没有达到初始浓度（30mg/L），这是因为在地下水的径流路径上，污染物不断通过非均质地层界面向低渗透性地层扩散。随着扩散作用越来越弱，污染物浓度缓慢增加，接近污染物的初始浓度。从第 76 天开始进行清水冲洗，开始浓度降低很快，同样是由于高渗透性地层中的对流作用，第 3 天污染物浓度降低到 4.8mg/L。随后污染物浓度的降低变得非常缓慢，主要受低渗透性地层中污染物缓慢的反向扩散所控制。在冲洗第 35 天（整个过程第 110 天），地下水中污染物浓度降低至 1mg/L以下，进入低水平的拖尾阶段。

通过污染物质量平衡计算，可以求得污染物在低渗透性地层中的扩散通量密度：

$$FD_1 = \frac{(C_0 - C) \times Q}{A} \tag{6-10}$$

$$FD_2 = \frac{C \times Q}{A} \tag{6-11}$$

式中，FD_1 和 FD_2 分别为污染过程和冲洗过程中污染物扩散通量密度；C_0 为污染物进入含水层的初始浓度（mg/L）；C 为不同时刻流出水的污染物的浓度（mg/L）；Q 为模拟槽污染地下水的注入流量（L/d）；A 为非均质地层界面的总面积（cm^2）。

图 6-22 为污染和冲洗过程中污染物扩散通量密度变化曲线。在污染地下水注入开始阶段，计算出的污染物扩散通量密度较大，注入开始的两天内，污染地下水在高渗透性含水层中主要发生对流、驱替和混合作用，直到第 3 天，含水层中原有的未污染地下水完全驱替后，得到的是实际通过地层界面进入低渗透性地层的污染物扩散通量密度，约为 0.005mg/（cm^2·d）。然后扩散通量密度逐渐下降，随着时间的推移，在第 75 天降低为 0.0002mg/（cm^2·d）。刚开始冲洗的 2 天内，同样首先发生清水与污染地下水的驱替、混合作用，到冲洗第 3 天开始，首先发

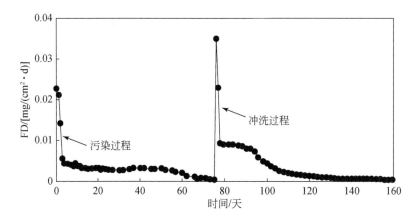

图 6-22　污染和冲洗过程中污染物扩散通量密度变化曲线（R=40）

生高渗透性含水层介质的脱附为主的作用，计算出的扩散通量密度在 0.009mg/$(cm^2 \cdot d)$ 左右；接着发生以低渗透性地层中污染物反向扩散为主的作用，由图中可以看出，反向扩散的通量密度一般小于正向污染的扩散通量密度。

2.层状非均质地层渗透系数比为 400 时的情形

图 6-23 为渗透系数比 $R=400$，高渗透性含水层中的污染地下水进行流动时，污染物在上层和下层低渗透性地层中的扩散迁移照片。由图可以看出，在 $R=400$ 时，渗透系数降低了一个数量级，污染物的扩散距离变得非常小，扩散进行 420 天后，扩散距离小于 3cm。此外，污染范围也没有呈现明显的"三角"形状，说明在径流方向上地下水的压力变化对垂向扩散距离的影响不太明显，只是在 120 天以后，在地下水的注入端附近，垂向扩散距离有所增大，特别是当地下水流速急剧增大时，这一现象更为明显。

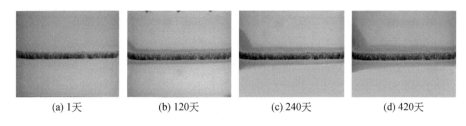

(a) 1天　　　　　(b) 120天　　　　　(c) 240天　　　　　(d) 420天

图 6-23　污染过程中污染物在低渗透性介质中的扩散示意图（$R=400$）

图 6-24 为不同地下水流速下污染物在上层和下层低渗透性介质中的扩散距离变化曲线，地下水流速在 0.3～10m/d 区间变化。由图可以看出，地下水的流速增大，会使低渗透性地层中的污染物扩散速率增加。此外，在整个迁移扩散过程中，污染物在下层低渗透性地层中的扩散迁移距离小于在上层地层中的距离，这是由于下层低渗透性地层中污染物的扩散是由上向下，压力增大，而上层低渗透性地层中污染物的扩散是由下向上，压力减小。

模拟实验在污染进行 467 天后，开始进行清水冲洗实验。同样，冲洗在 2 天时间内，流出水中污染物浓度急剧降低，从 29.8mg/L 降低为 0.7mg/L，主要反映了对流驱替和混合作用。从第 3 天开始，地下水中污染物浓度开始缓慢衰减（图 6-25），地下水中污染物浓度逐渐呈现拖尾现象，反映了污染物的去除受反向扩散速率的限制，以 0.6m/d 的地下水流速冲洗持续了 40 天；随后停止冲洗 6 天，地下水中污染物浓度由 0.02mg/L 反弹升高到 0.83mg/L；然后地下水又进行了 0.6m/d 流速下的冲洗，在 3 天时间内，污染物浓度降低到 0.04mg/L。模拟实验表明：低渗透性地层中污染物的反向扩散速率是限制地下水污染物冲洗去除的关键，采用间歇式的冲洗方式对非均质含水层污染的冲洗具有较好的效果。

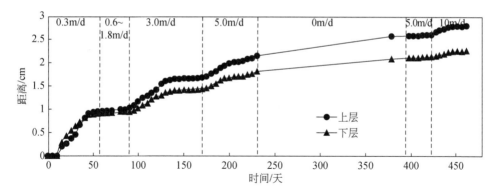

图 6-24　不同地下水流速下污染物在上层和下层低渗透性介质中的扩散距离变化曲线

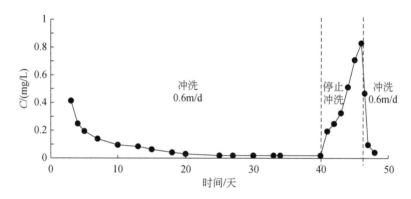

图 6-25　冲洗过程中流出地下水中污染物浓度变化曲线（$R=400$）

6.4　修复剂在地层介质中的传输

6.4.1　有效修复剂区域评估

　　实验室和现场研究都表明，修复剂的传输对于地下水原位修复尤为重要，由于地层介质有可能与修复剂发生非目标反应，而且为了达到修复目标，需要保持有足够的修复剂质量。因此，并非修复剂覆盖的范围都是修复的有效区域。

　　注入含水层的修复剂以对流、弥散和扩散的形式迁移，其中对流是主要的迁移形式，纵向弥散和横向弥散作用较小。因此，不能依赖于横向弥散使注入修复剂在含水层中扩展。如图 6-26 所示，流动孔隙和不流动孔隙间的相互扩散作用可以使注入的脉冲修复剂羽扩展，但横向上的扩展较小。修复剂在横向上扩展的外围区域，由于稀释作用，修复剂的浓度有可能达不到反应的最低要求。此外，流动孔隙和不流动孔隙间的扩散传质导致大量的溶质（修复剂）静态储存于含水层介质中，以至于使用传统的对流-弥散模型预测出现较大的差异。非均质介质中存在着 3 种流体形式：在流动孔隙部分的快速流动；在不流动孔隙部分中的慢速流动和不流动。溶质的扩散会导致其总体迁移速度变慢，并沿径流路径扩展，持续的扩散可以使大量的溶质进入含水层的低流动和不流动部分。

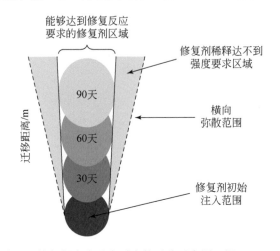

图 6-26　脉冲注入修复剂在多孔介质中的迁移示意图（据 Payne et al.，2008）

6.4.2　修复剂注入量与迁移距离的关系

假设地下水的天然水力梯度很小，修复剂的注入呈现以注入井为圆心的径向辐射流。可以通过如下公式计算修复剂注入量（注入体积，V）与迁移距离（r）的关系：

$$V = \pi r^2 d n_m \tag{6-12}$$

式中，d 为含水层厚度（m）；n_m 为流动孔隙度。

如果考虑单位含水层厚度的情形，可以使 $d=1\text{m}$，绘制出不同流动孔隙度下的 V-r 关系曲线。图 6-27 为当地层介质流动孔隙度分别为 0.02、0.05、0.10、0.20、0.30 和 0.40 时，修复剂迁移距离与注入量之间的关系。其中，横坐标为修复剂注入的径向迁移距离，纵坐标为 1m 厚度含水层所需修复剂注入量。可以根据场地的实际条件，利用图中注入量与径向迁移距离的关系，计算出在设计影响半径范围内所需注入的修复剂质量。

含水层中流体的注入难度远大于抽取，根据水文地质工作经验，含水层的注入能力一般为抽取量的 1/4～1/3。

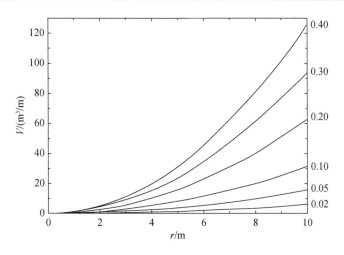

图 6-27　含水层不同流动孔隙度下修复剂注入量与迁移距离曲线

6.4.3　利用示踪试验研究修复剂的迁移机制

示踪试验可以用来研究原位修复技术中修复剂在污染含水层中的迁移机制，了解含水层的非均质性对地下水流和溶质运移的影响。通过示踪试验研究可以确定修复剂注入体积-覆盖范围关系，含水层中修复剂的稀释比，迁移速度等。因此，示踪研究是原位反应带修复调查和设计最为经济有效的工具。Payne 等（2008）开展了大量的示踪试验工作，用于污染含水层的原位反应带修复，具体包括：

（1）注入体积-覆盖半径关系。修复剂的注入需要覆盖注入井周围污染的 xyz 空间，修复剂的传输受地下水动力场、纵向和横向弥散、非均质地层界面的扩散、修复剂与地层介质以及污染物的各种作用等多种因素的影响。在修复设计中，可以用来确定注入井间距和修复剂注入体积。

（2）地下水平均流速和流动孔隙流速。利用抽水试验可以求得地下水平均流速，通过示踪试验也可以求得地下水平均流速。溶质（污染物或修复剂）在含水层中运移，主要发生在流动孔隙通道部分，其速度大于地下水平均流速。利用示踪试验可以获得地下水的实际流速区间，可以用来计算修复剂通过反应带的时间。

（3）修复剂稀释比。注入含水层中的修复剂，在流动孔隙径流途径中向不流动孔隙的扩散而导致稀释。

1. 示踪试验设计和布局

示踪试验由 1 口注入井和多口观测井组成。图 6-28 为一般示踪试验井群布置，在注入影响半径处设置若干口剂量反应观测井；在地下水流向下游设置若干口监测井，研究地下水对流-弥散作用的影响。注入井的设计要阻力小，能够注入一定体积的修复剂；剂量反应观测井用来分析注入体积-覆盖半径关系，计算流动孔隙地下水流速；监测井可以分析地下水动力场对修复剂传输的影响。通过示踪试验可以发现场地小尺度情况下含水层的水文地质特性，包括地层岩性的非均质性等。

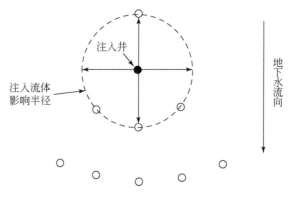

图 6-28　示踪试验井群布设示意图

2. 示踪剖面和突破曲线

利用示踪实验监测数据，可以绘制示踪剖面和突破曲线。示踪剖面是指在示踪剂注入后某一时间，示踪剂浓度与距离（与注入井间的距离）关系曲线；突破曲线是在注入井下游给定距离观测井中示踪剂浓度随时间的变化曲线。

图 6-29 是地下水示踪剂浓度-距离剖面示意图，示踪剂脉冲注入，初始形成径向流，示踪剂分布呈圆形。在此基础上，示踪剂在含水层中进行迁移，先是在流动孔隙部分运动（如流动孔隙度占总孔隙度的 50%），流动孔隙速度为 v_m，大于地下水平均流速。示踪剂在流动孔隙中运移距离较远（x_2）；而示踪剂质量中心（x_1）的运移速度较慢，其速度等于地下水平均流速。随着时间的推移，示踪剂不断向下游迁移，示踪剂在流动孔隙和不流动孔隙间扩散，分布扩大，但其峰值越来越低。脉冲注入的示踪剂，在地层中的迁移转化不尽相同，但其质量中心以地下水平均流速运移。如果含水层中示踪剂在流动孔隙和不流动孔隙部分的转化速率很快，示踪剂浓度符合高斯分布（图 6-29）。如果示踪剂在流动孔隙和不流动孔隙中的转化速率受扩散或含水层特性限制，示踪剂浓度接近对数正态分布，其浓度峰值的迁移速度更接近流动孔隙速度，低浓度拖尾较长。示踪剂剖面图需要利用不同距离上地下水中的示踪剂浓度数据进行绘制，实际工作中往往受可以利用的监测井的限制。

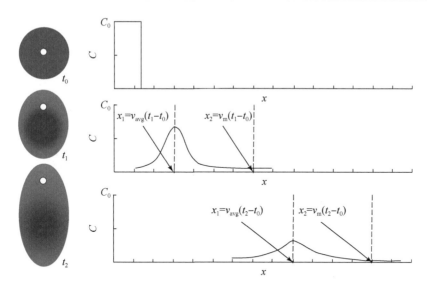

图 6-29　地下水示踪剂浓度-距离剖面示意图

图 6-30 为注入井下游观测井中地下水示踪剂浓度-时间曲线（突破曲线），可以利用突破曲线来分析示踪剂在流动孔隙和不流动孔隙间的传输特征。图中实线代表双重介质（或流动孔隙和不流动孔隙溶质质量转化受到介质结构特征限制）的情形，曲线呈现典型的对数正态分布，浓度峰值运移速度接近流动孔隙速度（t_1 位置），随时间有一个很长的低浓度拖尾；虚线代表含水层中流动孔隙和不流动孔隙溶质质量转化速率非常大的情形，此时浓度曲线呈正态分布，浓度峰值运移速度与地下水平均流速相等（t_2 位置）。上述两种情形中，示踪剂质量中心的运移速度都等于地下水平均流速。

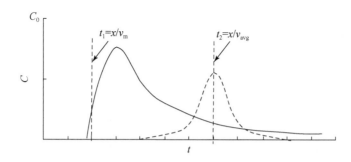

图 6-30　地下水示踪剂浓度突破曲线

含水层中溶质的运移受多种因素的影响，如溶质与地层介质的物理、化学或生物作用等。注入的修复剂还要考虑其与目标污染物的作用。上述因素在研究溶质迁移问题时，都需要予以考虑。

3. 示踪剂体积和流动孔隙度评估

通过含水层的流动孔隙度（n_m）可以确定到达剂量反应观测井的注入体积，注入体积（V）由式（6-12）计算，式中，r 为注入井与剂量反应观测井距离；d 为含水层厚度（通常取注入井过滤器长度）。对于大多数孔隙介质含水层，总孔隙度为 0.3～0.4，根据 Payne 等（2008）的实践经验，流动孔隙度值一般为 0.1 或更小，约占总孔隙度的 20%。示踪剂的注入需要记录注入速率、累计注入量、剂量反应观测井中的浓度变化、地下水位变化等。

含水层的流动孔隙度可利用剂量反应观测井中浓度变化曲线进行计算（图 6-31），可利用使剂量反应观测井中浓度达到最大浓度的 50% 时的注入体积（V_{50}）计算含水层的流动孔隙度：

$$n_m = \frac{V_{50}}{\pi r^2 d} \tag{6-13}$$

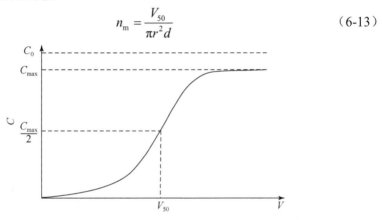

图 6-31　示踪剂注入体积与观测井浓度曲线

示踪剂剂量反应观测井中的最大浓度（C_{max}）一般略小于示踪剂注入的初始浓度（C_0），如果观测井中的最大浓度远小于注入井浓度，则可能有如下原因：①含水层有高渗透性路径，随着持续注入，井中的浓度会有所升高；②由于注入压力太大，含水层介质结构破坏，观测井中浓度过高或过低；③剂量反应观测井距注入井距太大，示踪剂在流动孔隙和不流动孔隙部分的扩散，导致浓度的稀释。

4. 示踪剂质量中心计算

根据观测井的突破曲线，可以计算示踪剂质量中心到达该观测点的时间，进而可以求得地下水平均流速。

$$t_m = \frac{m_1 t_1 + m_2 t_2 + \cdots + m_i t_i + \cdots + m_n t_n}{m_T} \tag{6-14}$$

式中，t_m 为示踪剂质量中心到达观测井的时间；m_i 为 i 观测区间两次浓度观测平均值乘以 i 观测区间天数；t_i 为 i 观测区间时间的中点；i 为浓度观测区间数，等于浓度监测次数减 1。

$$m_T = \sum_{i=1}^{n} m_i \qquad (6\text{-}15)$$

下面以一个突破曲线的实际例子，说明溶质质量中心到达观测井的时间的计算过程。图 6-32 为距污染源下游 10m 处观测井中记录的污染物浓度突破曲线，表 6-1 为污染物质量中心到达观测井的时间计算一览表。

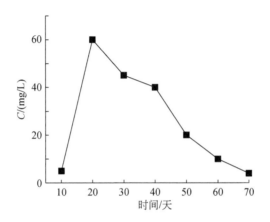

图 6-32　观测井浓度突破曲线

表 6-1　污染物质量中心到达观测井的时间计算一览表

时间/天	污染物浓度/(mg/L)	m_i	t_i	$m_i \times t_i$
10	5			
20	60	325	15	4875
30	45	525	25	13125
40	40	425	35	14875
50	20	300	45	13500
60	10	150	55	8250
70	4	75	65	4875
合计		1800		59500

根据式（6-14），污染物质量中心到达观测井的时间（t_m）为 59500÷1800=33，表明污染物质量中心在第 33 天到达观测井（污染物峰值到达为 20 天），可计算出地下水的平均流速约为 0.3m/d。

注入修复剂存在驱替污染地下水的可能，在修复设计中必须予以考虑。修复剂注入后，观测井中的污染物浓度下降，浓度的降低是修复剂作用还是注入导致的稀释驱替，需要进行分析判断。示踪试验可以用来检测是否存在污染物的稀释驱替作用，通过比较示踪剂浓度的变化和污染物浓度的变化，分析判断稀释驱替的影响是否明显。

6.4.4　含水层对注入修复剂的容纳

水是不可压缩流体，当对含水层地下水施加力时，理论上力会传导到整个相连通的水体。水流运动需要克服在介质孔隙中的摩擦阻力，当在污染含水层中脉冲注入修复剂时，会在注入的位置形成"隆起"的水丘，修复剂水丘会在重力的作用下逐渐扁平化，随着扩散迁移，其浓度不断降低（图 6-33）。当注入的含水层为非均质时，修复剂趋向于在高渗透性地层中迁移，同时向低渗透性地层中扩散。

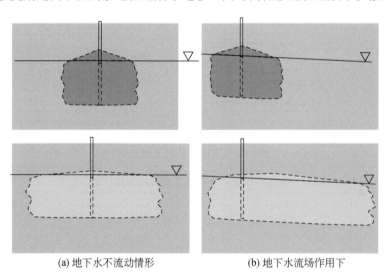

(a) 地下水不流动情形　　　　　　　(b) 地下水流场作用下

图 6-33　脉冲注入修复剂水丘随时间变化示意图

修复剂的注入压力与地层渗透性、修复剂特性等有关，压力太小，修复剂的迁移范围有限；压力太大，容易导致地层破坏，甚至注入流体流出地面。修复剂的注入压力可以通过计算获得。

流体通过井注入含水层，是一个以注入井为中心向外扩散的径向流。可以利用达西定律进行描述：

$$Q = K \cdot 2r\pi h \cdot \frac{\mathrm{d}P}{\mathrm{d}r} \qquad (6\text{-}16)$$

式中，Q 为注入井的注入流量（cm³/s）；K 为含水层的渗透系数（cm/s）；r 为流

体迁移距离（cm）；h 为含水层厚度（cm）；$\mathrm{d}P/\mathrm{d}r$ 为压力梯度，

$$\frac{\mathrm{d}P}{\mathrm{d}r} = \frac{Q}{K \cdot 2r\pi h} \tag{6-17}$$

如果注入流量不变，压力梯度与径流距离成反比，距离越大，压力梯度越小。与含水层中一维流不同，径向流中的水流通过的横截面积（$A=2r\pi h$）随着径流距离的不同而变化。

$$\mathrm{d}P = \frac{Q}{K \cdot 2r\pi h}\mathrm{d}r \tag{6-18}$$

设 a 和 b 为流体径流路径上的任意两点，对式（6-18）进行积分可得

$$P_b - P_a = \frac{Q}{K \cdot 2\pi h}(\ln b - \ln a) \tag{6-19}$$

$$\Delta P_{a \to b} = \frac{Q}{K \cdot 2\pi h} \cdot \ln\frac{b}{a} \tag{6-20}$$

式（6-20）即为多孔介质二维径向流的达西定律表达，多孔介质是均质、各向同性、无限含水层，流体的注入流量恒定。实际应用中，可以取 a 为注入井半径，b 为注入带径流路径上的任一点。例如，天津某化工试剂污染场地，修复剂注入流量为 30mL/s，含水层的渗透系数 $K=1\times10^{-4}$cm/s，厚度为 250cm；包气带的厚度为 350cm，密度为 1.8g/cm^3；注入井半径为 7.5cm。则可以计算当影响半径为 300cm 时的注入压力：

$$\Delta P_{a \to b} = \frac{30}{1\times10^{-4}\times2\times3.14\times250} \cdot \ln\frac{300}{3.75}$$

$$\Delta P_{a \to b} = 837 \text{（cm H}_2\text{O）} = 83700 \text{（Pa）} = 837000 \text{（dyn/cm}^2\text{）}$$

（1cm H$_2$O =100Pa；1Pa=10dyn/cm^2；1dyn=10^{-5}N）

这说明，如果保持注入流量为 30mL/s，影响半径为 3m，则注入压力为 837cm H$_2$O。通过计算注入井筛管处的流体压力和周围地层的有效应力，可以评估是否发生含水层介质的结构破坏。

注入压力可以根据下述公式进行计算。

上覆地层的总应力：

$$\sigma_t = \rho_{s1}gh_D + \rho_{s2}gh_S \tag{6-21}$$

式中，σ_t 为地层总应力（dyn/cm^2）；ρ_{s1} 为包气带地层介质的密度（g/cm^3），一般取值 1.7~1.8；ρ_{s2} 为含水层介质的密度（g/cm^3），一般取值为 2 左右；g 为重力加速度（cm/s^2）；h_D 为包气带（非饱和带）厚度（cm）；h_S 为注入点以上饱和含水层（饱和带）厚度（cm）。

上覆水的压力（孔隙压力）：

$$\sigma_w = \rho_w \cdot g \cdot h_S \tag{6-22}$$

上覆水的孔隙压力（浮力）与上覆地层压力的作用方向相反。二者之差为有效应力（σ_e）：

$$\sigma_e = \sigma_t - \sigma_w \tag{6-23}$$

可以通过比较总压力与孔隙压力的数值，判断含水层介质结构是否发生破坏，当有效应力等于 0 时，容易产生地层介质的破坏。

上述污染场地实例中，地下水位埋深为 1m，如果修复剂注入点位于地下水位以下 2.5m。地层总应力和孔隙压力分别为

$$\sigma_t = \rho_{s1}gh_D + \rho_{s2}gh_S = 1.7 \times 980 \times 100 + 2.0 \times 980 \times 250 = 6.57 \times 10^5 \text{（dyn/cm}^2\text{）}$$

$$\sigma_w = \rho_w gh_S = 1 \times 980 \times 250 = 2.45 \times 10^5 \text{（dyn/cm}^2\text{）}$$

可以计算出有效应力为

$$\sigma_e = \sigma_t - \sigma_w = 6.57 \times 10^5 - 2.45 \times 10^5 = 4.12 \times 10^5 \text{（dyn/cm}^2\text{）}$$

注入井 837cm H_2O 产生的注入压力（σ_{inj}）：

$$\sigma_{inj} = \rho_w \cdot g \cdot h = 1 \times 980 \times 837 = 8.2 \times 10^5 \text{（dyn/cm}^2\text{）}$$

结果表明，注入压力（σ_{inj}）大于上覆地层的总应力（σ_t），容易导致含水层的破坏。实际上，在该场地修复剂注入过程中，发生了向地面渗出的现象，表明地层产生了裂隙。随后调小了注入流量，降低了注入压力。

含水层中修复剂的注入需要一定的压力，但太大的压力容易导致地层介质结构的破坏。因此，需要限制流体的注入压力，以避免地层结构的破坏和优先通道的形成。可以利用下式计算注入井的最大压力（Payne et al.，2008）：

$$P_{max} = 0.6\sigma_e = 0.6 \times \left[(\rho_D gh_D + \rho_S gh_S) - \rho_w gh_S \right] \tag{6-24}$$

式中，P_{max} 为注入井的最大压力；0.6 为保险系数；h_D 为包气带厚度；h_S 为注入筛管以上的饱和含水层厚度。

第7章 基于气流修复的地层界面效应

在污染场地原位修复中，通过注入气体，利用气流、气流驱动导致的水流运动，达到挥发性有机物、半挥发性有机物的去除，或实现修复剂的强化传输。基于气流的原位修复技术具有经济、适用，绿色、可持续，简单易操作等优点，如空气扰动（air sparging，AS）、地下水循环井（groundwater circulation well，GCW）、土壤气相抽提（soil vapor extraction，SVE）、生物曝气（bio-sparging，BS）、生物通风（bio-venting，BV）等。本章介绍地下环境中气流流量分布理论、气流的不同地层界面效应，以及含砾石透镜体非均质地层 AS 过程中的一种特殊效应。

7.1 空气扰动修复气流流量分布的紊动射流理论

基于气流的原位修复技术中，气流影响带（zone of influence，ZOI）是衡量修复范围非常关键的参数，目前有锥形理论和抛物线理论描述气流的分布，进一步的研究包括影响带面积的计算和模拟预测（赵勇胜，2015）。修复范围是由影响带所决定的，但修复效果还受气体流量的影响，影响带内气体流量的空间分布不尽相同，气体流量的大小与挥发性污染物的去除率密切相关。

有关影响带内气体流量的分布规律方面的研究工作较少，特别是气流路径上流量分布与距离之间的关系尚不清楚。为此，作者在承担国家自然科学基金等科研项目中，开展了系列实验室物理模拟实验，研究了 AS 过程中，气流流量在影响带内的空间分布规律；首次应用紊动射流理论进行了气流流量分布刻画和预测，取得了很好的效果，同时验证了锥形理论能够更好地描述 AS 修复过程中的气流影响带。

1. 实验材料

天然含水层介质不透明，难以直接观测气流运动方式和确定影响区域范围，因此实验采用透明熔融石英砂模拟含水层介质。实验选取粗砂介质，如表 7-1 所示，其中 d_{10} 为样品的累计粒度分布数达到 10%时所对应的粒径（粒径小于它的颗粒占 10%）。

2. 实验装置

AS 模拟实验装置包括氮气瓶、开关、调压阀、流量计、压力表、曝气头等。

模拟装置为有机玻璃槽，在模拟槽上部设计了有机玻璃板将模拟槽分隔成不同的单元，用于收集气体，进行流量测量（集气袋），也可以在每个单元对应的导气孔安装气体流量计进行测量（图 7-1）。曝气头为一条宽度为 5mm 的狭缝，长度与槽宽度一致，位于砂箱水平方向的中部。曝气位置分别设置在砂箱底部、底部以上 10cm 和 20cm 3 个位置。模拟槽在不同高度上设置地下水溢流口，在改变曝气位置时，保持水位的稳定以及在曝气头移动的过程中实验条件相同。在模拟槽后面放置一个平行光源，通过光透射，在模拟槽前面拍摄气流路径和分布。

表 7-1 模拟含水层介质性质表

模拟实验	曝气位置	流量观测剖面与曝气头距离/cm	粒径/mm	d_{10}/mm	饱和密度/(g/cm³)	孔隙度
1	砂箱底部	40	0.7～1.0	0.72	1.364	0.38
2	底部以上 10cm	30	0.7～1.0	0.72	1.363	0.38
3	底部以上 20cm	20	0.7～1.0	0.72	1.360	0.38

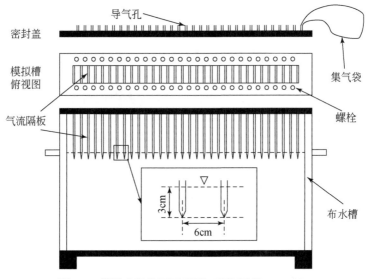

图 7-1 模拟实验装置示意图（据赵勇胜，2015）

3. 实验过程

砂箱装填石英砂，在石英砂上面装填 10cm 厚的铅珠，防止曝气压力过大而使介质发生垂向位移。实验开始时，缓慢增大曝气压力直到有机玻璃槽中出现气体（可视），此时的曝气压力即实验最小曝气压力；继续缓慢增大曝气压力，在设计的不同曝气压力下，保持 5min，待系统达到稳定时进行气体收集、流量测定。随着曝气压力的增加，可观测到气流影响边界不断扩展，当曝气压力达到一定值后，气流的影响边界扩展不明显，趋于稳定。实验过程中气流的路径和分布用相机进行拍照。共进行了 3 组模拟实验，每组实验重复进行 3 次。

4. 实验结果

图 7-2 为曝气头上方 20cm、30cm 和 40cm 位置处单位面积上的气体流量分布剖面图，其中横坐标为水平距离（砂箱长度），曝气头在中部，纵坐标为气体速率（单位面积上的气体流量）。从图 7-2 中可以看出：随着曝气压力的增加，气体流量和影响范围在不断增加，同一剖面上，气体流量分布曲线形态基本不变；气流以曝气点所在的垂线为轴对称分布，流量在横向上远离曝气点逐渐降低；在气流路径上，不同的距离剖面上其气流流量曲线分布形态不同，由距离最近（20cm）的梯形分布，逐渐改变为距离较远（40cm）的高斯分布；在气流路径上，气流流量峰值有所降低，曲线形态变宽。

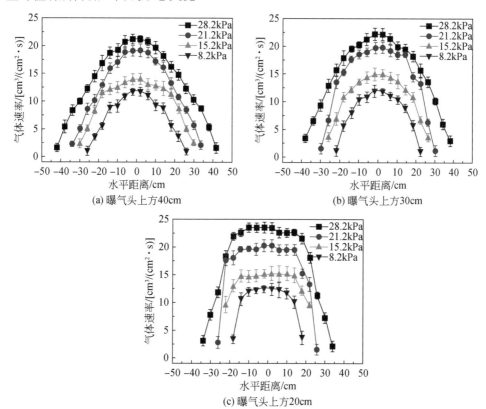

图 7-2 气流路径不同距离位置处单位面积上的气体流量分布剖面图

　　研究发现，上述气体流量分布曲线形态变化的模拟实验结果，与紊动射流理论的流体分布分区规律非常一致。紊动射流理论描述一种流体注入周围另一种流体的混合运动，该理论被广泛应用于工程领域，其最大的特点就是整个射流随距离射流源位置的不同而表现出流体分布规律的不同，并可进行区段划分（图7-3）：在射流出口处，流体呈现梯形分布，为起始段；在射流充分发展以后的部分，气流呈现高斯分布，为主体段；在这两个区段之间存在着一个过渡段。

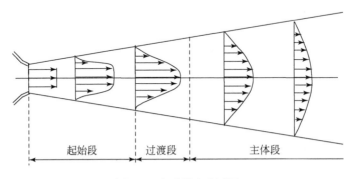

图 7-3　紊动射流分区图

　　根据紊动射流理论，在整个射流的过程中射流边界混合层是按线性规律扩展的，因此可以根据这一理论，确认 AS 修复影响区域形状更接近于锥形分布。

　　根据紊动射流理论，在主体段中气流分布可以用高斯函数拟合，在起始段中气流分布可以用 S 曲线函数拟合，拟合函数的常见形式为

$$Q = f_1(D) = B + E \times \exp\left(-\frac{2(D - x_b)^2}{\sigma^2}\right) \tag{7-1}$$

$$Q = f_2(D) = N + \frac{K}{1 + \exp\left(\dfrac{D - x_0}{d_x}\right)} \tag{7-2}$$

式中，Q 为单位面积气流的流量 $[\text{cm}^3/(\text{cm}^2 \cdot \text{s})]$；$f_1$ 为高斯方程；f_2 为 S 曲线方程；D 为距曝气头水平距离（cm）；B、E、N、K、x_b、σ、x_0 和 d_x 为方程拟合常数。

　　可以通过实验室模拟实验数据进行拟合，求得方程中的各个系数，对 Q-D 关系进行预测分析。根据紊动射流理论，可以对主体段中气流分布进行无量纲处理，坐标系中横坐标用变量 $D/D_{1/2}$ 表示，纵坐标用变量 Q/Q_m 表示，就可以实现无量纲化，不同压力下的曲线可以归一化，有利于方程的预测应用。

$$Q/Q_\mathrm{m} = f_1\left(D/D_{1/2}\right) = C + A \times \exp\left(-\frac{2\left(D/D_{1/2} - x_c\right)^2}{w^2}\right) \qquad （7\text{-}3）$$

式中，Q_m 为最大流量（曝气头上方气流流量）；$D_{1/2}$ 为 $Q = \dfrac{1}{2}Q_\mathrm{m}$ 处的距曝气头水平距离；C、A、x_c、w 为方程拟合常数。

图 7-4 为在主体段中无量纲的气流分布曲线，符合高斯分布，从图中可以看出，在气流的主体段，不同曝气压力下气流影响带内气流分布曲线基本上是相同的，这说明无量纲气流分布曲线形态与曝气压力无关，因此可以利用实验室的模拟实验结果，建立上述无量纲模型，对 AS 修复中气流的分布进行预测评估。

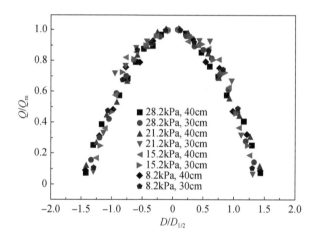

图 7-4　不同曝气压力下气流影响带内无量纲的气流分布图

7.2　层状非均质地层气流修复的界面效应

本节通过光透射可视化技术进行 AS 修复层状非均质含水层中地层界面对气体迁移分布的影响机制的研究。通过改变不同的介质粒径组合及曝气流量，定量表征不同非均质地层界面作用；可视化观察不同地层界面和不同曝气流量条件下气体的累积和迁移行为，定量描述 AS 过程中气体流量分布模式。

7.2.1　层状非均质地层界面表征

地下环境中地层的分布十分复杂，存在着不同的地层接触界面。为了研究在 AS 修复过程中，气流通过这些不同界面的作用效应，首先需要分析界面的类型，并对这些界面进行定量表征。气流在地层中运动的驱动力是压力，气体在多孔介质含水层中需要考虑的其他作用力包括：浮力、静水压力、毛细力和气流通道的摩擦力，其中浮力、静水压力被认为不受介质岩性的影响，而在研究地层界面效应时，界面上下介质的毛细力和气流通道的摩擦力发生了变化。其中，毛细力和摩擦力具有相关关系，毛细力大时，通道摩擦力也大。因此，可以用气流通过界面上下介质所需克服的毛细力差异来表征层状非均质地层界面。

$$\Delta P_{c} = P_{T} - P_{B} \tag{7-4}$$

式中，ΔP_{c} 为气体进入界面上层和下层介质的压力差（kPa）；P_{T} 为气体进入界面上层介质的压力（kPa）；P_{B} 为气体进入界面下层介质的压力（kPa）。

当 $\Delta P_{c}=0$ 时，为均质地层，不存在界面；当 $\Delta P_{c}<0$ 时，为介质上粗下细地层界面，在 AS 修复中，气流由下向上运动，理论上可以被认为是非阻截型界面；当 $\Delta P_{c}>0$ 时，为介质上细下粗地层界面，界面上部气流需要克服更大的毛细力，被认为是气流的阻截型界面。

在实际工作中，确定地层介质的毛细力比较复杂，采用 ΔP_{c} 来表征地层界面不是十分方便。地层介质的渗透系数（K）是指其传输流体（水流、气流等）的能力，它是气流在含水层介质中运动的重要参数，它与地层介质的毛细力（P_{c}）具有反比关系，K 值增大，P_{c} 值减小。因此，可以利用地层界面上下介质的渗透系数比（R）来表征不同的层状非均质界面特性。

$$R = \frac{K_{B}}{K_{T}} \tag{7-5}$$

式中，R 为地层界面上下介质的渗透系数比；K_{B} 为界面下层介质的渗透系数；K_{T} 为界面上层介质的渗透系数。

当 $R=1$ 时，为均质地层，不存在界面；当 $R<1$ 时，为介质上粗下细地层界面，可以认为是气流运动的非阻截型界面；当 $R>1$ 时，为介质上细下粗地层界面，被认为是气流的阻截型界面。

7.2.2 实验装置与实验方案

为了便于气流动态观测，实验选取透明熔融石英砂模拟含水层介质。实验中石英砂介质物理特性如表 7-2 所示，可以看出，所有介质的有效粒径（d_{10}）均小于 1.4mm，因此实验过程中气体运移模式均是孔道流。根据 Bear 等报道称有效粒径（d_{10}）和控制粒径（d_{60}）之间的关系可以确定介质级配情况，即均匀系数 C_{u}，当 C_{u} 小于 2 时，介质可以被认为是均匀的。实验用砂的均匀系数均小于 2。

图 7-5 为模拟实验装置示意图，模拟槽放置在相机和光源之间，在实验过程中进行光透射拍照，记录气流的运动和分布。模拟槽两边没有设计布水板，防止气体绕流。在模拟槽底部中间设置了一个曝气头：由一个矩形腔体和顶部的狭缝

组成。狭缝上部覆盖了一层纱网，防止石英砂进入曝气头。在模拟槽 32cm 高度处设置了溢流口用来保证水位稳定以及测量排水体积。模拟槽上部设置了有机玻璃板将槽子分成不同单元，气体流量传感器与出气口相连，可以测量 AS 过程中气流影响带内不同位置处的气体流量。

表 7-2 实验用砂的物理性质一览表

介质类型	介质粒径（d）/mm	d_{10}/mm	渗透系数（K）/(cm/s)	均匀系数	孔隙度
中砂#1	0.20～0.40	0.23	1.2×10^{-2}	1.39	0.39
中砂#2	0.30～0.50	0.32	2.1×10^{-2}	1.16	0.39
粗砂#1	0.50～0.80	0.55	5.3×10^{-2}	1.27	0.38
粗砂#2	0.80～1.00	0.87	9.0×10^{-2}	1.16	0.38
粗砂#3	1.00～1.25	1.05	1.2×10^{-1}	1.17	0.37
粗砂#4	1.25～1.50	1.30	1.6×10^{-1}	1.14	0.37

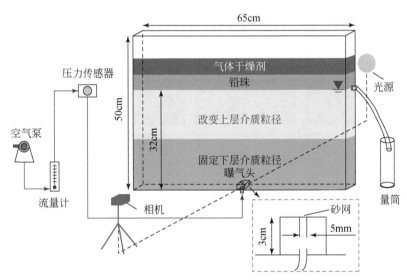

图 7-5 模拟实验装置示意图

研究共进行了 6 组模拟实验，分析 AS 修复层状非均匀含水层中气流的累积、迁移和流量分布。固定下层介质为粗砂#3，上层介质进行改变，介质粒径逐渐由大到小，由粗砂到中砂，渗透系数比为 0.8～10，具体组合情况如表 7-3 所示。曝气流量由小到大，由 10L/h 逐渐增加到 750L/h，共 10 种情形。

表 7-3　实验方案一览表

模拟实验	上层介质	R	曝气流量/(L/h)
1	粗砂#4	0.8	10、20、40、50、120、230、350、480、600、750
2	粗砂#3	1	
3	粗砂#2	1.3	
4	粗砂#1	2	
5	中砂#2	6	
6	中砂#1	10	

7.2.3　地层界面对气体累积的影响

图 7-6 为不同曝气流量下 6 组模拟实验的照片，其中实验 2 为均质含水层情形，可用于与其他 5 组层状非均质含水层的情形进行对比。由图 7-6 中可以看出，$R=0.8$（<1）的上粗下细组合情形，其地层界面没有发生气流的聚集，界面对气

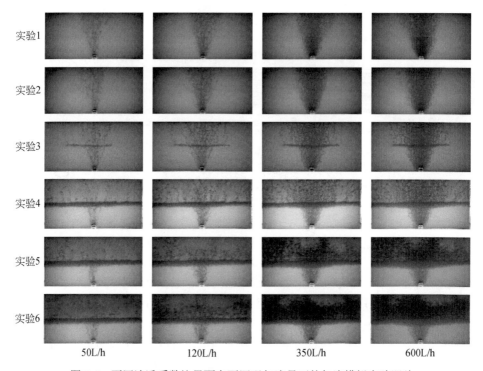

图 7-6　不同渗透系数比界面在不同曝气流量下的气流模拟实验照片

流形态的影响很小，为气体非阻截型界面。而另外 4 组实验（实验 3～6）均属于上细下粗组合情形，$R>1$，在地层界面处发生了不同程度的气流聚集现象，为气体阻截型界面。在实验 3 中（$R=1.3$），其上部、下部地层的渗透系数差值不大，所以地层界面对气流的阻截作用较弱，气流在曝气点上方界面处发生横向聚集，致使上部地层中气流在横向有所扩展，当曝气流量为 600L/h 时，气流的横向聚集仍未延伸覆盖整个模拟装置。随着渗透系数比的增大（实验 4～6），气流聚集的厚度增大，地层界面的阻截作用越来越明显；当曝气流量为 50L/h 时，地层界面处气流的横向聚集已经扩展到整个砂箱。

图 7-7 为曝气流量为 10L/h 和 750L/h 时，不同渗透系数比下地层界面的气流累积厚度曲线，当曝气流量从 10L/h 增加至 750L/h 时，气流累积厚度的增加并不明显；但当渗透系数比增加到 2 时，界面气流累积厚度增加较快，此后，随着 R 的增大，气流累积厚度的增加变缓。

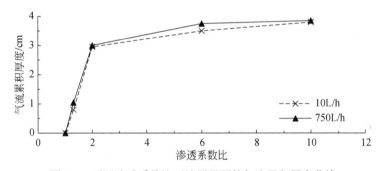

图 7-7　不同渗透系数比下地层界面的气流累积厚度曲线

图 7-8 为 $R=1.3$ 时，在不同曝气流量（Q_{inj}）下地层界面气流横向累积长度变

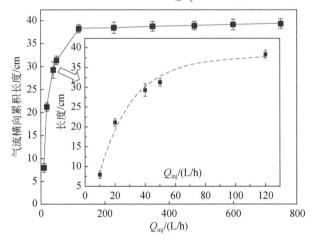

图 7-8　不同曝气流量下地层界面气流横向累积长度变化曲线

化曲线,而 R=2、6 和 10 情形下,地层界面的阻截能力更强,由于模拟实验砂箱尺度的问题,在很小曝气流量下,气流横向累积长度即到达装置的边界,无法绘制类似曲线。由图 7-8 可以看出,随着曝气流量的增加,界面处气流横向累积长度也在增加。当曝气流量增大至 120L/h 时,气流横向累积长度快速增加至 38.5cm,但继续增大曝气流量,其长度基本保持稳定。

7.2.4 地层界面对气流分布模式的影响

图 7-9 为 6 组模拟实验的气流流量分布曲线,横坐标为砂箱水平距离,其中 0 点为曝气点位置。由图中可以看出,不同地层渗透系数比情形下,气流流量在模拟砂箱横向上的分布模式不同,图 7-9(a)和(b)分别为 R=0.8(上粗下细)和 R=1(均质)的情形,二者的气流流量分布模式相似,呈现高斯分布;图 7-9(c)为 R=1.3 时的情形,气流呈现梯形分布;而随着 R 值的继续增大[图 7-9(d)~(f)],其气流流量的分布变得十分复杂,呈现指状分布。

通过多次进行的重复模拟实验,在 AS 修复技术可以使用的地层介质范围($K \geq 10^{-4}$cm/s)及组合中,研究发现在均质和层状非均质含水层中,AS 修复中气流流量的 3 种分布模式:均质和上粗下细组合($R \leq 1$)的高斯分布;上细下粗,且 $1 < R < 2$ 时的梯形分布;上细下粗,且 $R \geq 2$ 时的指状分布。气流的高斯分布表明介质较均匀,或层状地层界面对气流的运动影响很小;气流的梯形分布表明地层界面具有一定的阻截性能,但由于上下部地层的渗透系数差异不显著,所以界面处的气流聚集并不严重;而随着上下部地层渗透系数的差异变大,R 值达到 2 时,地层界面对气流的阻截性能变强,界面处的气流发生显著的聚集和横向迁移,气流流量呈现不规则的指状分布。

根据 7.1 节描述的紊动射流理论,气流呈现高斯分布或梯形分布都可以通过数学模型进行拟合预测。

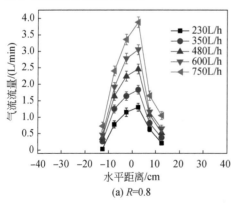

(a) R=0.8

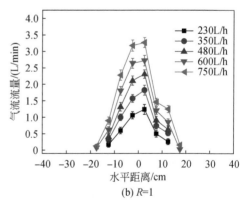

(b) R=1

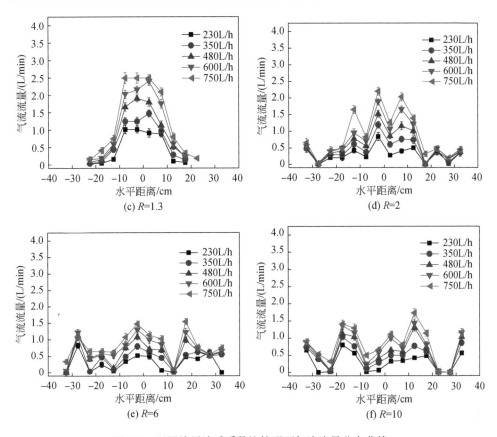

图 7-9　不同地层渗透系数比情形下气流流量分布曲线

7.3　含低渗透性透镜体地层气流修复的界面效应

本节通过模拟实验研究 AS 修复过程中，含有低渗透性介质透镜体含水层的界面作用，通过改变透镜体介质粒径及曝气流量，可视化观察不同透镜体界面和不同曝气流量条件下气流的累积和迁移行为；发现了透镜体的双界面作用。

7.3.1　含透镜体非均质地层界面表征

与层状非均质地层界面表征相类似，可以采用背景介质和透镜体介质的渗透系数比来描述含水层的非均质特性：

$$R = \frac{K_b}{K_l} \tag{7-6}$$

式中，R 为背景介质与透镜体介质的渗透系数比；K_b 为背景介质的渗透系数；K_l

为透镜体介质的渗透系数。

当 $R=1$ 时，为均质地层，不存在透镜体；当 $R>1$ 时，为低渗透性透镜体组合；当 $R<1$ 时，为高渗透性透镜体组合。

7.3.2 实验装置与实验方案

与层状非均质模拟实验类似，为了便于气流动态观测，实验选取透明熔融石英砂模拟含水层介质。实验选取了中砂、4 种不同粒径的粗砂和砾石共 6 种介质粒径进行模拟实验，以粗砂#3 介质作为背景介质（粒径为 1.00～1.25mm），改变透镜体介质的粒径，共进行了 6 组模拟实验。透镜体介质粒径逐渐由大到小，由砾石、粗砂到中砂，渗透系数比为 0.2～6，具体组合情况如表 7-4 所示。曝气流量由小到大，由 50L/h 逐渐增加到 750L/h，共 7 种情形。

表 7-4　实验方案一览表

模拟实验	透镜体介质	R	曝气流量/(L/h)
1	砾石	0.2	
2	粗砂#4	0.8	
3	粗砂#3	1	50、120、230、350、480、600、750
4	粗砂#2	1.3	
5	粗砂#1	2	
6	中砂	6	

7.3.3 透镜体双界面对气体累积的影响

图 7-10 为不同曝气流量下透镜体界面的作用效应，其中实验 1 和实验 2 为高渗透性透镜体组合，气流没有被透镜体阻截，可以进入高渗透性透镜体中；实验 3 为没有透镜体的均质地层；实验 4～6 为低渗透性透镜体情形，R 分别为 1.3、2 和 6，可以发现，随着 R 的增大，气流的绕流越明显。

实验发现透镜体的作用比较复杂，透镜体的下部和上部与背景介质构成了"双界面"，其上、下界面对气流区域面积和流量分布有着不同的影响。

（1）对于低渗透性透镜体，其下部界面的影响非常重要，呈现阻截气流的特点，而上部界面对气流的影响较小。当 $R<2$ 时，气流可以进入透镜体中，气流在透镜体中的分布较为均匀；当 $R\geqslant6$ 时，由于下部界面的阻截作用，气流难以进入透镜体中。

（2）对于高渗透性透镜体，其上部界面的影响比较重要，呈现阻截气流的特点，而下部界面对气流的影响较小。

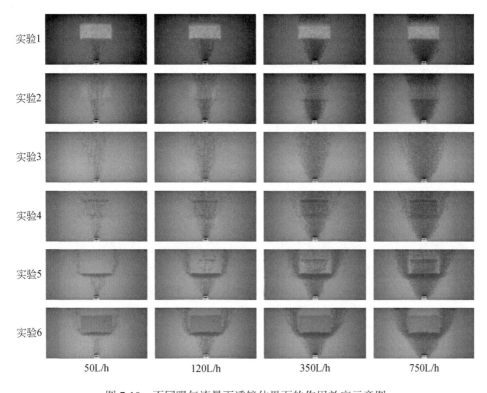

图 7-10 不同曝气流量下透镜体界面的作用效应示意图

（3）当 $R=2$ 时，气流明显被透镜体下界面阻截，随着曝气流量增加至 120L/h，少部分的气体开始进入透镜体，但透镜体上部的气流强度相对较小，气流呈现多峰的指状分布；当 $R \geqslant 6$ 时，随着曝气流量的增加，气流始终绕流透镜体呈现双峰分布，气流分布范围增加并不明显。当 $0.8 \leqslant R < 2$ 时，双界面对气流分布规律的影响并不明显，气流仍呈高斯分布；当 $R \leqslant 0.2$ 时，进入透镜体的气体明显被上界面阻截，导致通过上界面的气流由高斯分布变为极不均匀的指状分布。

7.4 含砾石非均质地层气流修复的气泡脉动效应

7.4.1 概述

AS 是挥发性有机物、半挥发性有机物原位修复的经济、高效和绿色的修复技术，在国际上受到了普遍的关注。近年来的研究主要集中在气流运移方式、气流影响区域形状和大小、修复区域空气饱和度、气体流量分布规律和污染物去除效果及影响因素等，AS 修复被认为是相对较为成熟的原位修复技术，在实际工程中得到了较为广泛的应用。在 AS 修复均质含水层时，一般有如下认识：在渗透性能好的砾石含水层中，气流以"鼓泡流"的形式运移，而在渗透性相对差一些的砂层含水层中，则以"通道流"的形式运移；气流的分布形状（影响带）一般认为是锥形或抛物形，气流的空间分布在均质地层中往往呈现高斯分布。

对于非均质含水层的 AS 修复逐渐被重视，作者在承担国家自然科学基金重点项目等科研工作中，进行了系统的非均质含水层中 AS 修复技术方面的研究，包括层状非均质和含有透镜体的非均质含水层。本节内容即为在研究工作中针对含砾石透镜体的非均质含水层在 AS 修复过程中一些新的发现和认识。

7.4.2　含砾石透镜体含水层 AS 修复中污染物去除的特殊现象

AS 修复理论认为：地下水中污染物去除的区域为曝气气流影响带，影响带的形状在曝气点上方呈锥形（抛物形）分布。在气流影响带以外的区域，地下水中的污染物在浓度场的影响下，以扩散的形式缓慢进入影响带区域而得到去除。由于受扩散作用的限制，在影响带以外区域地下水中的污染物降低十分有限。这一结论已经被实验室模拟和现场工作所证实。

作者在实验室模拟实验研究中发现，在含砾石透镜体的非均质含水层中，其地下水污染物的去除范围远大于气流影响带范围的特殊现象。图 7-11 和图 7-12 分别为粗砂含水层和含砾石透镜体的粗砂含水层在 AS 修复 10h 后，地下水中苯浓度的等值线图。修复前先使苯污染整个模拟装置，苯浓度在 120～140mg/L。图 7-13 和图 7-14 分别为粗砂含水层和粗砂夹砾石透镜体含水层中 AS 修复气流分布的光透射照片，从照片中可以清楚地确定气流影响带，气流在粗砂含水层中以通道流的形式运移，在粗砂夹砾石透镜体含水层中以鼓泡流的形式运移（鼓泡流在照片中难以辨析，但在实验中气泡流动肉眼可见）。

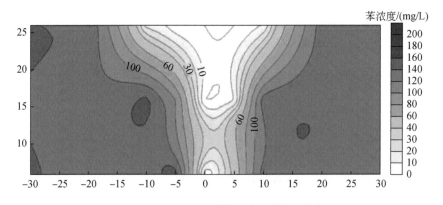

图 7-11　粗砂含水层地下水中苯浓度等值线图

横、纵坐标均为距离，单位均为 m，本章下同

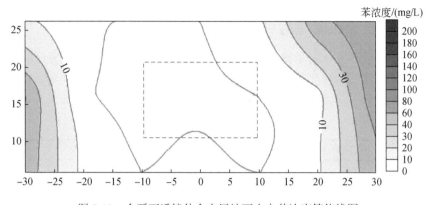

图 7-12　含砾石透镜体含水层地下水中苯浓度等值线图

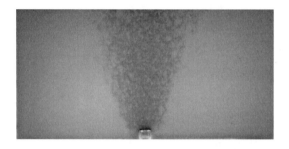

图 7-13　粗砂含水层中 AS 修复气流分布图

图 7-14　粗砂夹砾石透镜体含水层中 AS 修复气流分布图

　　由图 7-11～图 7-14 可以看出，粗砂含水层中苯浓度的降低和去除与其气流影响带分布一致，符合传统的 AS 修复理论认知；但粗砂夹砾石透镜体含水层中，其苯浓度的去除和降低区域远大于传统认知的影响带，如果是气流影响带外部污染物扩散进入影响带导致的浓度降低，则在 10h 的时间内，靠浓度场的扩散难以达到，因此一定存在其他的作用机理，使污染物浓度较快速的降低。为了了解污染物修复区域与气流影响区域不一致的原因，明确污染物去除的机理，特设计一系列模拟实验进行进一步的探讨。

7.4.3 验证实验装置和方案

为了研究粗砂夹砾石透镜体含水层在 AS 修复中地下水污染修复区域扩大的特殊现象，设计一系列实验室模拟实验。分别选用了砂和砾石 4 种介质，具体物理性质见表 7-5。

表 7-5 实验用介质的物理性质表

介质类型	介质粒径/mm	d_{50}/mm	渗透系数(K)/(cm/s)	均匀系数	孔隙度
A	0.25～0.50	0.30	$2.1×10^{-2}$	1.16	0.39
B	1.00～1.25	1.10	$1.2×10^{-1}$	1.10	0.37
C	1.25～1.50	1.30	$1.6×10^{-1}$	1.04	0.37
D	3.00～5.00	4.00	$6.1×10^{-1}$	1.18	0.36

注：A 为中砂，B、C 为粗砂，D 为砾石。

模拟实验采用的装置同 7.3 节，共进行了 4 组模拟实验。实验以粗砂 B 为背景介质，选取中砂 A、粗砂 C 和砾石 D 作为透镜体介质，同时进行了粗砂均质含水层的对比实验。实验方案如表 7-6 所示，其中 BA、BC、BD 表示背景介质为粗砂 B，透镜体介质分别为中砂 A、粗砂 C 和砾石 D 的情形；B 为粗砂均质含水层情形。

表 7-6 实验方案一览表

模拟实验	透镜体介质	R	取样时间/h
BA	中砂	6	
B	无透镜体粗砂	1	5、10、24
BC	粗砂	0.8	
BD	砾石	0.2	

选择硝基苯作为目标污染物进行 AS 修复实验，硝基苯初始浓度为 150mg/L，实验过程中地下水中硝基苯浓度通过高效液相色谱分析检测。4 组 AS 修复的曝气流量均为 120L/h。

图 7-15 为 AS 修复过程中不同模拟实验地下水中硝基苯浓度等值线图，由图可以看出：①在均质粗砂含水层中（实验 B），硝基苯浓度的降低区域与气流分布的区域一致，呈现锥形分布。②在低渗透性透镜体情形下（实验 BA），由于透镜体对气流的阻截作用，硝基苯浓度的降低区域呈分支形状，透镜体中心的污染物浓度较高。随着修复时间的推移，到曝气 24h 时，硝基苯浓度降低区域不断扩大，

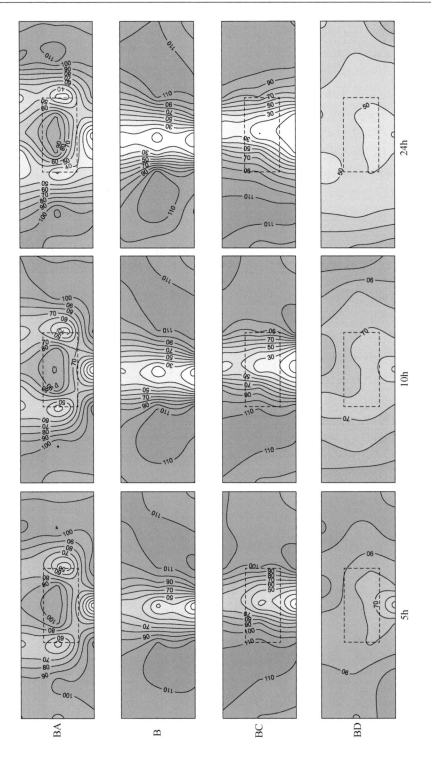

图7-15 不同模拟实验地下水中硝基苯浓度等值线图（单位：mg/L）

并逐渐达到稳定。③在高渗透性粗砂为透镜体情形下（实验 BC），气流可以进入透镜体，由于透镜体与背景介质均为粗砂（粒径不同），渗透性差异很小，其硝基苯浓度降低的区域与均质含水层实验 B 相似。④当透镜体介质为砾石时（实验 BD），地下水中硝基苯浓度降低的区域远大于气流的影响区域，当曝气 10h 后，这种差异十分明显，曝气 24h 后，几乎整个模拟装置地下水中硝基苯浓度都得到了极大的降低，大部分地下水中硝基苯的去除率达到 60%左右。

实验 BD 中，地下水中硝基苯去除面积远大于气流影响带面积，与 7.4.2 节中（图 7-12）的现象一致。经过实验分析，初步判断与砾石透镜体有关，因为同样为高渗透性的粗砂透镜体（R=0.8）实验 BC 中，并未发生与气流影响带不一致的现象，砾石中曝气气流的迁移形式发生了变化，由粗砂等低渗透性介质中的通道流变成了鼓泡流。

7.4.4　含砾石透镜体含水层 AS 修复中的水动力循环及其机理

为了研究砾石透镜体在 AS 修复中气流作用的机理，设计了示踪模拟实验进行研究。在模拟装置不同位置设置示踪剂注入点，在 AS 修复曝气过程中注入亮蓝，研究含水层中的水流运动情况。同时，设置含水率监测点，通过含水率计算含水层中的空气饱和度。

模拟装置背景介质选择粗砂（1～1.25mm），透镜体介质选择砾石（3～5mm）。模拟含水层饱水后，开始曝气实验，曝气流量从 0 缓慢增加至 120L/h。图 7-16 为示踪模拟实验照片，由图可知，在 AS 曝气时非均质含水层中存在着地下水的循环流动，地下水以砾石透镜体为中心，呈现上下循环流动。水循环带的范围较大，这很好地解释了前述研究中污染物修复范围扩大的原因。通过模拟实验可以得出如下发现：

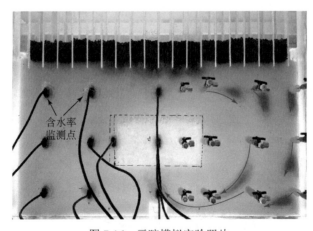

图 7-16　示踪模拟实验照片

（1）在含砾石透镜体含水层中，AS 修复的影响带包括气流影响带和水循环带。水循环带的发现，扩大了地下水中污染物的修复范围，修正了传统 AS 修复对影响带的认识。

（2）循环带中包括水和气的循环，但主要是污染地下水的循环，通过曝气注入流量、模拟装置上部的气体逸出流量计算，地下水循环中的气体约占曝气流量的 5%。

上述水循环带的形成机理仍需要进行分析，在砾石中，气流以气泡的形式迁移，在迁移路径上气泡可以发生碰撞、变形或破碎，这些作用有可能引起周围水流的循环。一般可以用气泡脉动效应来解释水循环现象。气泡脉动理论已经应用于船舶、航空航天和石油化工等领域，研究发现气泡在运移路径上重复着膨胀—破碎—射流—回弹过程，该过程将会驱使大面积的流体运动。气泡脉动的影响，结合砾石透镜体的含水层结构，导致了地下水的循环。因此，在 AS 曝气过程中，除了气流影响带以外，还存在着地下水循环带，传统的 AS 修复影响带的定义，在这种特定的非均质含水层条件下，需要重新认识和定义，它包括气流影响带和水循环带（图 7-17）。

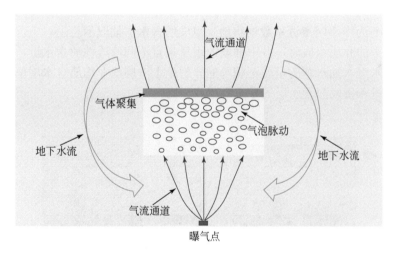

图 7-17　AS 修复含砾石透镜体含水层水循环作用示意图

在含砾石透镜体含水层中，AS 修复时的影响带包括气流影响带和水循环带，二者都可以使污染物通过挥发作用得以去除，使 AS 修复的区域得到很大的扩展。

第 8 章 基于水流修复的地层界面效应

本章通过数值模拟分析和一系列实验室物理模拟实验，研究了模拟地下水抽取、冲洗等修复过程中水动力条件变化情形下，层状非均质和含低渗透性透镜体含水层地层界面对污染物的迁移、分布特征及影响机理；定量研究了不同渗透系数介质的界面作用和对污染物的影响。

8.1 层状非均质含水层抽取-处理的界面效应

利用数值模型对层状非均质含水层污染地下水抽取-处理进行模拟分析，模拟含水层分上下两层，选取不同的渗透系数比情形进行模拟。

1. 层状非均质含水层的抽取

图 8-1 为由不同渗透系数层状地层组成的含水层抽取示意图。当含水层由不同渗透能力的介质组成时，井中抽取的水量来自不同渗透性的含水层，其单位长度上地下水进入抽水井的量是不相等的。理论上，层状非均质含水层单位长度上地下水的进入量应与含水层的导水系数成正比。

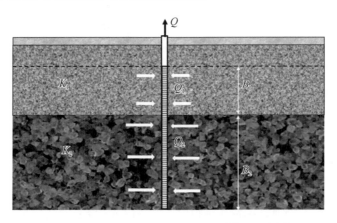

图 8-1 层状非均质含水层地下水的抽取示意图

如果含水层由两层不同渗透性的地层组成，则有

$$Q = Q_1 + Q_2 \tag{8-1}$$

$$\frac{Q_1}{Q_2} = \frac{K_1 B_1}{K_2 B_2} \tag{8-2}$$

$$\frac{Q_1}{B_1} = \left(\frac{K_1}{K_1 B_1 + K_2 B_2}\right) Q \tag{8-3}$$

$$\frac{Q_2}{B_2} = \left(\frac{K_2}{K_1 B_1 + K_2 B_2}\right) Q \tag{8-4}$$

式中，Q 为抽水井地下水的总抽取量；Q_1、Q_2 为不同含水层进入抽水井的水量；B_1、B_2 为不同含水层的厚度；K_1、K_2 为不同含水层的渗透系数。

2. 层状非均质含水层地下水抽取数值模拟

污染场地含水层为双层结构，上部为细砂，渗透系数为 4m/d；下部为砂砾石，渗透系数为 40m/d；含水层厚度为 20m。地面标高为 60m，上部低渗透性含水层厚度 11m，下部高渗透性含水层 9m。利用 MODFLOW 进行稳定流模拟计算分析，计算区远大于抽水形成的地下水位降落漏斗区，因此设定边界条件为已知水头边界（56m）；地下水初始水位为 56m。剖分网格为 15×15×6，x、y 方向单元长度为 100m；z 方向长度顶层为 5m，其他为 3m，其中 1～3 层为低渗透性含水层，4～6 层为高渗透性含水层。

利用 MODFLOW 进行稳定流模拟计算不同渗透性含水层进入抽水井中的水量比例。模拟抽水量为 480m³/d；分别设置渗透系数比（K_2/K_1）为 10、5、1 3 种情形，其中最后一种情形为均质含水层；模拟结果包括整个含水层抽水、上部低渗透性含水层抽水和下部高渗透性含水层抽水 3 种情形，表 8-1 为数值模拟计算结果。从表中可以看出，在层状非均质污染含水层中进行抽取-处理时，抽出的污染地下水主要来自高渗透性含水层中，其占总抽水量的比例取决于层状非均质含水层渗透系数比（K_2/K_1）的数值，这一数值越大，高渗透性含水层中的水量贡献越大。

表 8-1　模拟计算的各层进入抽水井中的水量比例表

渗透系数比（K_2/K_1）	抽水方式	低渗透性含水层比例/%	高渗透性含水层比例/%	影响半径/m
10	整个含水层抽水	8.3	91.7	450
	上部低渗透性含水层抽水	32.1	67.9	270
	下部高渗透性含水层抽水	3.2	96.8	450
5	整个含水层抽水	15.6	84.4	550
	上部低渗透性含水层抽水	36.2	63.8	440
	下部高渗透性含水层抽水	5.9	94.1	550
1	整个含水层抽水	50	50	470

给定层状非均质含水层的渗透系数比，地下水抽取量的绝大部分来自高渗透性地层。对总抽水量增大或减小进行模拟，表明各层对抽水量的贡献比例在不同抽水量情形下变化不大，但抽水影响半径变化较大，与地下水的抽取量成正比。

在抽水量一定的情形下，当抽水达到稳定时，含水层的渗透系数越大，抽水的影响半径也越大，降深越小；含水层的渗透系数越小，影响半径越小，但降深增大。

模拟研究表明：在层状非均质污染含水层中进行抽取-处理时，最好不在整个含水层厚度上进行抽取，应重点关注低渗透性含水层部分的抽取。即使只在低渗透性含水层部分抽水，但含水层高渗透部分的污染地下水进入抽水井的水量较大，甚至大于低渗透性含水层进入的水量，这一趋势随着渗透系数比的增大而增强。

8.2 含低渗透性透镜体含水层的地层界面效应

8.2.1 污染物、修复剂在低渗透性透镜体中的迁移

1. 实验装置和实验过程

实验装置为 500mm×400mm×50mm 的有机玻璃槽，两侧设 20mm 布水隔室（图 8-2）。在模拟槽正中部装填一个长 25cm、宽 5cm、高 10cm 的低渗透性透镜体。为了便于观察修复剂的迁移过程，采用亮蓝染料代替修复剂；采用纯净的白色石英砂模拟地下含水层介质。

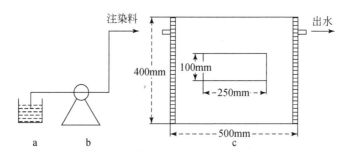

图 8-2 实验装置示意图

a. 染料；b. 蠕动泵；c. 模拟槽

模拟实验选用两种不同的背景介质，分别为砾石和粗砂。低渗透性透镜岩性分别为粉砂、细砂、中砂和粗砂（表 8-2）。设置地下水流速为 0.5m/d，利用蠕动泵以 6.5mL/min 的速度注入预先配好的 100mg/L 的亮蓝溶液，以亮蓝染料刚接

触透镜体边缘为计时起始点，染料完全穿透透镜体为计时终点，在相同时间间隔下对透镜体中染色的区域锋面画线记录，用来记录透镜体的整个染色过程，同时拍摄照片。利用 GMS 软件对图片进行后期处理，计算每个时间段染料进入透镜体中的面积，研究不同渗透系数比下低渗透性透镜体中修复剂的迁移规律。

本研究将非均质地层中高渗透区背景介质的渗透系数用 K_b 表示，低渗透区透镜体介质的渗透系数用 K_l 表示，将二者的比值定义为渗透系数比，用 R_{bl} 表示，计算公式如下：

$$R_{bl} = \frac{K_b}{K_l} \tag{8-5}$$

利用 GMS 软件分析一定时间内修复剂在低渗透性透镜体中的迁移面积，并计算其占透镜体区域总面积的比例，将其定义为注入修复剂波及率，计算公式如下：

$$\varphi = \frac{S_1}{S_2} \times 100\% \tag{8-6}$$

式中，φ 为波及率；S_1 为透镜体中被亮蓝染料染色区域的面积（cm²）；S_2 为透镜体的总面积（cm²）。

表 8-2　实验方案一览表

背景介质		透镜体介质		渗透系数比 （R_{bl}）	注入速度 /(mL/min)	拍照时间间隔 /h
粒径/mm	渗透系数(K_b) /(cm/s)	粒径/mm	渗透系数(K_l) /(cm/s)			
2～3.5	5.75×10⁻¹	1.00～2.00	1.92×10⁻¹	3	6.5	1
		0.50～1.00	8.21×10⁻²	7	6.5	3
		0.25～0.50	4.42×10⁻²	13	6.5	6
		0.10～0.50	1.11×10⁻²	52	6.5	24
		0.10～0.25	5.48×10⁻³	105	6.5	24
0.5～1	8.21×10⁻²	0.21～0.38	1.74×10⁻²	5	6.5	1
		0.10～0.25	5.48×10⁻³	15	6.5	4
		0.09～0.10	1.48×10⁻³	55	6.5	12
		0.05～0.10	6.31×10⁻⁴	130	6.5	24

2. 实验结果与讨论

图 8-3 为背景介质为粗砂时，在不同渗透系数比情形下修复剂的迁移过程。从图中可以看出，R_{bl} 越大，修复剂越难以进入透镜体地层。当渗透系数比（R_{bl}）

为 5 时，修复剂完全进入透镜体的时间为 14h，而当渗透系数比（R_{bl}）为 55 时，240h 后修复剂尚没有完全进入透镜体。

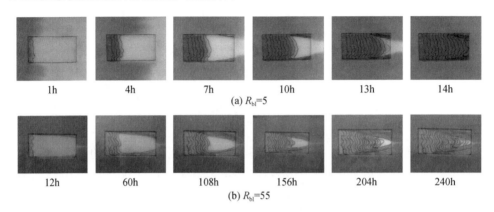

图 8-3 背景介质为粗砂时，在不同渗透系数比情形下修复剂的迁移过程示意图

图 8-4 为背景介质为砾石和粗砂时，不同渗透系数比透镜体中修复剂的波及率变化曲线。其中，实心图例曲线为粗砂背景介质，空心图例曲线为砾石背景介质。当渗透系数比为 3、5、7（$R_{bl}<10$）时，背景介质不同时，相近渗透系数比下，修复剂在透镜体中的波及率相差不大；但随着渗透系数比的增大（当 R_{bl} 大于一个数量级时），相近渗透系数比下，背景介质不同时修复剂在透镜体中波及率的差距变大。当渗透系数比为 13 和 15 时，透镜体的介质分别为中砂和细砂，实验结果表明，修复剂在透镜体介质为细砂时波及率达到 100% 所用的时间更少。这说

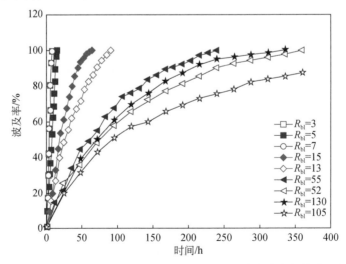

图 8-4 背景介质为砾石和粗砂时，不同渗透系数比透镜体中修复剂的波及率变化曲线

明，修复剂进入透镜体的过程，不但取决于透镜体介质的渗透性，还取决于背景介质的渗透性。这是因为随着渗透系数比的增大，当背景介质为砾石时，介质之间的孔道大，修复剂在大孔道中更容易产生优先流，使修复剂遇到透镜体更容易发生绕流。当背景介质为粗砂时，背景介质的渗透系数减小，介质间的孔道小，修复剂产生优先流的现象减弱。

实验表明，在砾石和粗砂为主的含水层中，当低渗透性透镜体地层的渗透性满足 R_{bl} 为 10^2 数量级时，修复剂可以进入透镜体，污染物得到修复；而在作者进行的其他实验室模拟研究表明，当 R_{bl} 为 10^3 数量级时，修复剂则不能进入透镜体中。

一般认为，透镜体的渗透系数越大，越有利于修复剂的进入，但本研究发现：相近渗透系数比下，在背景介质为砾石的透镜体中，相同时间下修复剂在透镜体中的波及率小于其在背景介质为粗砂的透镜体中的波及率。也就是说，砾石背景下渗透系数较大的透镜体修复剂波及率小于粗砂背景下渗透系数较小的透镜体修复剂的波及率。即在相同 R_{bl} 条件下，背景介质渗透系数越大，越难以进入透镜体地层。

8.2.2　冲洗过程中不同背景介质和渗透系数比下污染物的去除规律

实验采用亮蓝染料代替可混溶的非反应性污染物，首先进行正向的亮蓝染料污染过程。待整个背景介质和透镜体全部被污染（被亮蓝染料波及）后，利用蠕动泵以相同的流速注清水反向冲洗模拟槽，模拟抽取处理技术修复污染含水层。以注入水刚接触染色透镜体边缘为起始点计时，透镜体中染料被完全冲出为终点计时，在相同时间间隔下，在二维模拟槽上对透镜体中染料去除的区域锋面画线记录，用来分析透镜体中污染物的整个去除过程，同时拍摄照片，利用 GMS 软件对图片进行后期处理，计算每个时间段染料从透镜体中去除的面积，研究不同渗透系数比下低渗透性透镜体中污染物的去除规律。

图 8-5 为反向冲洗中背景介质为砾石时，不同渗透系数比情形下污染物的去除过程。当渗透系数比为 3 时，约 13h，透镜体中的污染物被冲洗；而当渗透系数比为 105 时，经过 480h 的反向冲洗，约一半的透镜体面积中尚残留有污染物。渗透系数比越大，透镜体中的污染物越难以去除。

图 8-6 为背景介质为砾石和粗砂时，不同渗透系数比透镜体中污染物冲洗的波及率变化曲线。从图 8-6 中可以看出，当渗透系数比为 3、5、7 时，即渗透系数比在同一个数量级时，背景介质不同，污染物在透镜体中冲洗的波及率相差不大；随着渗透系数比的增大，当渗透系数比大于一个数量级时，相近渗透系数比

下，不同背景介质下污染物在透镜体中冲洗的波及率的差距变大。同样，相近渗透系数比下，在背景介质为砾石的透镜体中，相同时间下污染物在透镜体中冲洗的波及率小于背景介质为粗砂的。即冲洗过程中，透镜体中污染物的去除效果取决于两个方面的因素：首先是渗透系数比越小，越有利于低渗透性透镜体地层中污染物的去除；其次是背景介质的渗透性能，如果背景介质具有很大的渗透系数，则容易发生冲洗地下水的绕流问题，不利于透镜体中污染物的去除。

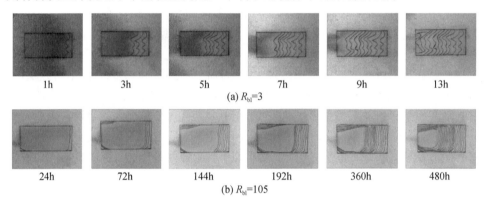

图 8-5　反向冲洗中背景介质为砾石时，不同渗透系数比情形下污染物的去除过程示意图

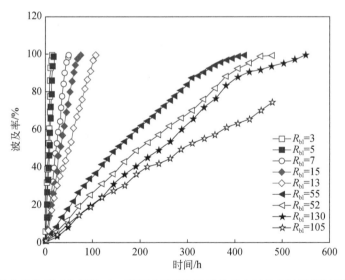

图 8-6　背景介质为砾石和粗砂时，不同渗透系数比透镜体中污染物冲洗的波及率变化曲线

8.2.3　修复剂不同注入方式下的迁移规律

在地下水原位修复中，修复剂可以采用不同的注入方式。研究中采用了在背

景介质中注入和在透镜体中注入两种方式（图 8-7），研究不同注入方式下修复剂的传输规律。两种方式从注入井中脉冲注入一定量的亮蓝染料代替修复剂，对整个过程进行拍照，对砂箱的流出液进行亮蓝浓度分析。

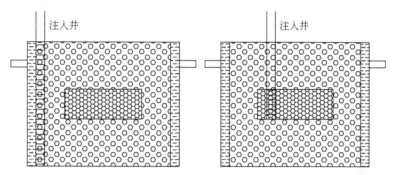

图 8-7　含低渗透性透镜体含水层不同修复剂注入方式示意图

图 8-8 和图 8-9 分别为背景介质中注入和透镜体中注入时修复剂的传输过程，当修复剂通过背景介质注入时，在透镜体周围优先流过，出现明显的绕流现象，非均质含水层中透镜体的存在对修复剂运移具有明显的阻碍作用；修复剂在透镜

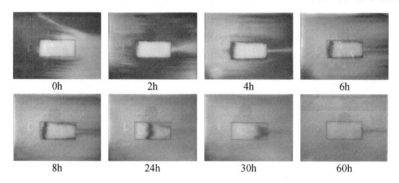

图 8-8　背景介质中注入时修复剂的传输过程照片

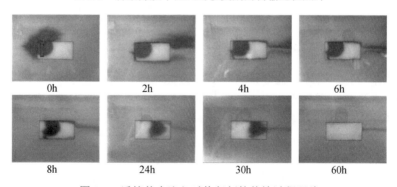

图 8-9　透镜体中注入时修复剂的传输过程照片

体外部（背景含水层）中的波及率较大，而在透镜体内部的波及率较小。当修复剂通过透镜体介质注入时，正好相反，修复剂在透镜体外部的波及率较小，而在透镜体内部的波及率较大（图 8-10、图 8-11）。

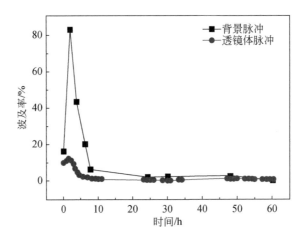

图 8-10　透镜体外部（背景含水层）修复剂的波及率曲线

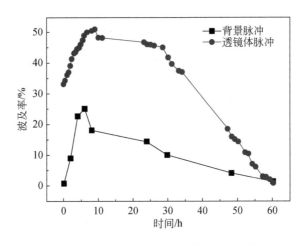

图 8-11　透镜体内部修复剂的波及率曲线

从透镜体介质中注入修复剂，可以有效提高修复剂在低渗透性透镜体中的波及率，提升修复剂在非均质含水层中低渗透区的利用率，改善修复剂在非均质含水层中的绕流现象。

修复剂在背景介质中的迁移速度与地下水的流速相近，而在透镜体中的迁移速度则远小于地下水的流速。渗透系数比 R_{bl}=4 时，透镜体中修复剂迁移时间为 28h；R_{bl}=20 时，迁移时间为 60h；R_{bl}=100 时，迁移时间为 130h。渗透系数比增大，修复剂在透镜体中的迁移所需时间增加。实验发现：修复剂的出水浓度呈现双峰形态，第一次峰值为背景高渗透性介质中迁移的结果，而第二次峰值表明修复剂在低渗透性透镜体中的迁移。随着 R_{bl} 的增大，背景介质和透镜体介质中两次修复剂出水浓度达到最大值的时间间隔变大。

图 8-12 为修复剂从背景介质中注入时的出水浓度曲线，由图可以看出：修复剂浓度第一次峰值较大；渗透系数比越大，修复剂迁移的速度越快，表明修复剂在背景介质中的绕流现象越明显。修复剂浓度第二次峰值较小，渗透系数比越大，修复剂迁移的速度越慢，表明修复剂在低渗透性透镜体中的迁移减弱。

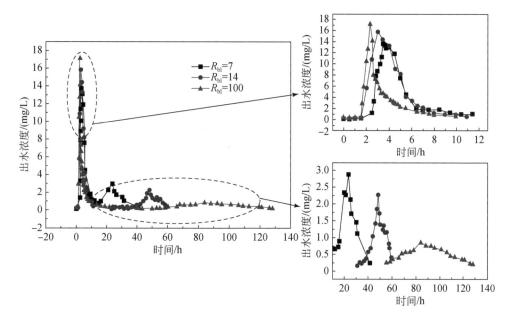

图 8-12　修复剂从背景介质中注入时的出水浓度曲线

渗透系数比分别为 7、14 和 100 时，修复剂第一次峰值浓度相应为 13.8mg/L、15.8mg/L 和 17.2mg/L，渗透系数比越大，峰值浓度越高，达到峰值所需时间减少，表明绕流现象越明显，迁移速度增大，修复剂进入透镜体中的量越小。

渗透系数比分别为 7、14 和 100 时，修复剂第二次的峰值浓度相应为 2.9mg/L、2.3mg/L 和 0.8mg/L，此时，渗透系数比越大，峰值浓度越低，达到峰值所需时间增加，表明修复剂进入透镜体的量减少，在透镜体中的迁移速度减小。

上述研究进一步深化了修复剂在含低渗透性透镜体含水层中迁移规律的认识，对于原位注入修复剂的地下水污染修复而言，非均质地层介质的渗透性必须认真考虑，不同的渗透性地层，其修复剂的迁移规律不同，从而导致原位修复效果的不同。地下水污染修复的难点是低渗透性地层中污染物的去除。

第9章 地下水污染抽取-处理的拖尾和反弹及强化修复

9.1 概　述

地下水污染的抽取-处理方法就是采用先抽取已污染的地下水,然后在地表进行处理的方法。对于污染初期或污染源带地下水的污染具有重要的作用,特别是对于污染突发事故的应急处理,具有很好的效果。抽取-处理方法适用的污染物范围较广,包括许多有机和重金属等污染物,特别是对于溶解度较大的污染物,抽取-处理的效果更好。

地下水污染不仅仅是水的污染,还包括含水介质的污染,因此抽取污染地下水需要研究污染物从含水层介质向地下水中的相态转移问题。通过不断地抽取污染地下水,使污染羽的范围和污染程度逐渐减小,并使含水层介质中的污染物通过向水中转化而得到清除。

9.2 抽取-处理过程中污染物浓度的拖尾和反弹效应

图9-1为地下水污染抽取-处理过程中污染物浓度的拖尾效应,其中:C为抽取井污染物浓度,C_0为污染物初始浓度,t为时间。图中实线代表抽取过程中地下水中污染物浓度降低的理论曲线,随着抽水的进行,污染物浓度急剧降低,很快达到修复的目标浓度,甚至更低。

实际抽水过程中的浓度变化曲线则比较复杂,受含水层介质的渗透性和非均质性影响,此外污染源带污染物的泄漏量也会影响曲线的形状。图9-1中实际抽水污染物浓度曲线 1 为含水层介质解吸附作用的结果,在抽取过程中,污染地下水中的浓度逐渐下降,打破了原有含水层中污染物的固-液吸附平衡,使吸附在介质上的污染物发生向水相中的转移,因此地下水中污染物的浓度比理论情形下降慢一些。含水层介质颗粒越细,渗透系数越小,地下水中污染物浓度的降低曲线越平缓,如细砂、粉砂介质;而含水层介质的渗透系数越大,其污染物浓度降低曲线越陡,向理论曲线方向位移。这是因为细颗粒地层具有很大的污染物吸附容量,其解吸附作用较大,向地下水中释放污染物的过程缓慢,所以在抽取过程中不断有吸附的污染物进入地下水中；而粗地层介质的吸附能力较弱，污染物的解吸附量较小，浓度曲线的形态更接近理论曲线，如砾石、粗砂含水层介质。

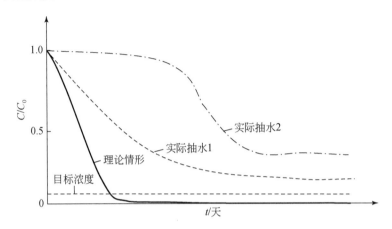

图 9-1　地下水污染抽取-处理过程中污染物浓度的拖尾效应示意图

图 9-1 中实际抽水污染物浓度曲线 2 与曲线 1 的变化规律不同，呈现反"S"形状。其开始抽水阶段污染物浓度下降缓慢，这是由于污染源带污染物的负荷较大，或存在 NAPL 自由相的原因。

随着污染地下水抽取的进行，污染物浓度经历了快速下降阶段，进入缓慢下降或浓度波动阶段，被称为地下水污染物的拖尾阶段，污染物的去除效率下降。之所以发生污染物浓度的拖尾，表明抽出的污染物质量与从含水层介质中释放出的污染物质量达到了动态平衡。此时，固-液相的解吸作用成为控制抽取-处理效果的限速步骤，特别是在非均质含水层中，污染物从低渗透性地层向高渗透性地层中的反向扩散尤为重要，此时盲目加大抽水量等措施并不能提升地下水污染的修复效果和加快修复进程，美国国家环境保护局过去的经验已经充分证明了这一结论。

反弹效应是指在抽取过程中断后所出现地下水中污染物浓度快速上升的现象。由于吸附在含水层介质中的污染物解吸附过程比较缓慢（特别是低渗透性地层），地下水停抽后，污染物会不断缓慢释放进入地下水中，导致水中污染物浓度升高。拖尾和反弹现象的出现主要是由于吸附在含水层介质中的污染物缓慢释放、低渗透性地层中污染物反向扩散等过程的影响，污染物的反向扩散、固-液相的解吸作用成为控制抽取-处理效果的关键因素。

9.3 抽取-处理拖尾和反弹实例研究

9.3.1 污染场地概况

某农药厂原厂址地块位于长江三角洲冲积平原，地形以平原为主，自东北向西南略呈倾斜。农药厂场地占地面积约 5.9 万 m²，运行 26 年后停产搬迁。厂区北面、西面和南面有河流环绕。研究区属气候湿润区，雨水丰沛。年平均气温为15.5℃，年平均降水量为 1017mm，最大降水量为 1564mm。

1. 地层岩性

污染场地地层为第四系冲湖积相沉积物，自上而下浅层地层岩性分别如下。

第一层：杂填土（人工填土），松散，含植物根茎，主要为粉质黏性土，厚度为 0.6~2.8m。

第二层：粉质黏土、淤泥质粉质黏土，夹粉土，厚度为 2.2~4.2m。

第三层：粉土，局部夹黏性土薄层，厚度为 1.2~3.3m。

第四层：淤泥质粉质黏土，夹少量粉土薄层，厚度为 7.2~8.5m。

抽取-处理试验位置的地层岩性如表 9-1 所示。

表 9-1 试验区勘探孔地层岩性一览表

深度/m	地层岩性	渗透系数/(cm/s)
0~1.5	杂填土	8×10^{-3}
1.5~4.2	黏质粉土	1.0×10^{-4}
4.2~7.2	粉砂	1.0×10^{-3}
7.2~8.2	粉质黏土	8.57×10^{-7}
8.2~10.5	淤泥质粉质黏土	1.33×10^{-6}

2. 水文地质条件

污染场地浅层含水层的主要岩性为粉砂和粉土，渗透系数较小，呈现层状非均质。含水层的厚度为 5.4~8.1m，由东向西含水层厚度有所减小。表层为杂填土层，由于该层土质比较松散，浅层地下水受降水的影响明显，天然地下水位变幅为 1m 左右。地下水的水力梯度为 2‰~6‰，地下水流速非常缓慢。

3. 地下水中特征污染物

根据场地的污染调查，研究区土壤中的超标污染物有苯、1,2-二氯乙烷、甲醛、邻苯二胺和草甘膦。地下水中的超标污染物包括苯、甲苯、1,2-二氯乙烷、草甘膦、邻苯二胺等。表 9-2 为污染场地地下水中污染物的理化性质一览表，从表中可以看出，场地的污染物比较复杂，既有 LNAPL 又有 DNAPL，属于复合污染。

表 9-2 污染场地地下水中污染物的理化性质一览表

名称	分子式		沸点/℃	水中溶解度/(g/L)	密度/(g/cm³)
苯	C_6H_6		80.1	1.7	0.88
甲苯	C_7H_8		110.6	0.5	0.87
1,2-二氯乙烷	$C_2H_4Cl_2$		83	7.9	1.25
草甘膦	$C_3H_8NO_5P$		465.8	12	1.74
邻苯二胺	$C_6H_8N_2$		258	<1	1.27

9.3.2 抽取-处理试验设计

1. 试验目的和内容

研究污染地下水抽取-处理的可行性，定量评估污染物的拖尾效应和反弹效应，确定相关参数和抽水井布局，具体研究内容：①抽取-处理的拖尾和反弹效应研究；②污染地下水抽取-处理效果评估；③场地污染地下水抽取参数的优化。

2. 试验过程和步骤

图 9-2 为试验井布置及地下水位等值线图，其中，ZW1 为抽水井，GW1～GW3 为观测井。表 9-3 为抽水试验钻孔地层岩性和深度，其中，含水层厚度为 5.7～5.9m，包括有约 3m 厚的粉砂层，其余为黏质粉土。

试验前进行地下水位和水质监测分析，监测分析数据可作为试验前的初始资料，用于分析对比。水质分析指标包括：温度、pH、氧化还原电位（ORP）、电导率、苯、甲苯、1,2-二氯乙烷、草甘膦、邻苯二胺、氯乙烯、甲醛等。

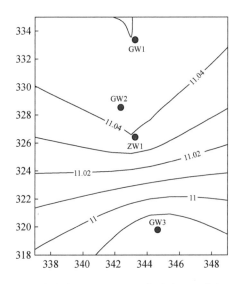

图 9-2 试验井布置及地下水位等值线图（单位：m）

横、纵坐标均为距离，单位均为 m，本章下同

表 9-3 抽水试验钻孔地层岩性和深度表

钻孔	深度/m			
	杂填土	黏质粉土	粉砂	粉质黏土
ZW1	0～1.4	1.4～4.3	4.3～7.1	>7.1
GW1	0～1.4	1.4～4.2	4.2～7.3	>7.3
GW2	0～1.6	1.6～4.3	4.3～7.3	>7.3
GW3	0～1.5	1.5～4.3	4.3～7.3	>7.3

1）抽水流量的确定

设计两个阶段的污染地下水抽取试验，由于含水层介质较细，所以设计抽取量相对较小。第一阶段抽水流量（Q_1）为 50L/h，第二阶段流量（Q_2）为 100L/h。

2）试验过程和步骤

（1）抽水井以设计的小流量（Q_1）进行抽水，实时观测抽水量以及抽水井、观测井的水位。试验开始测初始水位，然后间隔一定时间观测水位，开始观测频率为几分钟、几十分钟一次，逐渐过渡到 1h 一次，几小时一次。同时，在井中设置自动水位记录仪（Diver）进行地下水位的连续观测。

（2）进行地下水水质取样，并进行记录。现场水质分析指标包括温度（气温和地下水温度）、pH、ORP、电导率；实验室取样分析指标包括苯、甲苯、草甘膦、1,2-二氯乙烷、邻苯二胺、氯乙烯、甲醛等。

（3）当抽取井中污染物浓度达到拖尾并持续一定时间后，停止抽水。停止抽水前需要观测地下水位和水质取样，同时对几个观测井也要进行水质取样。

（4）地下水位恢复试验。停止抽水后，记录地下水位随时间的变化，开始时观测频率大一些，后期时间间隔可增大。对抽水井进行水质取样分析，时间间隔可参考抽取过程。

（5）待地下水位恢复到（或接近）初始埋深时，再次对抽水井和几个观测井进行地下水取样分析。

（6）抽水井以较大流量（Q_2）进行抽水，实时观测抽水井、观测井的水位。重复步骤（2）～（5）。

9.3.3　第一阶段抽取试验

1. 地下水位变化过程

第一阶段小流量（Q_1）抽水进行了 217h，共抽取了 10.35m³ 的污染地下水。通过实际地下水位观测，在 48L/h 抽水量的情形下，地下水位稳定后的影响半径为 5～6m。图 9-3 为抽取井（ZW1）与观测井（GW1～GW3）中水位变化曲线。由图中可以看出，抽水过程中，抽取井地下水位最大降深约为 2.5m；观测井距抽水井由近及远（2.3～7m），最大水位降深分别为 0.25m、0.21m 和 0.2m。

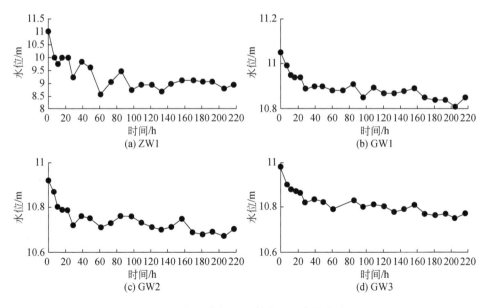

图 9-3　抽水井与观测井中水位变化曲线

地下水抽取 217h 后停止抽水，进行地下水位恢复观测。图 9-4 为停止抽水后抽水井与观测井中水位变化曲线。抽水井水位曲线变化表明：停止抽水后 5h 内水位恢复较快，水位上升了近 2m。随后的 90h 内，地下水位上升缓慢，逐渐接近抽水井的初始水位（11.04m）。由于污染场地在停止抽水后 96h 和 120h 分别有降雨，地表回填土渗透系数较大，使得地下水位接受补给而抬升。在 113h 地下水位基本恢复达到抽水前初始水位。后续由于降雨的原因，地下水位逐渐上升，高于抽水前的初始水位。从观测井 GW1、GW2 和 GW3 的水位恢复曲线可以看出，前 10h 都呈现水位快速上升，而后缓慢上升，分别于 118h、113h 和 119h 后恢复达到初始水位。距离抽水井近的观测井其水位恢复稍快一些。

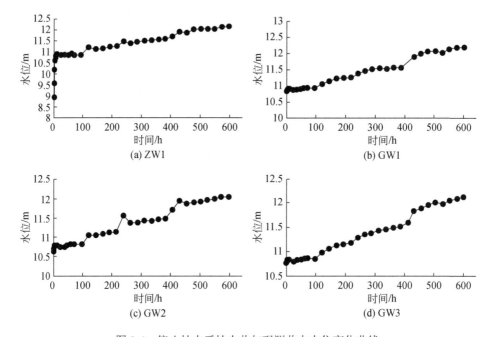

(a) ZW1 (b) GW1 (c) GW2 (d) GW3

图 9-4　停止抽水后抽水井与观测井中水位变化曲线

2. 含水层渗透系数计算

利用抽水试验观测井地下水位资料，可进行稳定流求参，含水层渗透系数和影响半径可根据裘布依（Dupuit）公式进行计算：

$$K = \frac{Q}{\pi\left(H^2 - h^2\right)}\ln\frac{R}{r} \tag{9-1}$$

$$H^2 - h^2 = (2H - s) \tag{9-2}$$

$$R = 2s\sqrt{KH} \tag{9-3}$$

式中，K 为含水层渗透系数（m/d）；Q 为抽水量（m³/d）；H 为天然情况下潜水含水层厚度（m）；h 为潜水含水层抽水后的厚度（m）；R 为抽水影响半径（m）；r 为抽水井半径（m）；s 为抽水井降深（m）。

已知抽水井的半径为 0.1m，初始含水层厚度为 4.43m，抽水量为 1.16 m³/d，可以在不同降深和影响半径下进行计算，如表 9-4 所示。其中，情形 3 中的影响半径观测值和计算值最为接近，所以取情形 3 计算所得的渗透系数 0.23m/d（2.6×10^{-4} cm/s）作为含水层的渗透系数。

表 9-4　含水层渗透系数和影响半径参数计算结果表

情形	s/m	$R_{观测}$/m	$K_{计算}$/(m/d)	$R_{计算}$/m
1	2.14	5	0.22	4.2
2	2.14	6	0.23	4.3
3	2.5	5	0.23	5.0
4	2.5	6	0.24	5.1

3. 抽取-处理过程中污染物的去除

1）抽取-处理前后地下水中污染物空间变化规律

抽取-处理前对研究区地下水进行了两次取样分析（间隔 3 天），分析结果见表 9-5。按照《地下水质量标准》（GB/T 14848—2017）的Ⅳ类水作为污染地下水的修复目标，由表可知，地下水中苯、甲苯和 1,2-二氯乙烷普遍超过修复目标，最大超标倍数分别为 1952 倍、64 倍和 1916 倍，甲醛有不同程度的检出。地下水的水温在 20～21℃，pH 呈中性，处于还原环境。

表 9-5　抽取井和观测井水质分析结果表

井号	取样时间	水温/℃	pH	电导率/(mS/cm)	ORP/mV	草甘膦/(mg/L)	甲醛/(mg/L)	邻苯二胺/(mg/L)	氯乙烯/(mg/L)	苯/(mg/L)	甲苯/(mg/L)	1,2二氯乙烷/(mg/L)
ZW1	第一次	21.0	6.94	8.84	-168	ND	ND	ND	ND	24.17	18.45	62.91
	第二次	21.0	6.97	9.89	-172	ND	ND	ND	ND	23.16	19.45	66.96
GW1	第一次	21.0	6.52	7.94	-182	ND	0.1	ND	ND	12.28	19.01	0.30
	第二次	20.5	6.24	7.78	-181	ND	0.1	ND	ND	11.80	19.79	0.32
GW2	第一次	21.3	6.56	3.15	-89	ND	ND	ND	ND	201.84	88.47	76.64
	第二次	21.2	6.52	4.35	-97	ND	ND	ND	ND	234.33	89.87	74.24
GW3	第一次	20.8	6.64	8.84	-73	ND	ND	ND	ND	0.11	4.43	0.17
	第二次	20.4	6.54	10.34	-83	ND	ND	ND	ND	0.13	4.34	0.19
修复目标	—	—	—	—	—	1.4	0.9	未定	0.09	0.12	1.4	0.04

注：ND 为未检出。

利用抽取-处理前和抽取后（217h）地下水的水质监测资料，进行了分析对比，图 9-5～图 9-7 分别为地下水中苯、甲苯和1,2-二氯乙烷浓度空间分布的对比图。抽取-处理前地下水中苯、甲苯和 1,2-二氯乙烷的最高浓度分别为 201.8mg/L、88.5mg/L 和 76.6mg/L，处理后最高浓度分别为 0.99mg/L、21.4mg/L 和 37.0mg/L，去除率分别达到 99.5%、75.8%和 51.7%。

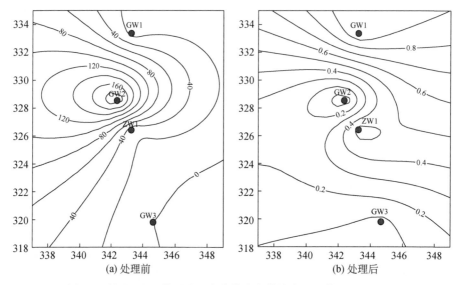

图 9-5　抽取-处理前后地下水中苯浓度等值线图（单位：mg/L）

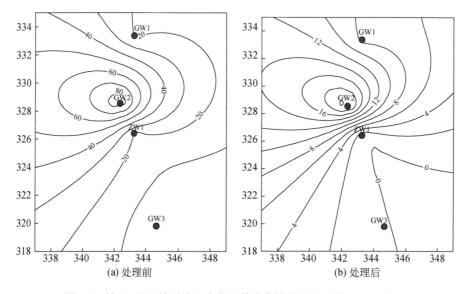

图 9-6　抽取-处理前后地下水中甲苯浓度等值线图（单位：mg/L）

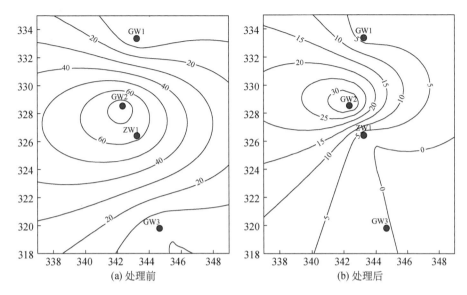

图 9-7　抽取-处理前后地下水中 1,2-二氯乙烷浓度等值线图（单位：mg/L）

2）抽取-处理过程中抽水井中污染物浓度的衰减规律

抽取井中污染物苯、甲苯和 1,2-二氯乙烷浓度的变化如图 9-8～图 9-10 所示。由图中可以看出，开始抽水时地下水中污染物浓度较高，苯、甲苯和 1,2-二氯乙烷的峰值浓度分别为 107.5mg/L、17.2mg/L 和 48.8mg/L。随着抽水的不断进行，污染物浓度逐渐衰减。

对抽取井地下水中的苯、甲苯和 1,2-二氯乙烷浓度随时间衰减规律进行曲线拟合分析（图 9-8～图 9-10）拟合方程均符合指数衰减。其中，苯的衰减速率较大，甲苯与 1,2-二氯乙烷浓度的衰减类似。

表 9-6 为抽取井地下水中污染物的去除情况，由表可知，抽取处理可以使污染物浓度极大的降低，降低率达到 99%以上，地下水中甲苯的浓度低于修复目标浓度。

表 9-6　抽取井地下水中污染物去除情况表

污染物	最高浓度 /(mg/L)	停止抽水时浓度 /(mg/L)	降低率/%	修复目标 /(mg/L)
苯	107.5	0.55	99.49	0.12
甲苯	17.2	0.06	99.65	1.4
1,2-二氯乙烷	48.8	0.30	99.39	0.04

从抽取井地下水中 pH、电导率、ORP 和温度的监测分析可知，地下水中的

pH 平均值约 7.2，变化不太明显；电导率在抽水过程中略有下降（0～217h），停止抽水后由于降雨补给作用，电导率下降明显；地下水中 ORP 在抽取过程中有所下降；地下水温度变化大多在 15～20℃。

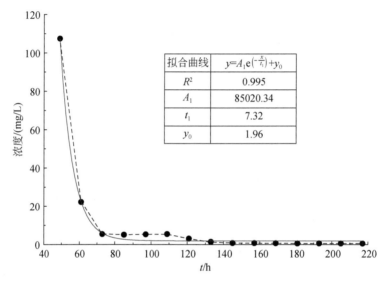

拟合曲线	$y=A_1\mathrm{e}^{\left(-\frac{x}{t_1}\right)}+y_0$
R^2	0.995
A_1	85020.34
t_1	7.32
y_0	1.96

图 9-8　地下水中苯污染物浓度的衰减规律图

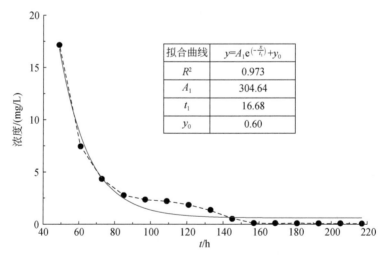

拟合曲线	$y=A_1\mathrm{e}^{\left(-\frac{x}{t_1}\right)}+y_0$
R^2	0.973
A_1	304.64
t_1	16.68
y_0	0.60

图 9-9　地下水中甲苯污染物浓度的衰减规律图

3）抽取-处理修复的拖尾和反弹效应

污染地下水抽取开始后，抽水井中污染物浓度下降很快（图 9-11～图 9-13），抽水进行 80h 左右，污染物浓度降低速度变缓，进入拖尾阶段；进行到约 140h，

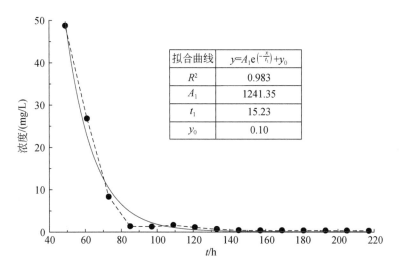

拟合曲线	$y=A_1\mathrm{e}^{\left(-\frac{x}{t_1}\right)}+y_0$
R^2	0.983
A_1	1241.35
t_1	15.23
y_0	0.10

图 9-10　地下水中 1,2-二氯乙烷污染物浓度的衰减规律图

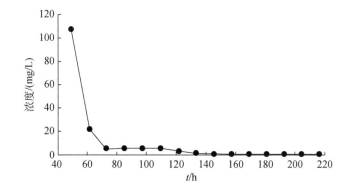

图 9-11　地下水中苯污染浓度的拖尾曲线

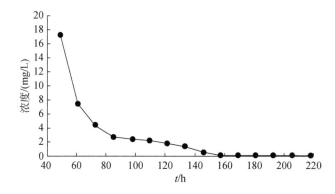

图 9-12　地下水中甲苯污染浓度的拖尾曲线

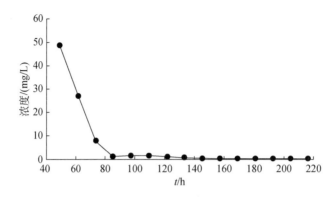

图 9-13　地下水中 1,2-二氯乙烷污染浓度的拖尾曲线

浓度进一步降低。不同的污染物其拖尾浓度有所不同，其中苯的拖尾浓度为 0.6mg/L、甲苯为 0.1mg/L、1,2-二氯乙烷为 0.4mg/L。

　　抽取-处理进入污染物衰减拖尾阶段后，地下水中污染物浓度不再显著降低，而是在拖尾浓度上下波动，抽取-处理效率变差，此时抽取的污染物质量取决于含水层介质中污染物的固-液相态间的转化速率，其成为污染修复的限速步骤。

　　抽取-处理的拖尾阶段持续了 60～100h，然后停止抽水。本次研究中，地下水污染物反弹的时间持续了 600h（25 天），研究污染物停止抽水后浓度的反弹效应。图 9-14 为停止抽水后，抽水井地下水中苯、甲苯和 1,2-二氯乙烷浓度的反弹曲线。地下水中污染物浓度的反弹开始比较缓慢，其中苯和甲苯停止抽水 100～250h 浓度回升较快，浓度到达最大值后一直保持稳定（历经 350h）；而 1,2-二氯乙烷的浓度开始回升不明显，200h 后，其浓度快速升高，并很快达到稳定。

　　在污染含水层中，由于存在污染物的固-液相态间的转化，在抽水过程中，污染物在含水层介质（固）和地下水（液）不同相态中呈现"动态平衡"。当停止抽水后，水动力场的改变导致这种动态平衡破坏，被含水层介质吸附、阻滞的污染物逐渐进入地下水中，可导致污染物浓度的升高，呈现地下水中污染物浓度的反弹。由图 9-14 可以看出，地下水中污染物浓度反弹曲线呈现"S"形分布，经历了初始浓度升高缓慢，然后快速升高，最后浓度变化平缓 3 个阶段。停止抽水后 300h（12.5 天）左右地下水中污染物浓度基本达到稳定。

　　如果以抽取过程中污染物拖尾平均浓度和反弹后污染物平均浓度进行分析对比，则可能更为准确、合理地描述污染物的反弹情形。表 9-7 为以相对稳定后的平均浓度计算出不同污染物的反弹倍数。不同污染物的反弹倍数不同，相差可达两个数量级。反弹倍数越大，达到稳定反弹浓度的时间越长，如苯反弹浓度稳定的时间约为停止抽水后 270h，甲苯的浓度稳定时间为 350h。因此，地下水污染的抽取-处理进入拖尾阶段时，污染物从含水层介质进入地下水中的速率非常小，所以去除污染物需要很长的时间。而且，一旦停止抽水，地下水中污染物浓度又会反弹升高，可能会超出预期的修复目标值。所以在应用抽取-处理修复污染地下水时，需要高度关注停止抽水后的污染物浓度反弹。

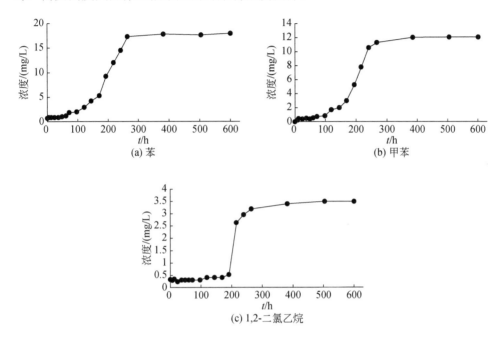

图 9-14　地下水中污染物浓度反弹曲线

表 9-7　第一阶段抽取试验停止抽水后地下水中污染物浓度的反弹情况表

污染物	拖尾平均浓度/(mg/L)	反弹后平均浓度/(mg/L)	反弹倍数/倍
苯	0.6	18	30
甲苯	0.1	12	120
1,2-二氯乙烷	0.4	3.5	8.75

图 9-15 为抽取-处理过程中不同污染物每天去除量的变化曲线，其变化规律与污染物浓度变化相似。抽取地下水浓度为峰值时，污染物的去除量也最大，苯、甲苯和 1,2-二氯乙烷的去除量分别为每天 62g、12g 和 38g。随着抽取进入拖尾阶段，污染物每天的去除量大幅降低，拖尾后地下水中污染物的去除十分缓慢。

表 9-8 为抽取-处理过程中不同阶段污染物的平均去除速率，在抽取初期污染物浓度显著下降阶段，污染物的去除速率较大，3 种污染物的去除速率为 5~20g/d；而在拖尾阶段，污染物的去除速率仅为 0.1~0.9g/d，拖尾去除比为拖尾阶段污染物的去除速率与显著下降阶段污染物去除速率的比值，证明在拖尾阶段污染物的

去除速率仅仅为开始阶段的 2%～4%，去除效率非常低下。

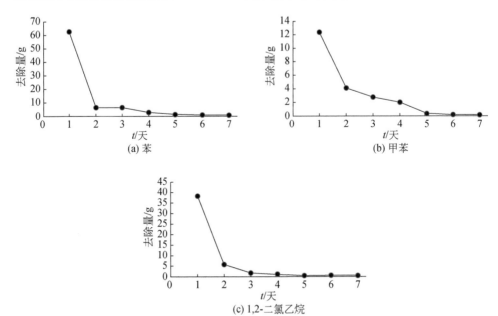

图 9-15　不同污染物每天去除量的变化曲线

表 9-8　第一阶段抽取试验抽取–处理过程中不同阶段污染物的平均去除速率表

污染物	显著下降阶段平均去除速率 /(g/d)	拖尾阶段平均去除速率 /(g/d)	拖尾去除比/%
苯	19.59	0.87	4.4
甲苯	5.34	0.12	2.2
1,2-二氯乙烷	11.79	0.5	4.2

通过对停泵后污染物浓度反弹资料的分析计算，抽取井地下水中苯、甲苯和 1,2-二氯乙烷污染物浓度的反弹升高速率分别为 1.1mg/d、0.7mg/d 和 0.2mg/d。

9.3.4　第二阶段抽取试验

为了进一步确定地下水抽取–处理的有关参数，进行了增大流量第二阶段的抽水试验。以 Q_2（平均为 88L/h）流量进行抽水，抽取进行了 216h，共抽取了约 19m³ 的污染地下水。通过实际地下水位观测，在 92L/h 抽水量的情形下，从观测井 GW1、GW2 和 GW3 的水位变化可知，地下水位稳定后的影响半径并未显著增大（仍为 5m），而表现为抽水井中的水位降深增加，抽水井的地下水位降深稳定在 5m 左右。

1. 抽取-处理过程中污染物的去除

1）地下水中污染物的浓度变化

第一阶段抽取-处理试验停泵后，地下水中苯、甲苯和 1,2-二氯乙烷的反弹浓度分别为 18mg/L、12mg/L 和 3.5mg/L，以此浓度为第二阶段抽取-处理时地下水中污染物的初始浓度值。

图 9-16～图 9-18 分别为第二阶段抽取-处理及停泵后地下水中苯、甲苯和 1,2-二氯乙烷浓度的变化曲线。抽取持续进行了 216h，地下水中苯、甲苯和 1,2-二氯乙烷浓度达到地下水质量Ⅳ类水标准的修复时间分别为 96h、36h 和 120h。随着抽取的进行，地下水中污染物浓度不断降低，其中甲苯和 1,2-二氯乙烷浓度降低

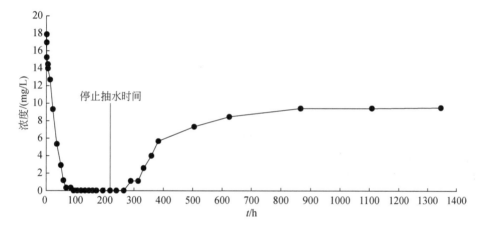

图 9-16　地下水中苯浓度变化曲线

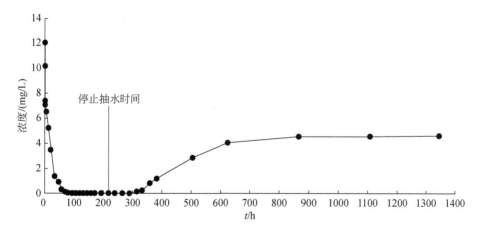

图 9-17　地下水中甲苯浓度变化曲线

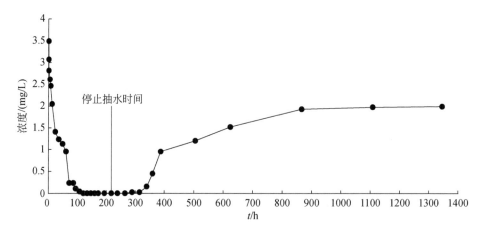

图 9-18 地下水中 1,2-二氯乙烷浓度变化曲线

到检测限以下。停止抽水后，地下水浓度观测持续了1128h，研究停泵后地下水中污染物的反弹效应。

从图 9-16~图 9-18 中可以看出：停止抽水后，地下水中污染物浓度逐渐升高，不同污染物其反弹的速率亦不同，地下水中苯、甲苯和1,2-二氯乙烷浓度升高达到Ⅳ类水标准的时间约为 48h、168h 和 96h。

2）抽取-处理过程中抽水井中污染物质量的去除

利用抽水井中随时间变化的抽取水量和对应的污染物浓度动态数据，可以计算出抽取-处理过程中抽水井去除的污染物质量。图 9-19 为抽取-处理过程中 3 种污染物去除量随时间的变化和拟合曲线。

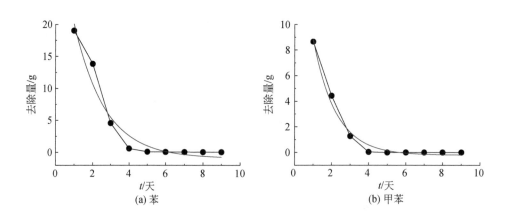

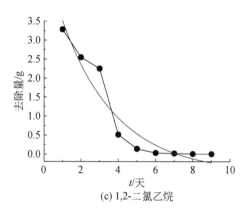

图 9-19　抽取过程中污染物去除量随时间的变化及拟合曲线

曲线拟合表明，3 种污染物的质量去除规律符合指数衰减方程：

$$Y = y_0 + A_1 e^{-\frac{X - x_0}{t_1}} \tag{9-4}$$

式中，X 和 Y 分别代表抽水时间和去除的污染物质量；其他均为拟合常数，3 种污染物拟合方程的参数见表 9-9。可据此衰减方程预测不同污染物随时间变化的去除作用。

表 9-9　污染物质量衰减方程拟合参数表

污染物	y_0	x_0	A_1	t_1	R^2
苯	−0.933	1.080	20.054	1.684	0.930
甲苯	−0.207	1.025	8.848	1.238	0.980
1,2-二氯乙烷	−0.499	1.275	3.654	1.786	0.879

表 9-10 为第二阶段抽取试验抽取-处理过程中不同阶段污染物的平均去除速率，在抽取初期的污染物浓度显著下降阶段，污染物去除速率较大一些，为 2.2～9.5g/d，但与 Q_1 抽水相比，已经显著降低，污染物去除速率减小 1.5～5 倍，表明随着抽取-处理的进行，污染物去除效率越来越低。而在拖尾阶段，污染物去除速率则更小，仅为 0.02～0.05g/d，对于甲苯的去除速率则为零。

表 9-10　第二阶段抽取试验抽取-处理过程中不同阶段污染物的平均去除速率表

污染物	显著下降阶段平均去除速率/(g/d)	拖尾阶段平均去除速率/(g/d)	拖尾去除比/%
苯	9.5	0.05	0.5
甲苯	3.6	0	0
1,2-二氯乙烷	2.2	0.02	1

2. 停止抽水后抽水井中污染物浓度的反弹效应

对不同污染物停止抽水后的浓度进行无量纲化处理，如图 9-20 所示。其中，C/C_t 为停止抽水后地下水中污染物浓度与停止抽水时刻污染物浓度的比值，它体现了污染物浓度反弹的倍数。由图可以看出，停止抽水后 600h（25 天）左右地下水中污染物浓度基本达到稳定。与第一阶段抽取-处理相比，第二阶段抽水停止后，"S"形曲线中缓慢升高的阶段历时较短，地下水中污染物浓度停止抽水后逐渐升高，快速升高的阶段较长。

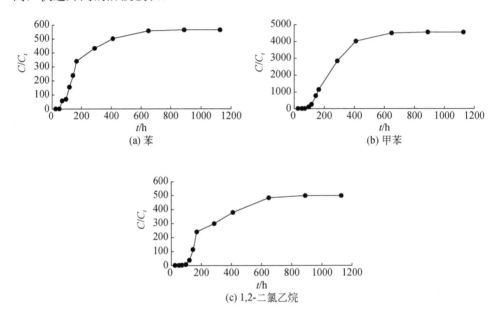

图 9-20　停止抽水后地下水中污染物浓度反弹曲线

表 9-11 为以抽取过程中污染物拖尾的平均浓度和反弹后污染物的平均浓度计算出的浓度反弹倍数，与图 9-20 中的反弹倍数有所不同。其中，苯、甲苯和 1,2-二氯乙烷的反弹倍数都比较大，分别为 317 倍、4600 倍和 200 倍。与第一阶段抽取试验 3 种污染物的反弹倍数（30 倍、120 倍和 8.75 倍）相比，增加了 1～2 个数量级。这是因为第二阶段抽取试验是在第一阶段抽取试验结束后进行的，其初始污染物浓度已经降低。第二阶段抽取试验具有更低的污染物拖尾浓度，所以其反弹后污染物浓度尽管仍比第一阶段的反弹浓度有所降低，但浓度反弹的倍数增大。试验研究表明，尽管在抽取-处理修复过程中，污染物浓度会有很大的降低，有的甚至降低到修复目标以下，但停止抽水后，地下水中污染物浓度还会升高，甚至远超过修复目标。

表 9-11　第二阶段抽取试验停止抽水后地下水中污染物浓度的反弹情况表

污染物	拖尾平均浓度/(mg/L)	反弹后平均浓度/(mg/L)	反弹倍数/倍
苯	0.03	9.5	317
甲苯	0.001	4.6	4600
1,2-二氯乙烷	0.01	2.0	200

9.3.5　不同流量抽取-处理下抽取井中污染物的去除

通过两阶段不同流量（Q_1 和 Q_2）的抽取-处理试验对比分析，表明抽取进行一段时间后，污染物的去除率很高，达到 99% 以上。第二阶段地下水中污染物浓度甚至可以达到地下水质量Ⅳ类水的标准，其中甲苯和 1,2-二氯乙烷浓度降低到检测限以下。但是抽取-处理修复地下水中污染物的反弹作用不容忽视，尽管本次试验污染地下水的抽取量很小，但是仍能发现抽取-处理修复的效果受污染物在含水层固-液相转移的限制。在拖尾阶段污染物的修复效率非常差，污染物的反弹作用非常明显。因此，不能仅以拖尾阶段地下水中污染物浓度计算污染物的去除率和评价修复效果，而应该以反弹后地下水中污染物基本达到稳定时的浓度进行评估，根据后者计算的地下水中污染物的去除率有很大的降低（表 9-12）。由表 9-12 还可以看出，随着抽取-处理的进行，污染物的去除率基本上越来越低。

表 9-12　两次抽水污染物的去除率表

抽取-处理阶段	污染物	最大浓度/(mg/L)	反弹后平均浓度/(mg/L)	去除率/%
第一阶段（Q_1）	苯	107.5	18	83.3
	甲苯	17.2	12	30.2
	1,2-二氯乙烷	48.8	3.5	92.8
第二阶段（Q_2）	苯	18	9.5	47.2
	甲苯	12	4.6	61.7
	1,2-二氯乙烷	3.5	2.0	42.9

9.3.6　抽取-处理相关参数的确定

1）抽水井井间距的确定

在已污染地下水的区域采用网格状的布井方式，井间距的确定需要根据含水层的岩性特征进行调整。如果在含水层为黏质粉土和粉砂的区域，采用 10m 的井间距，如果含水层岩性为黏质粉土，则采用 5～6m 的井间距。

2）单井抽水量确定

当污染含水层岩性为黏质粉土和粉砂互层时，抽水量为90L/h；当污染含水层岩性为黏质粉土时，抽水量为35L/h。在降雨时期，由于地面入渗的影响，可以适当增大单井抽取量。

3）抽水模式的确定

模式一：修复效率优先，兼顾修复时间情形。在抽取浓度降低到初始浓度的一定程度时，停止抽水，待浓度升高一定程度后，再启动抽水。具体为抽取 24h，停止抽水 24h；然后继续抽取 24h，停止抽水 24h。后期需要缩短抽取时间，延长停止抽水时间。

模式二：修复时间优先，兼顾修复效率情形。抽取一直进行，当地下水中污染物浓度达到拖尾时，停止抽水，待地下水中污染物浓度反弹若干倍时，或超过修复目标值时，即可再次启动抽取。具体为抽取 100h，停止抽水，观测地下水中污染物浓度，一般停止抽水 1 天以后，即可再次启动抽取，再次拖尾时停止抽水，以此类推。

9.4　增溶-增流强化技术

作者研究团队依托"水体污染控制与治理"科技重大专项课题：地下水污染阻断及污染物增溶-增流技术研究与示范，研发了表面活性剂强化、黏度调控和密度调控等有机污染物增溶-增流修复技术，可不同程度解决含水层残余饱和态污染物释放速度缓慢，高密度污染物下沉程度严重，以及低渗区污染物难释放等修复瓶颈问题。含水层有机污染物增溶-增流系统如图 9-21 所示。

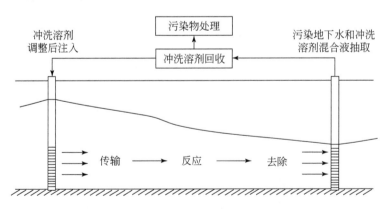

图 9-21　含水层有机污染物增溶-增流系统示意图

1. 表面活性剂强化含水层有机污染物增溶-增流技术

向污染区域注入表面活性剂与助表面活性剂的二元溶液，两种物质的分子可在油水两相间形成混合吸附层，促使油水两相自发形成稳定的微乳体系。微乳粒子能够为污染物提供较表面活性剂胶束更大的增溶空间，同时为油水两相创造超低的界面张力，显著增强 NAPL 污染物的溶解性和流动性，加速其迁出污染区域。醇类助表面活性剂的添加还可有效降低 DNAPL 污染物的密度，避免其向深层含水层扩散，该项技术对含水层残余饱和态污染物有着较强的去除效果。

2. 黏度调控强化有机污染物增溶-增流技术

赋存于低渗区内的 NAPL 污染物难以向地下水中释放，污染修复效率极低，将药剂转变为胶态微泡沫的形式注入含水层可有效解决非均质含水层低渗区污染物释放难的问题。胶态微泡沫具有非牛顿流体的剪切稀化特性，可在高、低渗透性地层间形成层间交叉流，大幅增加药剂的低渗区波及面积，从而有效强化含水层污染修复效果。表面活性剂胶态微泡沫除发挥常规增溶、增流功能外，还可通过泡沫破裂、气体吹脱的形式去除含水层中的挥发性有机物。

3. 密度调控强化有机污染物增溶-增流技术

DNAPL 污染物在迁移过程中易向深层含水层迁移。胶质双液泡沫是将非水溶性轻质有机液体包覆在表面活性剂分子内部的一种液体泡沫，破乳剂会使泡沫外部的水相皂膜破坏，使内部的轻质有机液体得到释放。先后向 DNAPL 污染区域注入胶质双液泡沫和破乳剂，使轻质有机液体与污染物在含水层原位相结合，能够实现重质污染物的密度反转，从而向上迁移，为污染物的抽出提供便利，同时能有效避免污染范围向深层含水层扩散的风险。

针对不同的含水层污染情况，各项技术综合使用，可形成针对复杂地层条件和污染情形的高效修复集成技术体系，为地下水污染防治提供系统性的解决方案。

9.4.1　药剂配方及制备方法

1. 表面活性剂强化修复药剂

选用阴离子表面活性剂十二烷基硫酸钠和助表面活性剂正丁醇的水溶液作为修复药剂，其中十二烷基硫酸钠浓度为 100～300mol/L，正丁醇添加量为总体积的 10%～30%，药剂投加浓度应视实际污染情况而定。制备冲洗药剂时，需依次将指定量的表面活性剂和醇投加到水中，将药剂搅拌成溶液。

2. 黏度调控药剂

选用阴离子表面活性剂 α-烯基磺酸钠或十二烷基硫酸钠作为胶态微泡沫的制备剂，表面活性剂浓度为 0.25～20 倍临界胶束浓度，药剂投加浓度应视实际污染情况而定。通过高速搅拌溶液的方式不断生成胶态微泡沫，控制装置搅拌转速 4000～7000r/min，搅拌时间 2min 以上。产生的泡沫直径应为 10～100μm，泡沫质量为 60%～90%，泡沫半衰期一般大于 3min。

3. 密度调控药剂

利用正辛烷作为非水溶性轻质有机溶剂，十二烷基硫酸钠作为水相表面活性剂，十二烷基醇聚氧乙烯醚作为油相表面活性剂，均匀搅拌制备双液泡沫，双液泡沫的平均粒径 $d_{50}=3.54μm$，Zeta 电位为−48.9mV，pH 为 6.5～7.2，泡沫密度 $\rho=0.76g/cm^3$，在相比体积（$V_{内部非水溶质}/V_{水相表面活性剂溶液}$）比为 8：1 时，它可提供更高的稳定性，故采取该体积比的泡沫进行污染物的密度调控；采用自行制备的聚合氯化铝溶液作为破乳剂，其碱度值为 2，电荷密度为 0.037mmol/L。破乳剂应用的适合浓度为 0.7g/L（Al），其针对胶质双液泡沫破乳的适合比例为 3：1。

9.4.2 药剂的注入与抽出

1. 修复井参数

根据污染区域的污染情形和水文地质条件，布设注入井和抽出井。每口抽出井应匹配若干口注入井，注入井与抽出井的间距根据污染场地含水层实际条件而定（一般为 3～10m），井群的布设应能覆盖整个地下水污染羽。

2. 药剂注抽条件

采用表面活性剂强化修复技术和黏度调控修复技术时，药剂应带压注入，并同步稳定抽出，注入时应保证管线密封性良好。抽出时应控制抽出井水位在指定范围内波动，水位降落漏斗确保能够覆盖注入的修复药剂。注入流量需根据具体场地地层条件和污染情况确定，总药剂注入量应为修复区域孔隙体积的 5 倍以上。修复工作结束后，至少应向含水层注抽 1.5 倍所注入药剂体积的清水，对修复区域化学药剂进行清洗。最后需确保修复区地下水的表面活性剂残留浓度符合标准。对于密度调控修复技术，则采用先注泡沫后注破乳剂，再进行抽出的方式进行修复工作，破乳剂注入量应为泡沫注入量的 5 倍。修复过程中，需实时观测包括地下水位、水温、pH 在内的多项指标，同时测定地下水中的特征污染物浓度以及药剂含量变化，以便准确评估修复进程。

9.4.3 污染物处理与药剂回收

1. 表面活性剂强化与黏度调控

表面活性剂强化与黏度调控修复技术的污染物处理与药剂回收流程如图 9-22 所示。增溶后抽出的污染地下水包括污染物和药剂，直接或经高温消泡后进入油水分离器，分离出自由相的 NAPL 污染物。水相部分则流经过滤器除泥沙颗粒，随后泵入空气汽提器顶部，通过重力流向出口流动，其中的挥发性有机物与泵入的空气接触被吹脱并吸附在活性炭吸附器内，剩余液体流入表面活性剂缓冲罐。缓冲罐内的抽出液被泵入逆流溶剂萃取器，同样以重力流的方式流动，并与逆流进入的溶剂充分接触，其中的有机污染物和醇类物质被萃取分离。

净化后的表面活性剂溶液进入超滤单元，溶剂相则一部分流入溶剂回收罐，一部分流入溶剂回收装置做进一步净化处理。带有污染物和醇类物质的溶剂通过分馏的方式，依据沸点温度使各组分依次分离，净化的溶剂再次进入溶剂回收罐回用。表面活性剂溶液在超滤单元内浓缩，随后返回表面活性剂储存罐回用。净化后的空气和经超滤装置处理达标的废水直接排出。

2. 密度调控

胶质双液泡沫进行密度调控修复的回收循环系统包括：密度调控完成后的混合液经过油水分离器分离后，分离出的 LNAPL 为正辛烷和污染物的混合物，后续可以采用控制温度的方法对混合 NAPL 相污染物进行蒸馏，从而分离得到正辛烷和 DNAPL 两相，用于工业试剂的回收以及泡沫的制备，分离出的水相可以用于破乳剂聚合氯化铝的回收而循环注入。对于未充分发挥密度调控作用的泡沫，可以继续作为密度调控试剂进行循环注入。

9.5 增溶强化实例研究

研究场地位于华北某化学试剂厂，由于工厂生产过程中化学物质发生跑冒滴漏，土壤和地下水受到了严重污染，污染物主要为氯代烯烃和氯代烷烃。目前，该地块上的建筑已全部拆除。

9.5.1 污染场地地层结构及井点布设

图 9-23 为研究区井的布设，增溶研究区面积为 $112m^2$，该区域潜水含水层介质主要为粉质黏土和粉土，渗透系数为 $10^{-7} \sim 10^{-3}$ cm/s，地下水埋深为 $2.3 \sim 5.4m$，

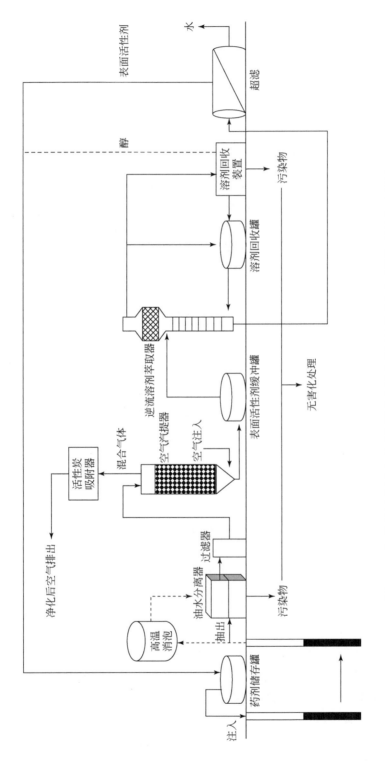

图9-22 表面活性剂强化与黏度调控修复技术的污染物处理与药剂回收流程示意图

水流流向为西北方向。

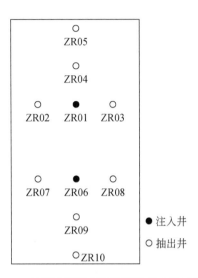

图 9-23　地下水污染增溶研究井的布设示意图

9.5.2　污染场地修复技术方案与运行情况

采用原位微乳增溶-增流修复技术，对示范区域的污染潜水含水层进行修复，在地表配制表面活性剂和助溶剂等物质的多元混合溶液，随后通过药剂注入泵将其注入含水层，使之冲刷污染区域。一方面，药剂在含水层原位与污染物形成微乳液或增溶胶束，增大 NAPL 相物质的解吸和溶出率；另一方面，混合表面活性物质在油水界面形成混合吸附层，为油水两相创造极低的界面张力，增大自由相和残余相污染物的流动能力，协同增大污染物向地下水中的释放速度，以实现污染物的高效去除。

研究区配备注入-抽取一体化装置一套，如图 9-24 所示，供药剂的配制和冲洗液的注入与回收。图 9-25 为示范区全貌，两个试验井群分别选用 100 mol/L SDS+10%（v/v）正丁醇及 2.1%（w/w）Tween80+1.5%（w/w）SDS+8%（w/w）异丙醇+0.2%（w/w）CaCl$_2$ 的药剂溶液开展增溶-增流修复工作。

修复期间，药剂采用间歇性注入的方式，白天注入、夜晚停止，单井注入流量约为 60 L/h，单日注入时长为 10 h，注入过程持续进行了 24 天，两口注入井累计注入药剂 17600 L，ZR01 和 ZR06 两口注入井的药剂注入情况如图 9-26 所示。试验过程中，每小时测定一次地下水位，每次注入结束对地下水进行取样，现场检测样品的电导率、温度和 pH，并送实验室分析地下水中的特征污染物浓度。

图 9-24　注入-抽取一体化装置照片

图 9-25　增溶-增流研究区域照片

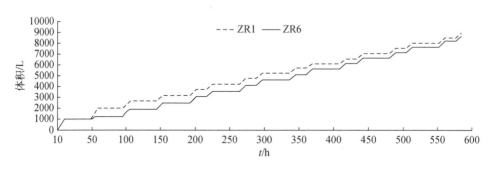

图 9-26　注入井药剂注入体积变化图

图 9-27 为不同注入时间地下水等水位线图，注入进行 7 天（174h）内，地下水位无较大波动，由于药剂注入量较小，水位偶有小幅上升，取样进行抽水后，水位有所下降。174h 后，试验场地西侧进行群孔抽水，各井水位波动较大，抽水停止后水位又缓慢上升。

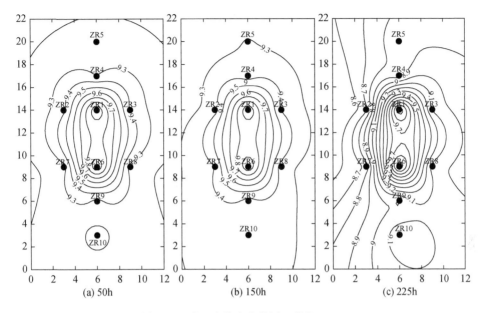

(a) 50h　　　(b) 150h　　　(c) 225h

图 9-27　地下水等水位线图（单位：m）

9.5.3　污染场地修复效果

　　试验过程中部分污染物浓度变化等值线如图 9-28 所示。结果表明，药剂注入前后，包括氯乙烯、1,1-二氯乙烯（1,1-DCE）、三氯乙烯（TCE）、1,1-二氯乙烷（1,1-DCA）和顺-1,2-二氯乙烯（cis-1,2-DCE）在内的多种污染物溶出浓度均有不同程度的提升，但从试验进行 7 天（174h）开始，由于示范场地西侧进行群孔抽水，地下水中污染物浓度开始降低。选择试验前地下水中污染物浓度作为污染物初始浓度，以试验进行第 6 天（150h）取样分析的地下水污染物浓度作为污染物增溶浓度，对二者进行分析对比。表 9-13 为地下水典型污染物的增溶能力计算结果，其中 C_0 和 C_{150} 分别为试验前和试验进行 150h 时，8 口监测井地下水样品的污染物平均浓度。可以发现，对于绝大多数有机污染物，修复药剂的增溶能力都为 1.55～2.55 倍。

　　由于不同观测井与注入井的距离不同，所以增溶药剂到达各井的时间也不同。表 9-14 为各观测井污染物初始浓度（C_0）、增溶实验过程中最大检出浓度（C_{max}），以及由二者得出的增溶能力计算结果。从表中可以看出，药剂对含水层典型污染物的增溶效果良好，药剂注入后，地下水中污染物浓度上升，一般可以达到初始浓度的 2～4 倍，最高可达 13.3 倍。

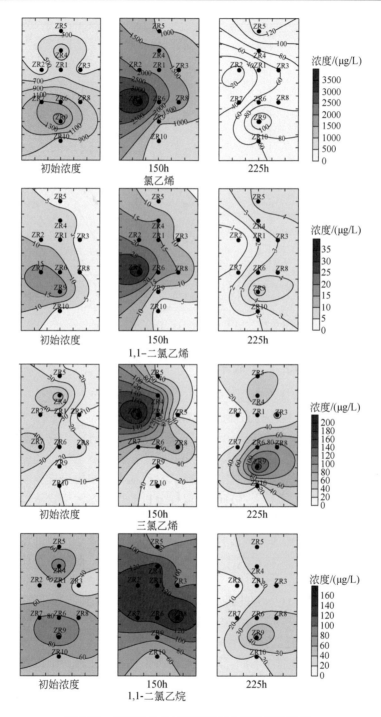

图 9-28　示范区含水层污染物浓度变化等值线图

表 9-13　污染物增溶能力计算结果表

有机物种类	平均浓度/(μg/L)		增溶倍数/倍
VC	C_0	844.4	1.93
	C_{150}	1631.3	
1,1-DCE	C_0	8.5	1.55
	C_{150}	13.2	
1,1-DCA	C_0	65.6	1.61
	C_{150}	105.7	
cis-1,2-DCE	C_0	434	1.08
	C_{150}	468.1	
TCE	C_0	26.2	2.55
	C_{150}	66.8	

表 9-14　不同观测井污染物增溶能力计算结果表　　　　（单位：μg/L）

污染物	ZR02			ZR03			ZR04			ZR05		
	C_0	C_{max}	增溶倍数/倍	C_0	C_{max}	增溶倍数/倍	C_0	C_{max}	增溶倍数/倍	C_0	C_{max}	增溶倍数/倍
VC	365.5	1870	5.1	431	1340	3.1	870	1680	1.9	397	952	2.4
1,1-DCE	8.7	25.6	2.9	2.85	8.2	2.9	10.25	15.3	1.5	2.55	6.5	2.5
1,1-DCA	38.05	168	4.4	23.95	96.3	4.0	96.3	195	2.0	54.7	86.8	1.6
1,2-DCE	794.5	1330	1.7	145.5	323	2.2	429	737	1.7	293	382	1.3
TCE	34.35	194	5.6	6.15	26	4.2	57.25	132	2.3	21.85	40.3	1.8

污染物	ZR07			ZR08			ZR09			ZR10		
	C_0	C_{max}	增溶倍数/倍	C_0	C_{max}	增溶倍数/倍	C_0	C_{max}	增溶倍数/倍	C_0	C_{max}	增溶倍数/倍
VC	1320	3780	2.9	998.5	1780	1.8	—	—	—	—	—	—
1,1-DCE	17.1	32.9	1.9	4.85	15.1	3.1	—	—	—	2	3.2	1.6
1,1-DCA	81.15	126	1.6	76.35	152	2.0	—	—	—	50.75	89	1.8
1,2-DCE	484	726	1.5	400.5	1250	3.1	642	993	1.5	283.5	575	2.0
TCE	43.7	63	1.4	25	170	6.8	11.65	155	13.3	9.9	35.3	3.6

第10章 污染含水层的原位热修复技术

10.1 概　述

原位热修复（in-situ thermal remediation，ISTR）技术是指通过加热增强土壤和地下水中有害化学物质的移动性，污染物经抽提井被收集输送到地表进行处理，或者污染物在加热过程中被破坏。ISTR 技术包括蒸汽强化抽提、电阻加热（electrical resistance heating，ERH）、热传导加热（thermal conductive heating，TCH）及射频加热（radio frequency heating，RFH）等。蒸汽强化抽提是将加热的水蒸气注入土壤或含水层，从而去除地下环境中的污染物；电阻加热和射频加热分别是将电能和电磁能转化为热能；热传导加热则是使用地下的电加热装置直接产生热能。地下温度通过加热后上升至沸点，产生蒸汽，携带挥发性有机污染物并被抽提到地表。电阻加热可以使环境温度达到100℃左右，射频热可以使土壤温度达到300℃以上，而热传导加热装置附近的温度最高可达500℃。ISTR 能够同时去除挥发性-半挥发性有机污染物，并且能去除黏度较高的有机污染物，修复效率较高。

虽然热修复技术与其他修复技术相比，能耗和修复成本相对较高，但热修复技术有其独特的优势：受非均质-低渗透性地层的影响较小、适用范围更广、不会向地层注入其他修复药剂，避免了二次污染。而其他修复技术大多受到地层渗透性的限制，在非均质地层中，特别是在低渗透性地层中的修复效果非常差，甚至没有效果。因此，热修复技术对于低渗透性污染地层是最为有效的修复技术。许多研究也在试图降低热修复的费用，如采用天然气燃烧作为热源的原位燃气热修复（in-situ gas thermal remediation）技术，通过燃烧天然气、丙烷等燃料为修复提供热能，降低了修复成本。本章介绍作者在热蒸汽强化抽提和热传导加热修复方面的研究成果。

10.2 污染含水层的热蒸汽强化抽提修复技术

10.2.1 热蒸汽强化抽提修复机理

蒸汽发生器通过加热将水气化产生水蒸气，出口蒸汽温度为 108～110℃。在实际修复过程中，蒸汽通过注入井进入地下，促进含水层中挥发性-半挥发性有机污染物的挥发。此外，蒸汽的注入，在注入井和抽取井之间形成水力梯度，使得气相污染物和溶解相污染物流入抽提井，最终收集到地表集中处理。热蒸汽注入技术最早应用于石油工业，在 20 世纪 80 年代末，美国国家环境保护局开始使用蒸汽注入技术来修复受石油污染的土壤和含水层。

热蒸汽强化抽提修复技术如图 10-1 所示，通过注入井注入热蒸汽，蒸汽在含水层中运动，其锋面在含水层环境温度下发生冷凝，形成温度较高的"热水"。在蒸汽注入含水层后，在地下既有蒸汽也有热水在迁移，与挥发性-半挥发性有机污染物发生作用，最后通过多相抽提井抽出地表处理。

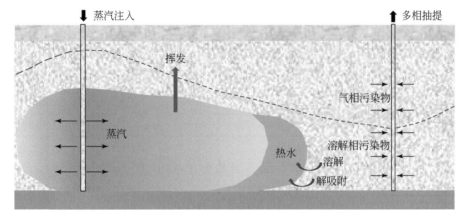

图 10-1　热蒸汽强化抽提修复技术示意图

有机污染物在含水层中的存在形式主要有溶解相、吸附相、残余相和自由相 4 种状态，热蒸汽注入修复污染含水层时，往往伴随着污染物多相之间的转移，其污染物去除机理包括挥发、解吸附、溶解、稀释和扩散作用等。此外，由于含水层温度的升高，也有利于后期的微生物降解作用。注入的热量对有机污染物的物理和化学性质具有很大的影响，增强了有机污染物在含水层中的移动性，提升了污染物的多相抽提效率。热蒸汽进入含水层后，使得含水层局部温度升高，打破了有机污染物的液-气间的平衡，溶解相污染物不断向气相转化；随着蒸汽的不断注入，大量蒸汽冷凝成液态水，且伴随着地下水温度的升高，打破了污染物在固-液相间的吸附-解吸平衡，使固相上的污染物不断向水中转移。

相对于空气扰动修复技术而言，热蒸汽强化抽提修复技术可以应用于渗透系数相对低的含水层，具有更好的修复效果。但是该技术也存在和空气扰动修复技术一样的缺点，容易导致污染物扩散，且对含水层地质条件具有一定的选择性，在复杂的非均质地层中修复效果不理想。

热蒸汽强化抽提修复技术与其他原位热修复技术相比所需的修复费用较低、

对场地的扰动性较小、操作更加安全。

10.2.2 温度对挥发性-半挥发性有机污染物物理性质的影响

有机污染物的物理性质受温度的影响较大，温度升高会导致有机物密度、溶解度、表面张力等性质的改变。在实验室研究了温度对有机物密度、溶解度、表面张力的影响；测定了不同有机物与水混合体系的共沸温度；研究加入醇类物质降低体系的共沸温度，以进一步提升热修复技术去除污染物的效率。研究选取我国地下水中常见的挥发性有机物氯苯、半挥发性有机物硝基苯和萘作为目标污染物，其理化性质如表 10-1 所示。

表 10-1　目标污染物特性表

污染物	相对分子质量	密度/(g/cm³)	沸点/℃	熔点/℃	饱和蒸气压/kPa
氯苯	112.56	1.1075	131.70	−45.70	1.170（20℃）
硝基苯	123.11	1.205	210.90	5.80	0.020（20℃）
萘	128.17	1.16	217.90	80.30	0.013（25℃）

1. 温度对有机污染物溶解度、密度和表面张力的影响

图 10-2 为氯苯、硝基苯和萘随温度变化在水中溶解度的变化曲线。随着温度的升高，污染物溶解度也随之上升。温度从 10℃升高到 90℃时，氯苯和硝基苯溶解度分别增大了 1.2 倍和 2 倍；硝基苯溶解度的增加速率在 70℃之后明显增大。萘在水中的溶解度相对较小。热蒸汽注入温度的升高，使有机污染物溶解度增大，有利于含水层固相介质中污染物向水中转移，使含水层中的污染物进一步被去除。

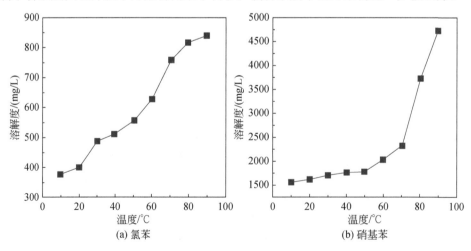

(a) 氯苯　(b) 硝基苯

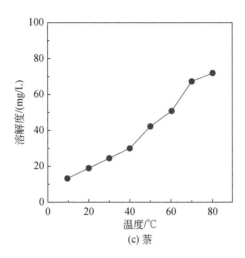

(c) 萘

图 10-2　目标污染物溶解度随温度变化曲线

研究的目标污染物密度均大于水的密度，属于 DNAPL，在地下水中修复的难度较大。一般温度的升高可使污染物的密度降低。实验室研究表明：氯苯的密度随着温度的升高逐渐降低，在温度为 90℃时，氯苯的密度小于 $1g/cm^3$，与水的密度接近，有利于氯苯的去除；而硝基苯的密度，虽然随温度的升高也有所降低，但一直大于水的密度，保持 DNAPL 的特性。

图 10-3 为不同温度下氯苯和硝基苯表面张力的变化曲线。有机物的表面张力随温度的升高而逐渐降低。在同一温度下，氯苯的表面张力低于硝基苯。温度由 4℃升高到 70℃时，氯苯和硝基苯的表面张力分别由 28.1mN/m 和 32.6mN/m 降低到 24.0mN/m 和 26.5mN/m。

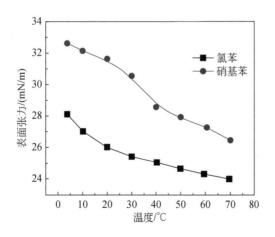

图 10-3　氯苯与硝基苯表面张力变化曲线

2. 有机污染物与水的共沸温度及加入醇类物质共沸温度的降低

共沸温度的理论值主要依靠安托万（Antoine）方程和道尔顿分压定律（Dalton's law）进行计算：

$$\lg P_i = A_i - \frac{B_i}{T + C_i} \qquad (10\text{-}1)$$

$$P_w + P_d = P_1 + P_c \qquad (10\text{-}2)$$

式中，A_i、B_i、C_i 为经验参数；P_i 为纯 i 组分的蒸气压（atm）；T 为温度（℃）；P_w 为水产生的蒸气压（atm）；P_d 为 DNAPL 产生的蒸气压（atm）；P_1 为液体水压（atm）；P_c 为毛细力（atm）。

随着体系温度的升高，水和 DNAPL 组分的蒸气压不断增加，直至总蒸气压等于水压和毛细力之和时发生共沸。可以根据式（10-1）和式（10-2）计算有机污染物的理论共沸温度。共沸温度也可以根据实验测定得到，并且测定的共沸温度更符合实际情况。所以本研究实际测定了有机污染物的共沸温度。

图 10-4 为加热过程中氯苯-水、硝基苯-水体系中温度随时间的变化曲线。如图 10-4（a）所示，在体系中发生了氯苯与水的共沸，出现了共沸平台期，在此阶段温度增长速率接近于 0，共沸的时间约为 15min，共沸温度约为 94.3℃。随着加热的进行，液相与气相共沸比例的平衡被打破，结束共沸平台期，温度随之升高到水的沸点 100℃。从图 10-4（b）中可以看出，硝基苯与水也产生了共沸现象，出现共沸平台期，共沸时间约为 8min，共沸温度为 97.4℃，与理论值相近。共沸温度和时间长度受有机污染物类型、含量等因素控制。

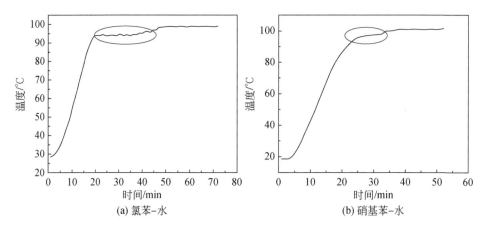

(a) 氯苯-水　　　　　　　　　　　(b) 硝基苯-水

图 10-4　氯苯-水及硝基苯-水体系加热中温度随时间的变化曲线

水中污染物发生共沸意味着污染物得到了很好的去除，因此共沸需要的温度越低，对于污染物的热修复效率越高，能耗越低。可以通过在体系中添加醇类物质，降低有机污染物的共沸温度。进行了添加乙醇、正丁醇、正戊醇和正庚醇降低体系的共沸温度实验，研究表明乙醇降低体系的共沸温度效果最好。

图 10-5 为添加乙醇后，两体系加热过程中温度随时间的变化曲线。从图 10-5（a）中可以看出，氯苯-水-乙醇的混合体系具有共沸平台期，共沸温度为 81.4℃，共沸时间持续了 28min。随着体系中乙醇与氯苯逐渐挥发，二者的含量逐渐降低，导致共沸期结束，温度逐渐上升至水的沸点 100℃。与氯苯和水体系的共沸温度相比，加入乙醇后共沸温度降低了 12.9℃。如图 10-5（b）所示，硝基苯-水-乙醇的混合体系也具有共沸平台期，共沸温度为 83.2℃，共沸的时间持续了 30min，在 56min 时开始升温。与硝基苯和水的共沸温度相比，加入乙醇后，共沸温度降低了 14.2℃。

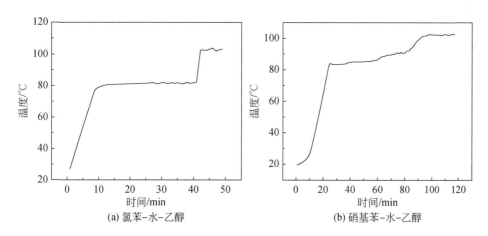

(a) 氯苯-水-乙醇　　　(b) 硝基苯-水-乙醇

图 10-5　添加乙醇后氯苯-水及硝基苯-水体系加热中温度随时间的变化曲线

从实验结果可以看出，乙醇的加入较大地降低了有机物与水的共沸温度，有利于有机污染物的去除。所以乙醇可以作为共沸剂来降低氯苯和硝基苯的共沸温度，从而实现高效率、低能耗的污染物去除。

10.2.3　不同含水层介质中污染物去除与温度的关系

利用粗砂、中砂、细砂和粉砂含水层介质，模拟氯苯和萘污染的热蒸汽注入修复。分别设置 10℃、30℃、50℃、70℃、90℃ 5 种情形，研究不同注入蒸汽温度下，对污染物的去除效果。图 10-6 和图 10-7 分别为氯苯和萘污染物的去除曲线。

由图 10-6 可以看出，随着蒸汽温度的增加，4 种含水层介质中氯苯的去除规律相近，即蒸汽温度越高，污染物的去除效果越好。可以发现，当温度从 10℃升

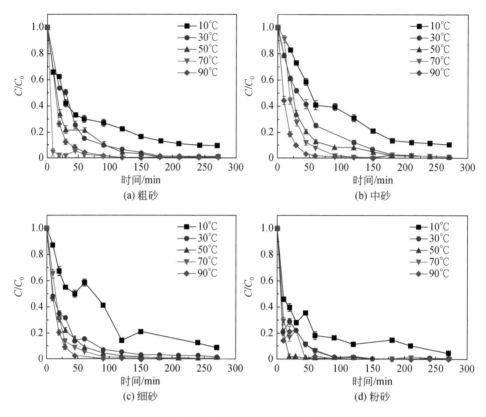

图 10-6 不同含水层介质、不同温度下氯苯的去除曲线

高到 30℃时，含水层介质中氯苯的去除率有很大的增加，可达 96% 以上；之后再增大温度，氯苯去除率增大不明显。综合考虑修复效果与修复成本，可以确定 30℃为氯苯去除的底限温度，即热蒸汽修复氯苯污染含水层的最低温度为 30℃。

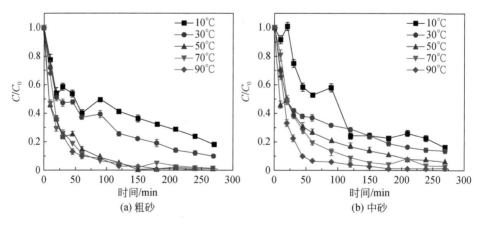

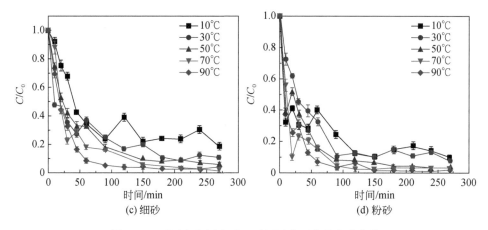

图 10-7　不同含水层介质、不同温度下萘的去除曲线

由图 10-7 可以看出，随着蒸汽温度的增加，4 种含水层介质中萘的去除规律相近，同样发现当温度从 10℃升高到 50℃时，含水层介质中萘的去除率有很大的增加，可达 93%以上；之后再增大温度，萘去除率增大不明显。同样地，可以确定 50℃为萘去除的底限温度。

10.3　污染含水层的热传导加热修复技术

热传导加热修复技术通过安装垂直加热井或水平加热毯，热量以热传导和热辐射的形式交换传递到地下环境。在热修复下，地下含水层中污染物的去除作用主要分为物理作用和化学作用，当温度低于 100℃时，污染物主要发生物理变化，包括蒸发/沸腾、增大亨利常数、增大溶解度、解吸附以及降低黏度等。在含水层中的水全部蒸发后，污染物受热发生化学反应，这一过程被称为热解，一般在温度高于 550℃时发生（Sleep and McClure，2001）。热的传递与介质的导热系数密不可分，砂土、黏土和砾石间的导热系数差别较小，因此热传导加热技术在地下环境中的加热较为均匀，不受地层渗透性和含水率的影响，并且不受修复深度的限制。在实际场地应用中，加热井常以六边形的形式安装，在六边形的中心安装一个抽提井，用以抽提携带污染物的蒸汽（Baker and Heron，2004）。加热井间距和所需处理时间取决于污染物的类型。例如，对于挥发性有机物（VOCs），一般加热井间距在 3.6～6m，处理时间在 2～12 个月；对于半挥发性有机物（SVOCs），加热井间距在 1.8～3.6m，处理时间在 6～12 个月[①]。

---

① Kingston J T，Dahlen P R，Johnson P C，et al. 2010. Critical evaluation of state-of-the-art *in-situ* thermal treatment technologies for DNAPL source zone treatment.

10.3.1　热传导加热在含水层中的传热规律模拟实验

Bear 等在 1972 年指出：在多孔介质中，传热主要有 6 种方式，分别是在固相上热传导、在流体相上热传导、在流体相上热对流、通过流体相弥散传热、从固相到流体相传热、固体颗粒间辐射传热（流体是气体）。在地下含水层中，热的传递主要有热传导和热对流两种方式（Raats，1972）。在有渗流的线热源模型中，地下传热的两条途径是多孔介质骨架和孔隙中地下水的导热以及地下水渗流产生的对流换热（Fang，2004）。

国内外学者针对热修复技术展开了大量研究，但基本上都是从工程应用的角度出发，重点是目标污染物的去除效果，对含水层中热的传输规律尚需深入研究。含水层中温度的变化与污染物的去除密切相关，实际上地下水流速、含水层介质类型、加热功率和加热井间距等对升温区温度分布以及修复时间都会有显著影响。针对热传导加热修复技术在含水层中的传热规律，作者研究了不同地下水流速、不同含水层介质对含水层中传热的影响；探讨了升温区的分布规律，并定量研究了传热规律的变化。

图 10-8 为热传导加热修复实验装置照片和示意图。模拟实验研究了不同地下水流速（0m/d、0.3m/d、0.65m/d、1m/d）、不同含水层介质（粗砂、中砂、细砂）下，含水层中传热的规律及其影响因素。

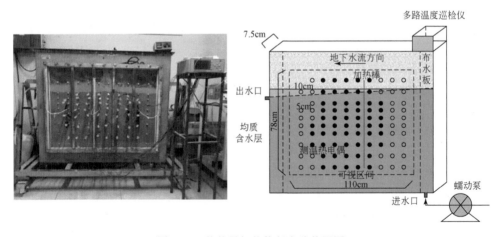

图 10-8　热传导加热修复实验装置图

10.3.2　地下水流速对传热的影响

图 10-9 为加热 180min 时中砂含水层中的温度等值线图，加热功率为 500W。当地下水流静止时，含水层中的温度以加热棒为轴呈对称分布，此时传热作用主

要依赖于含水层介质（砂）的热传导和水的热传导；而当地下水流动时，升温的区域不再呈对称分布，温度分布等值线向下游扩展，升温区以向下游扩展为主，且高温中心向地下水流的下游有所移动，此时传热作用除了依赖砂层及水的热传导，还有地下水流动引起的对流换热。

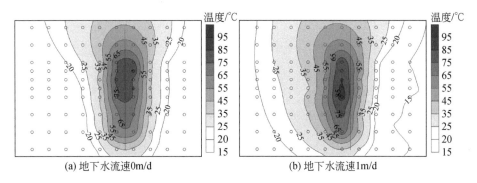

(a) 地下水流速0m/d　　　　　　　　(b) 地下水流速1m/d

图 10-9　中砂含水层加热时温度等值线图

地下热传递主要有传导和对流两种方式（Anderson，2010），通常用无量纲的贝克来数（Pe）来描述传导和对流的相对重要性。可以通过公式计算 Pe：

$$Pe = \frac{\rho_\mathrm{w} c_\mathrm{w} q L}{K_\mathrm{e}} \tag{10-3}$$

式中，ρ_w 是水的密度（kg/m³）；c_w 是水的比热容 [J/（kg·℃）]，$\rho_\mathrm{w} c_\mathrm{w}$ 表示水的体积热容 [J/(m³·℃)]；q 是达西流速（m/s）；L 是特征长度（m）；K_e 是饱和多孔介质的有效导热系数。通过计算不同含水层介质、不同地下水流速下的 Pe，可以判断地下热传导的主要形式。表 10-2 为不同实验情形下的 Pe 值，根据 Ferguson（2015）的研究，当 $Pe<1$ 时，热传递为传导主导，当 $Pe>1$ 时，热传递为对流主导。表 10-2 中不同地下水流速下的 Pe 均大于 1，即热传递主要以对流的方式进行；而在 0m/d 下，热传递以传导为主。

表 10-2　不同实验情形下的 Pe 值一览表

地下水流速/(m/d)	Pe		
	细砂	中砂	粗砂
0.3	2.04	1.96	1.79
0.65	4.41	4.24	3.89
1	6.79	6.53	5.98

图 10-10 为加热过程中砂含水层中的加热面积随时间的变化，在加热初始阶段，升温区面积增加较快，随着加热时间的延长，升温区面积的增加变缓，即升

温区面积不会无限制的增大，而是逐渐达到一个稳定状态，并且随着地下水流速的变大，升温区面积的变化更快地趋于平缓。升温区面积随地下水流速增加而增大，在地下水的对流作用下，0.3m/d、0.65m/d、1m/d 地下水流速下的面积较 0m/d下的面积分别增大了 0.06%、26.55%和 29.55%。

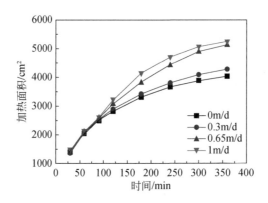

图 10-10　加热面积随时间的变化曲线

传热速度为零的时刻被认为是升温区面积达到最大的时刻，即升温区达到稳定状态的时刻。研究发现，随着地下水流速的增大，传热速度更快地趋近于零，即传热距离更快地达到最大值，升温区更快地达到稳定状态。地下水流速的增加，不仅能够使升温区面积变大，还能加快升温区达到稳定状态，明确升温区达到稳定状态的时间对热传导加热修复的设计具有实际意义。

10.3.3　含水层介质类型对传热的影响

含水层介质的导热系数表征了其热传导能力的大小，导热系数越大，在相同的温度梯度下能够传导的热量越多。实验中采用的不同含水层介质导热系数值由大到小的顺序为：粗砂＞中砂＞细砂，理论上加热升温面积大小的顺序应与其一致。但根据实验结果，3 种含水层介质升温区面积大小的顺序为：粗砂＞细砂＞中砂，在细砂含水层中出现了反常现象。这是因为在细砂含水层中存在热管效应和热弥散现象，导致其升温区面积大于中砂含水层的升温区面积。升温区面积的差异主要体现在加热的初始阶段，而在加热后期，随着热量的不断增加和累积，3种含水层介质下的加热面积大小趋近一致。

实际上，含水层介质的传热能力不仅取决于导热系数，而且还取决于毛细力、渗透性和可蒸发的水量等因素（Vegas et al.，2004）。Udell 于 1985 年首次提出热管效应，指出在细介质下，如细砂和粉砂，毛细力大，冷凝水不会回到升温区使温度下降，因而该类介质有较高的传热能力，表现出较强的热管效应。此外，热弥散与溶质弥散相似，能够促使热量随水流运动至更大的范围。介质的粒径越小，热弥散现象越明显，受热影响的区域越大。因此，由于热管效应和热弥散的存在，细砂含水层的升温区面积大于中砂，而且在细砂含水层中的最高温度高于其他两种含水层，有利于污染物的去除。

为了进一步定量分析热管效应，根据傅里叶定律，引入传热能力值 λ^* 评估传热能力的变化（Vegas et al.，2004）：

$$\phi = -\lambda^* \operatorname{grad} T \tag{10-4}$$

$$\lambda^* = -\frac{\phi}{\operatorname{grad} T} = -\frac{\phi \cdot \Delta x}{\Delta T} \tag{10-5}$$

式中，$\operatorname{grad} T = \Delta T / \Delta x$，$\phi$ 为热流通量，是温度梯度 $\operatorname{grad} T$ 的函数；λ^* 为传热能力，包含所有对传热的贡献（传导和对流）。由于细砂的介质粒径小，毛细力大，热管效应强，表现出较强的传热能力，计算出的 λ^* 值远大于其导热系数值。

第11章 污染含水层的原位微生物修复技术

11.1 概　　述

含水层的原位微生物修复具有环境友好、经济有效的特点，被认为是绿色、可持续修复技术，具有广阔的发展前景。原位微生物修复可以通过促进土著微生物在含水层中的生长、繁殖，或外部注入筛选、驯化的降解菌两种形式。微生物修复需要刺激和保持微生物的活性，根据需要提供电子受体（氧、硝酸盐等）、营养（氮、磷）和能量源（碳）等。一般来说，电子受体和营养物是最重要的需要传输的物质。

微生物修复技术对于可生物降解的有机污染物去除尤为重要，一些重金属污染物也可以通过微生物或微生物介导的作用得以去除［如 Cr(VI)等］。近年来，越来越多的研究关注含水层中生物地球化学作用过程对污染物迁移和去除的影响。

虽然国际上对含水层的原位生物修复技术高度关注，取得了许多研究成果，并有针对不同有机污染物商业化的降解菌剂和成功的场地修复实例，但在实际工程应用中，仍存在一些关键问题需要深入研究解决，如降解菌在地下含水层环境条件下的适应性问题、降解菌在含水层非均质和多相体系中的存在形式和迁移机制问题、污染物的降解途径和效果强化问题等。上述存在问题的解决，对于原位微生物修复技术的推广应用，具有重要的实际意义。本章介绍作者近年来在原位微生物修复方面的研究成果，包括微生物降解菌在污染含水层中的迁移与作用、原位微生物修复 Cr(VI)污染含水层技术。

11.2 微生物降解菌在污染含水层中的迁移与作用

注入外来降解菌的原位修复技术，其关键是注入菌的传输和地层介质的作用，这方面的研究目前尚很少有报道。传统研究微生物在地下环境中的迁移，往往采用在注入菌羽内取水样的方法，分析水中的游离菌，取介质样考察附着菌，但这些方法会对实验模拟系统造成扰动，地下水的取样影响了降解菌的迁移条件。如能建立一种无扰动、直观可视，能够反映降解菌迁移实时动态的实验室模拟方法和技术，对于准确了解降解菌在含水层多相体系中的存在形式、迁移规律等具有重要意义。

本节内容包括：构建一种新的、可直观并实时监测降解菌在模拟含水层中迁移的方法体系，采用绿色荧光蛋白（green fluorescent protein，GFP）作为生物指示剂，结合光投射技术，达到无扰动同时捕捉游离菌和附着菌的迁移动态；利用上述模拟实验体系，研究降解菌在含水层的迁移作用及其影响因素，以及降解菌在含低渗透性透镜体的非均质地层中的迁移作用。

11.2.1　苯胺降解菌 AN-1 的 GFP 标记

选择苯胺作为目标污染物，利用研究获得的苯胺降解菌 AN-1 模拟研究苯胺在含水层介质中的迁移和降解作用。为了研究目标微生物在地下环境中的迁移情况，首先将目标污染物进行特异性标记。GFP 是一种能在蓝光或紫外光激发下发出绿色荧光的蛋白，具有荧光强度高、对细胞基本无毒害作用、易于检测、可原位观察等优点。野生菌株没有 GFP，GFP 的表达也不需要任何底物或者共因子即可使标记菌株可见，所以 GFP 非常适合标记目标微生物并监测它在环境中的存活和迁移（Qu et al.，2017）。

实验选取一株已成功结合 GFP 的苯胺降解菌 AN-1 作为目标微生物。AN-1 是一株适冷、高效的苯胺降解菌，成功被 GFP 标记后，携带 GFP 基因的质粒可在细胞中稳定存在，具有较高的生物活性，在蓝光下可稳定发出绿色荧光。图 11-1 表现了 GFP 对 AN-1 降解苯胺的影响，GFP 标记的 AN-1 比未标记的母体菌株降解苯胺速率略慢，但标记对降解菌的总体影响并不显著。

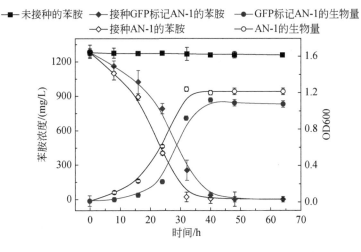

图 11-1　GFP 标记和未标记 AN-1 的苯胺降解和生长示意图

11.2.2 污染物降解菌在多孔介质中的迁移与作用

1. 实验装置

实验系统包括有机玻璃模拟槽（50cm×2cm×44cm）、蠕动泵、降解菌注入井、蓝光灯和照相机等，图 11-2 为模拟实验装置。模拟槽左右两端设有布水板，利用蠕动泵控制水流速度和降解菌的注入速度。设置 1 个注入井（直径 1cm）和 15 个不同深度的注射器针头（用于取样对比）。为了能够进行光透射和显色，实验使用熔融石英砂，模拟含水层介质分别为中砂（0.25～0.5mm）和粗砂（1.0～2.0mm）。

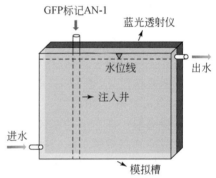

图 11-2 模拟实验装置图

2. 实验过程

模拟实验装置饱水后，从注入井一次性快速注入 AN-1 菌悬液（50mL，2.16×10^9cells/mL）。实验过程中，用蓝光灯透射模拟槽，透过滤光片用相机拍摄记录降解菌的迁移，用 AutoCAD 计算 AN-1 分布的荧光面积，并取样测定槽中不同位置的游离 AN-1 浓度。表 11-1 为模拟实验方案，共进行了 4 组模拟实验。

表 11-1 模拟实验方案表

介质	粒径范围/mm	流速/(m/d)	装填质量/kg	堆积密度/(g/cm³)	孔隙度
中砂	0.25～0.5	0.5	6.22	1.41	0.48
粗砂	1.0～2.0	0.5	6.31	1.43	0.47
中砂	0.25～0.5	0.1	6.22	1.41	0.46
中砂	0.25～0.5	0.5	6.17	1.40	0.47

3. 结果分析

图 11-3 为模拟地下水流速为 0.5m/d 时，注入降解菌 AN-1 在中砂含水层中的迁移情况。照片中明亮的浅色区域即是降解菌 AN-1 的分布范围（呈绿色），包括附着在介质上的和游离在水中的。0h 的照片是在 AN-1 注入后瞬时拍摄的，菌悬液沿着注入井呈一条窄带。随着时间的推移，脉冲注入的自由态菌液向下游迁移，可以看到浅色的迁移锋面；在菌液团迁移的后方仍能看到代表 AN-1 存在的浅色，说明一部分降解菌被截留在后方的介质上。

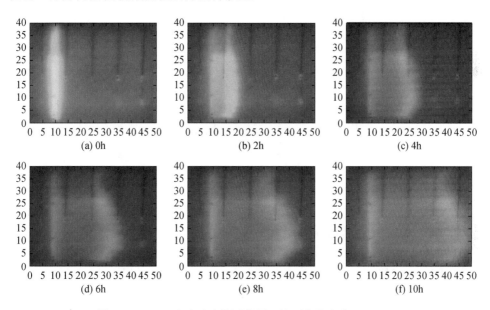

图 11-3 AN-1 在中砂中的迁移图（地下水流速为 0.5m/d）

横、纵坐标均为距离，单位均为 cm，本章下同

在 0h 时刻，游离 AN-1 的最大生物量浓度为 3.46×10^8cells/mL。菌羽随水流向下游运移，将菌羽中心即生物量最大处的迁移速度作为游离 AN-1 的迁移速度，可以计算出游离 AN-1 的迁移速度为 0.7m/d，大于地下水流速（0.5m/d）。

图 11-4 为抽取水样测试分析的游离 AN-1 在中砂中的迁移图。脉冲注入的降解菌团不断向下游迁移，如果只考虑有 AN-1 分布的位置，微生物可以对污染物进行降解，那么，只根据游离菌分析会得出微生物降解区域的错误结论，因为附着在含水层介质上的 AN-1 也会对污染物进行降解。对比图 11-3 和图 11-4 可以发现 AN-1 分布的不同，传统的取水样分析法只能反映液相中游离 AN-1 的分布情况，不能完全代表 AN-1 在含水层中的分布。采用光投射法不仅能捕捉自由态细菌的

迁移，还可同时监测到被截留在介质上的附着态细菌，所以该分析方法对研究降解菌在含水层中的分布更准确有效。

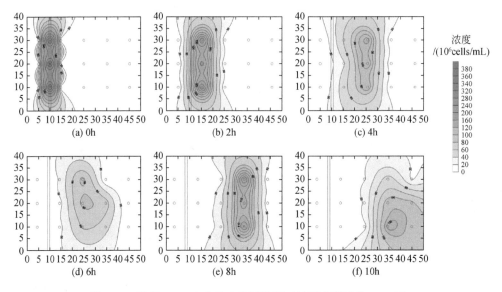

图 11-4　游离 AN-1 在中砂中的迁移图（地下水流速为 0.5m/d）

　　生物强化通常采用脉冲注入的方式将外源降解菌注入地下水中，并普遍认为游离菌羽的中心即为生物降解主要区域。所以，如果只根据传统的水样分析，将得出有效生物修复区域随水流向下游运移的结论。但实际上，本研究表明，从注入井至降解菌羽锋面，可形成完整的微生物带，包括游离菌羽区域和后方的附着菌区域。大量的降解菌在迁移过程中被截留在了后方的介质上，其修复效能不能被忽视。

　　图 11-5 为模拟砂柱实验中降解菌在不同地下水流速下的突破曲线，含水层介质为中砂。地下水流速越大，脉冲注入的降解菌突破时间越短，突破的峰值浓度越高。地下水流速增大，由于冲刷作用，不利于地层介质附着菌的形成，更有利于游离菌的迁移。由表 11-2 可以看出：AN-1 降解菌的迁移速度比地下水流速快一些，且地下水流速越小，AN-1 迁移的速度差越大。

　　模拟实验还进行了不同地层介质对降解菌迁移速度的影响研究，分别利用粉砂、中砂和粗砂含水层介质，地下水流速统一设定为 0.5m/d。结果发现，AN-1 降解菌在粉砂、中砂和粗砂含水层中的迁移速度分别为 1.14m/d、0.63m/d 和 0.52m/d，均大于地下水流速，表明含水层介质粒径越小，对 AN-1 迁移速度的促进作用越大，AN-1 迁移越快。

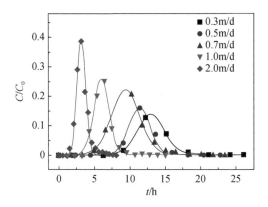

图 11-5　降解菌在不同地下水流速下的突破曲线

表 11-2　地下水流速与降解菌迁移速度表　　（单位：m/d）

地下水流速	降解菌迁移速度	速度差
0.3	0.59	0.29
0.5	0.63	0.13
1.0	1.12	0.12

降解菌在多孔介质中的迁移速度大于地下水流速的现象，可根据胶体的孔喉排挤效应和水动力色谱原理进行解释（Marsily，1986）。由于地层中孔喉（孔隙最狭窄的部分）呈连续谱尺度（从亚毫米到纳米）存在（Nelson，2009），所以与水相比，AN-1（长杆状，长约为 1μm）会受到孔喉边缘的排挤，只能通过较小范围的孔隙，并在水动力效应的作用下，从靠近孔隙边壁的低流速区域进入高流速的中心区，使其迁移速度大于地下水流速。Harvey 等（1995）发现有鞭毛的原生动物和微球在非均质的中砂含水层迁移距离超过 1～3.6m 时，地下水流速和细菌的迁移速度并没有明显变化，说明介质粒径对细菌迁移速度的促进作用与细菌迁移距离相关，长距离会导致促进作用消失。

11.2.3　污染物降解菌在非均质含水层中的迁移与作用

1. 模拟实验装置和实验过程

实验设置模拟槽，长 50cm、宽 2cm、高 44cm；材质为有机玻璃；左右两侧设有布水板，用蠕动泵控制水流速度；设置一个注入井，直径 1cm；在不同位置共预设 15 个取样点，具体分布如图 11-6 所示；蓝光灯设置在模拟槽背面。

模拟槽饱水后，以一次性快速注入的方式从注入井注入 AN-1 菌悬液（150mL，2.0×10^9cells/mL）。实验过程中，用蓝光灯透射模拟槽，透过滤光片用相机拍摄记录降解菌的迁移分布情况，并取样测定各取样点游离菌浓度和溶解氧浓度。待动态实验结束后，破坏性取样测定各取样点附着菌含量。

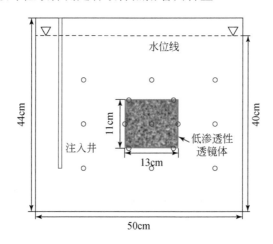

图 11-6　模拟槽装置和取样点分布示意图

渗透系数比（R）反映地层的非均质情况，是降解菌迁移的重要参数，计算公式 [式（7-6）] 如下：

$$R = \frac{K_b}{K_l}$$

式中，K_b 为背景介质的渗透系数（cm/s）；K_l 为透镜体介质的渗透系数（cm/s）。

模拟槽的物理及运行参数如表 11-3 所示，共进行了 9 组模拟实验，包括不同渗透系数比 4 组，不同地下水流速 5 组。

表 11-3　模拟槽的物理及运行参数表

背景介质粒径/mm	K_b/(cm/s)	透镜体介质粒径/mm	K_l/(cm/s)	R	孔隙度	地下水流速/(m/d)
0.9～2.0	2.34×10^{-1}	0.45～0.9	1.08×10^{-1}	2	0.52	0.5
0.9～2.0	2.34×10^{-1}	0.212～0.45	6.61×10^{-2}	4	0.65	0.5
0.9～2.0	2.34×10^{-1}	0.105～0.212	8.61×10^{-3}	30	0.67	0.5
0.9～2.0	2.34×10^{-1}	0.055～0.125	6.65×10^{-4}	350	0.68	0.5
0.9～2.0	2.34×10^{-1}	0.45～0.9	1.08×10^{-1}	2	0.56	0.3
0.9～2.0	2.34×10^{-1}	0.45～0.9	1.08×10^{-1}	2	0.52	0.5
0.9～2.0	2.34×10^{-1}	0.45～0.9	1.08×10^{-1}	2	0.54	0.7
0.9～2.0	2.34×10^{-1}	0.45～0.9	1.08×10^{-1}	2	0.56	1.0
0.9～2.0	2.34×10^{-1}	0.45～0.9	1.08×10^{-1}	2	0.57	2.0

2. AN-1 降解菌在非均质含水层中的迁移作用

1）不同渗透系数比情形下降解菌的迁移

图 11-7 为 AN-1 降解菌在非均质含水层中的迁移作用，其中含水层背景介质与透镜体介质渗透系数比分别为 2、30 和 350，地下水流速为 0.5m/d。

图中明亮的荧光区域代表 AN-1 在模拟槽中的迁移分布。0h 时，降解菌均匀分布在注入井中，形成一条光亮的条带。随着时间的推移，迁移 2h 时，在水流的作用下，AN-1 逐渐随水流方向平移，形成一条较为均匀的原位生物反应带，此时降解菌迁移接近低渗透性透镜体。6h 时，降解菌的迁移受到透镜体的影响，其中 $R=2$ 的模拟情形受到的影响较小，从图中可以判断，降解菌羽虽然发生了一定的绕流，但仍然可以进入低渗透性透镜体地层中；而 $R=30$ 和 $R=350$ 的模拟情形受到的影响明显，降解菌羽流发生了非常明显的绕流现象，菌羽难以进入低渗透性地层。降解菌聚集在透镜体附近，随着 R 的增加，聚集情况逐渐增加。

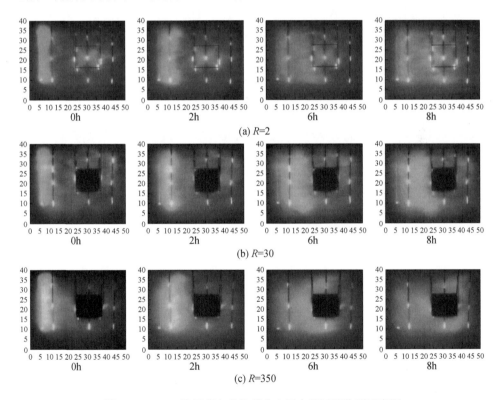

图 11-7　AN-1 降解菌在非均质含水层中的迁移作用示意图

在多孔介质中，降解菌流体优先通过大孔径的介质而产生优先流，减少了其与低渗透性介质的接触和滞留。从图 11-7 中可以看到，在 $R=2$ 情形，8h 时，由于透镜体介质自身渗透系数较高（1.08×10^{-1}cm/s），透光性较好，可以看到透镜体内部出现 AN-1 的荧光；其他两组实验中由于渗透系数小，透光性差，透镜体内部区域无法看到荧光。随着实验的进行，菌羽继续向前迁移，部分降解菌聚集在透镜体左侧，其余降解菌随水流绕流至透镜体上方和下方，并继续向前迁移，直至菌羽布满整个模拟槽。

取模拟槽中不同位置的水样，监测分析水相中游离 AN-1 的迁移，2h 后，各组实验中，游离菌浓度均呈现从左到右依次降低的现象，而注入井附近浓度较高，表明介质对降解菌有吸附和过滤的作用。$R=2$ 情形下，透镜体内外降解菌浓度出现明显差异；$R=30$ 情形下，透镜体中可检测到游离菌的存在，但浓度很低，透镜体中心浓度仅为 0.31×10^{-6}cells/mL。当 R 达到 350，此时透镜体渗透系数为 6.65×10^{-4}cm/s，透镜体区域并未检测到游离菌浓度，证明游离菌并未进入透镜体中。

2）降解菌进入低渗透性地层的波及率

将低渗透性透镜体中 AN-1 迁移分布面积占透镜体总面积的比例作为波及率。波及率用于揭示降解菌在透镜体介质内部的迁移分布，透镜体介质内部 AN-1 分布的荧光面积用 AutoCAD 计算。

图 11-8（a）为不同透镜体介质的渗透系数（K_1）情形下降解菌的波及率变化。介质粒径越小，渗透系数越小，当降解菌迁移到低渗透性介质处，需要克服的阻力变大，因此出现绕流。当 K_1 下降到 10^{-4}cm/s（渗透系数比 R 升高到两个数量级）时，波及率始终为 0，此时 AN-1 无法进入低渗透性透镜体中。当 K_1 升高一个数量级后，波及率在 10h 达到 0.78。随着 K_1 的增加，R 降低，波及率也在增加。

随着地下水流速增加，波及率增大加快 [图 11-8（b）]。较高的流速降低了介质对降解菌的吸附和滞留，并将部分滞留在孔隙内的降解菌洗脱下来，因此在高流速下，流速主导了菌羽的形状。

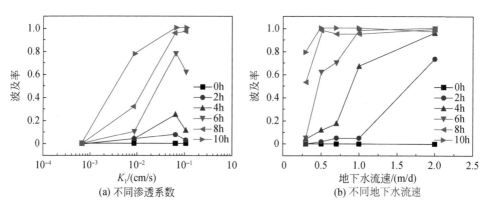

(a) 不同渗透系数　　　　　(b) 不同地下水流速

图 11-8　不同透镜体介质的渗透系数和地下水流速下 AN-1 在透镜体内部的波及率曲线

3）不同渗透系数比对透镜体介质中附着菌分布的影响

模拟槽介质中附着菌浓度在地下水水流方向上逐渐减小，介质粒径越小，降解菌迁出越少，越易被介质截留。随着 R 的增加，透镜体中附着菌浓度不断下降，由于 K_1 的减小，降解菌越来越难以进入透镜体中，到 $R=350$ 时（$K_1=6.65\times10^{-4}\text{cm/s}$），AN-1 聚集在透镜体周围而无法进入透镜体中。降解菌在污染含水层中的均匀传输，影响、控制着有机污染物的去除效果，难以进入的地层，很难发生污染物的降解。

11.3　基于工业糖浆注入原位微生物修复 Cr(Ⅵ)

污染含水层研究

糖浆是制糖工业中的废弃物，价格低廉，在地下含水层中注入以糖浆为主的修复剂，实现对六价铬［Cr(Ⅵ)］污染地下水的生物修复，使废物资源化利用，具有重要的经济和环境效益。糖浆注入地下能够被生物降解，减少了对地下水环境的二次污染，属于绿色、可持续修复。

目前，国际上已有工业糖浆去除地下水中 Cr(Ⅵ) 的实验室研究成果，也有场地实际应用的报道。但欧美国家地下水中 Cr(Ⅵ)浓度很低，一般为μg/L 或 mg/L 级别，而我国地下水中 Cr(Ⅵ)浓度很高，如青海某铬渣场地下水中 Cr(Ⅵ)浓度为 107mg/L，包头某铬渣堆存场和山东某电镀厂地下水中 Cr(Ⅵ)浓度接近 200mg/L。地下水中 Cr(Ⅵ)高浓度情形下，工业糖浆是否仍可以有效进行修复，尚需进一步深入研究。此外，目前对糖浆的去除作用机制尚有不同的观点，在地下水低温环境下的修复效果等问题也需要解决。

11.3.1　糖浆还原去除 Cr(Ⅵ)的效果

1. 不同工业糖浆去除含水层 Cr(Ⅵ)污染的效果

选取甘蔗糖浆和甜菜糖浆进行研究，具体组分见表 11-4。实验过程中所用去离子水和超纯水由 Milli-Q 纯水机制备。模拟实验含水层用砂源自长春市伊通河河畔，风干、筛分后备用。

表 11-4　不同工业糖浆组分表　（单位：%）

工业糖浆	糖锤度（Brix）	全糖分	水	糖分衍生物	其他有机物	矿物质
甘蔗糖浆	≥70	48～52	15～20	2～4	18～21	10～15
甜菜糖浆	≥70	约50	15～20	约2	12～20	10～15

分别量取一定体积的甘蔗糖浆和甜菜糖浆，用去离子水稀释至 Brix 为 0.6%，备用。恒温 20℃条件下，设置 2 组实验，分别称量 600g 粒径为 0.5~1.0mm 的均质粗砂置于 2 个棕色反应瓶中；然后，量取 100mL 浓度为 20mg/L 的 Cr(VI)溶液，分别置于上述 2 个反应瓶中，混合均匀；再量取 100mL、Brix 为 0.6%的甘蔗糖浆和甜菜糖浆溶液置于相应的反应瓶中，混合均匀。按时取样，离心、过滤后测定样品中 Cr(VI)浓度。

图 11-9 为不同工业糖浆去除含水层 Cr(VI)污染的效果。当工业糖浆稀释溶液浓度（Brix）为 0.3%时，甘蔗糖浆和甜菜糖浆均能将反应体系中 Cr(VI)污染完全去除，且完全去除所需时间分别为 122h 和 168h。这说明，相同浓度条件下，甘蔗糖浆的修复效率稍优于甜菜糖浆。因此后续实验选取甘蔗糖浆进行研究。

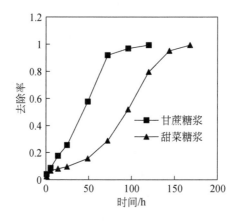

图 11-9　甘蔗糖浆和甜菜糖浆去除含水层 Cr(VI)污染的效果曲线

2. Cr(VI)初始浓度对工业糖浆去除效果的影响

地下水中不同 Cr(VI)初始浓度对去除率的影响如图 11-10 所示。当反应体系 Cr(VI)浓度小于 100mg/L 时，0.2mL 的 Brix 为 80%的工业糖浆基本上可将 Cr(VI)完全去除，完全去除所需要的反应时间随着 Cr(VI)初始浓度的增大而逐渐增大。当 Cr(VI)初始浓度大于 100mg/L 时，糖浆的去除效果下降。初始浓度为 150mg/L、200mg/L 和 250mg/L 时，Cr(VI)的去除率分别为 92.97%、69.24%和 35.90%。这表明，高浓度的 Cr(VI)抑制了微生物的代谢活动，致使工业糖浆去除含水层 Cr(VI)污染的去除率变小。

11.3.2　糖浆去除含水层 Cr(VI)污染的机制

糖浆已被证实能够与地下水中的 Cr(VI)发生化学还原和生物还原反应，生成

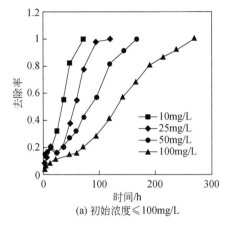

(a) 初始浓度≤100mg/L

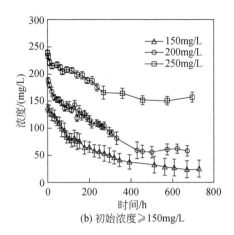

(b) 初始浓度≥150mg/L

图 11-10　地下水中不同 Cr(VI)初始浓度对去除率的影响曲线

三价铬［Cr(III)］沉淀得以去除。但目前对于化学还原和生物还原作用的适宜条件、还原效率等尚存在争议。为了进一步明确糖浆去除含水层 Cr(VI)污染的化学还原和生物还原机制，设计了 6 组模拟实验，分别为灭菌、不灭菌对照（代表化学作用和生物作用），反应体系 pH 设置为 2.0、2.5、3.0、4.0、5.8、8.0 6 种情形。在恒温 20℃条件下，分别称量 600g 备用的灭菌和未灭菌实验用砂各 6 份置于 500mL 反应瓶中；然后分别量取体积为 100mL、浓度为 20mg/L 的 Cr(VI)溶液两组各 6 份分别置于对应反应瓶中，混合均匀；最后分别量取体积为 100mL，pH 调整为 2.0、2.5、3.0、4.0、5.8、8.0（±0.2）且 Brix 为 0.6%的工业糖浆稀释溶液两组分别置于对应的棕色瓶中，摇匀。按时取样，离心、过滤后，分析样品中 Cr(VI)浓度。

　　实验模拟结果如图 11-11 所示，由图可以看出：当 pH≤2.5 时，灭菌和不灭菌体系的 Cr(VI)去除率高度重合，表明污染物的去除主要为化学还原；当 pH=3.0 时，不灭菌体系的去除率为 99.37%，灭菌体系的去除率为 36.26%，表明污染物的去除以生物还原为主，化学还原作用很小；当 pH≥4.0 时，不灭菌的生物还原更为明显，化学还原作用越来越小（表 11-5）。

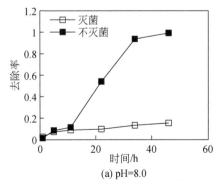

(a) pH=8.0

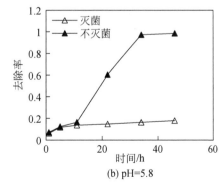

(b) pH=5.8

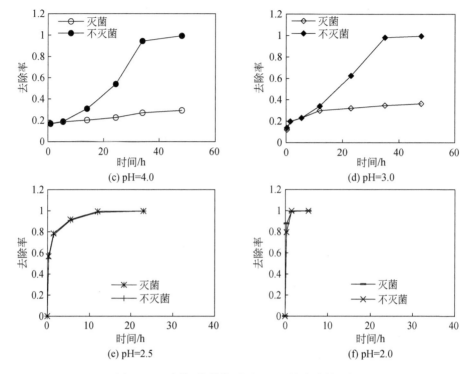

图 11-11　生物-化学作用对 Cr(Ⅵ)的去除效果图

表 11-5　不灭菌和灭菌体系的 Cr(Ⅵ)去除率一览表　　（单位：%）

pH	2.0	2.5	3.0	4.0	5.8	8.0
不灭菌体系	99.89	99.63	99.37	99.24	98.58	99.24
灭菌体系	99.63	99.89	36.26	29.20	17.97	15.44

　　因此，可以得出如下结论：当含水层环境为极酸性条件下，Cr(Ⅵ)的去除机制主要是化学还原；而当含水层环境为中性和偏碱性时，Cr(Ⅵ)的去除机制主要是生物还原。

11.3.3　糖浆化学还原地下水中 Cr(Ⅵ)的机理

　　体系反应前灭菌，调节 pH=4.0，糖浆与 50mg/L Cr(Ⅵ)溶液反应 288h，Cr(Ⅵ)完全去除时的上清液在 400~4000cm⁻¹ 范围内进行红外光谱表征。图 11-12（a）为糖浆反应前后红外光谱图。糖浆中主要含有大量糖类、多酚化合物和少量有机酸，其中包含 C=O、C=C、C—H、C—O、O—H 和 C—O—C 等官能团。由于糖浆与 Cr(Ⅵ)的相互作用，反应前后红外光谱图有明显的改变。反应后峰强增大且向低波数方向移动，这些变化表明在与 Cr(Ⅵ)反应过程中被消耗。这些结果表明 C=O、C—H、C—O—C 参与 Cr(VI)的还原反应。结合糖浆的主要成分分析，发生反应的主要成分为植物多酚及还原性糖，反应后生成了羧酸盐和 Cr(III)的络合物。

对反应开始时及 Cr(VI)完全去除后的上清液进行 UV-Vis 扫描，测试结果如图 11-12（b）所示。糖浆在 271nm 处有特征峰为多酚的特征吸收，Cr(VI)在 257nm 和 351nm 处有特征吸收峰。由于 Cr(VI)在 257nm 处的吸收峰与糖浆特征峰会重叠，混合溶液在 271nm 处和 370nm 处有特征吸收峰。根据已有研究，Cr(VI)在溶液中以不同形式存在时，紫外特征吸收峰是不同的。

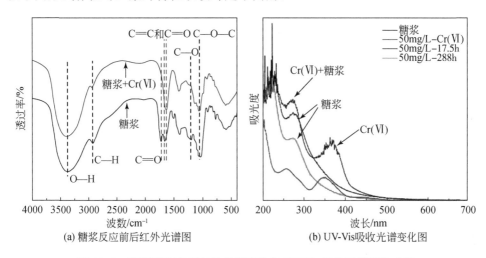

图 11-12　糖浆反应前后红外光谱变化与 UV-Vis 吸收光谱变化曲线

反应后 271nm 处特征峰减弱，说明糖浆中的反应活性物质与 Cr(VI)发生还原反应而减少。结果表明，糖浆中的植物多酚与 Cr(VI)发生反应，与红外光谱结果一致。

为了进一步探究糖浆中葡萄糖和蔗糖对 Cr(VI)的化学还原作用，在 pH=2 的条件下进行了还原研究，结果发现二者对 45mg/L Cr(VI)的去除率分别为 4.5%和 7.2%。Silva 等（2012）对果糖还原 Cr(VI)的动力学进行探究发现，在 pH=1 的条件下，果糖浓度为 3.6g/L，Cr(VI)浓度为 42mg/L 时，动力学常数为 $9\times10^{-6}s^{-1}$。以上结果证明，在 pH=2 的条件下，糖浆中化学还原 Cr(VI)的活性物质主要为多酚，还原糖的作用很小，糖浆化学还原 Cr(VI)的机理图如图 11-13 所示，反应后生成的 Cr(III)会与羧酸络合。

11.3.4　糖浆生物还原地下水中 Cr(VI)的机理

糖浆的组分复杂，在生物还原 Cr(VI)的过程中，不同的组分有可能发挥不同的作用，这与简单有机质作为单一碳源的作用不同。糖浆作为快速生效的基质其中含有大量糖类，通过与葡萄糖、乳化植物油对比修复 Cr(Ⅵ)的效果，揭示糖浆作为营养物质的独特之处。

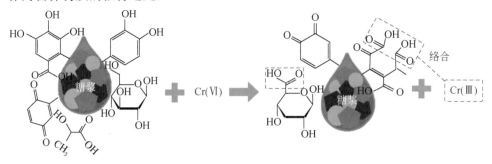

图 11-13　糖浆化学还原 Cr(Ⅵ)机理图

1. 糖浆与葡萄糖对 Cr(Ⅵ)的处理效果对比

在满足液体取样量的需求下，尽量接近地下饱和含水层的条件，实验的水土质量比为 4∶5，100mL Cr(Ⅵ)污染溶液，100mL 营养物质（糖浆或葡萄糖溶液）以及 250g 中砂。Cr(Ⅵ)初始浓度为 20mg/L 和 50mg/L；葡萄糖添加浓度为 1g/L、2g/L 和 3g/L，糖浆浓度为 3g/L。

图 11-14 是糖浆和葡萄糖对 20mg/L 和 50mg/L Cr(Ⅵ)的去除效果图。从图 11-14（a）中可以看出，3g/L 的糖浆对 20mg/L Cr(Ⅵ)的去除效果远好于 3g/L 的葡萄糖，Cr(Ⅵ)的平均去除速率分别为 0.54mg/（L•h）和 0.07mg/（L•h）。相同添加浓度下，糖浆对 Cr(Ⅵ)的平均去除速率是葡萄糖的 8 倍。当 Cr(Ⅵ)浓度增大到 50mg/L 时，糖浆和葡萄糖对 Cr(Ⅵ)的去除效果如图 11-14（b）所示，440h 时，添加葡萄

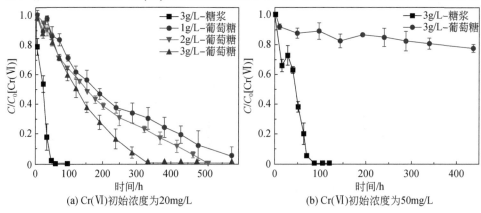

(a) Cr(Ⅵ)初始浓度为20mg/L　　(b) Cr(Ⅵ)初始浓度为50mg/L

图 11-14　糖浆和葡萄糖对 Cr(Ⅵ)的去除效果图

糖体系中对 Cr(VI)的去除率仅为 23%；而糖浆在 90h 时的去除率达到 100%。

通过对糖浆和葡萄糖体系中二价铁［Fe(Ⅱ)］和微生物数量变化情况的分析，表明糖浆体系中前期 Cr(VI)还原菌起到直接还原 Cr(VI)的作用，后期异化铁还原菌也开始发挥作用，将介质上的三价铁［Fe(Ⅲ)］还原为 Fe(Ⅱ)，Fe(Ⅱ)再将 Cr(VI)还原为 Cr(Ⅲ)。而在葡萄糖体系中，介质上的 Fe(Ⅱ)含量并无变化，在该体系仅有 Cr(VI)还原菌作用。从微生物的数量变化能够看出，糖浆添加体系中微生物活性明显大于葡萄糖体系。

2. 糖浆、葡萄糖及乳化植物油对低浓度 Cr(VI)还原效果对比

微生物对 Cr(VI)的还原效率受到碳源种类的影响，为研究糖浆生物还原 Cr(VI)过程中的特异性机理，同时对比了葡萄糖和乳化植物油（emulsified vegetable oil，EVO）对 Cr(VI)生物还原的效果。图 11-15（a）为不同类型碳源刺激下 Cr(VI)的去除情况，Cr(VI)的初始浓度为 25mg/L。从图中可以看出，糖浆对 Cr(VI)的去除效果远远优于其他两种碳源。糖浆、葡萄糖和乳化植物油体系中 Cr(VI)的平均去除速率分别为 0.42mg/(L·h)、0.04mg/(L·h)和 0.04mg/(L·h)，Cr(VI)去除率分别为99.9%、20.9%和 20.3%。反应过程中微生物数量的变化如图 11-15（b）所示，3个体系中均有微生物生长，在糖浆体系中微生物数量更多。说明在糖浆的诱导下，环境中更容易驯化出 Cr(VI)还原菌，相比于其他两个体系，更能保护微生物免受 Cr(VI)的毒害作用，所以微生物数量更多。乳化植物油作为水溶性较差的碳源，可能被吸附在含水层介质上缓慢释放碳源，所以其对 Cr(VI)的生物还原作用较慢。

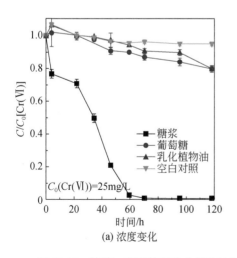
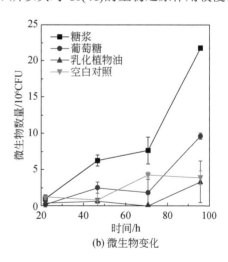

图 11-15　糖浆、葡萄糖和乳化植物油添加下 Cr(VI)浓度和微生物数量的变化图

3. 三维荧光光谱与电化学特性分析

糖浆中包含葡萄糖、蔗糖和果糖，以及植物多酚、类黄酮、小分子有机酸等物质。糖浆中总糖含量约占 50%，可做主要的营养碳源，但其他组分发挥的作用尚不清楚。利用三维荧光光谱对糖浆中反应前后的有机质组分进行分析。图 11-16 为糖浆、葡萄糖和乳化植物油与 Cr(VI) 反应前后的三维荧光光谱。其中，Ⅰ区代表酪氨酸类蛋白物质；Ⅱ区代表色氨酸类物质，主要含有羧基和羟基；Ⅲ区和Ⅳ分别为类富里酸类物质和溶解性微生物代谢产物，主要含有羧基和羟基；Ⅴ区代表腐殖质类物质。

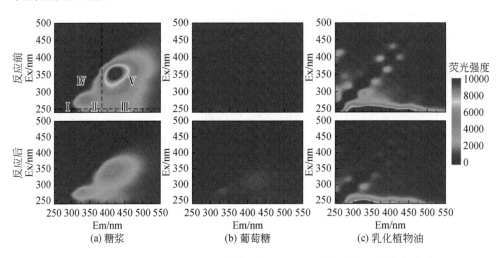

图 11-16　糖浆、葡萄糖和乳化植物油与 Cr(VI) 反应前后的三维荧光光谱

Ex 为激发波长；Em 为发射波长

从图 11-16（a）中可以看出，糖浆有两个荧光峰。第一个峰位于 Em=325nm、Ex=275nm 附近，为溶解性微生物代谢产物，该位置的碳易于被利用。第二个峰位于 Em=420nm、Ex=350nm 附近，为腐殖酸类物质，含有多环芳烃或醌类结构，通常情况下这类碳较难被微生物利用。其中，第二个峰的荧光吸收强度很高，说明糖浆中含有大量的类腐殖酸类物质。Hatano 等利用元素分析和红外表征手段，证明糖浆中含有的着色物质是一种类腐殖酸物质，与腐殖酸具有极相似的官能团。另有研究表明，腐殖酸类物质中的醌类基团，可作为电子穿梭体，对微生物胞外电子转移有显著的促进作用（Lovley et al.，1996）。反应后的糖浆组分中类腐殖酸类物质的荧光强度变弱，可能是参与微生物还原 Cr（VI）的过程中，被含水层介质吸附络合，或与其他物质发生反应转变为不具有荧光特性的物质。已有研究表明，腐殖酸类物质在异化铁还原作用中既可以作为电子穿梭体又可以作为电子供

体被微生物利用。醌类物质被还原后生成的酚可能会表现出其他性质的荧光，如类酪氨酸或色氨酸，导致腐殖酸类物质荧光强度变弱。而类腐殖酸类物质含有的羟基、羧基等官能团，也可能导致糖浆组分与矿物结合，从而影响微生物的异化铁还原过程，这也会导致生物反应后，糖浆中类腐殖酸类物质荧光强度下降。

葡萄糖的荧光图 [图 11-16（b）] 则没有类似糖浆的荧光峰。由于乳化植物油为长链碳源，体系中微生物活性较小，反应前后的荧光成分未发生明显变化 [图 11-16（c）]，主要成分为蛋白质类物质。

为了探究糖浆体系是否具有电子穿梭的能力，对糖浆和葡萄糖进行循环伏安曲线分析，结果如图 11-17 所示。糖浆的循环伏安曲线在+0.41/+0.16V 观察到一对氧化还原峰，证明糖浆具有氧化还原能力。糖浆具有较高的氧化峰电流，还原峰电流较小，说明其中存在部分不可逆的电活性基团。根据糖浆组分分析，其中氧化峰由糖浆中的酚类等还原性物质所贡献，还原峰可能是由糖浆中的醌类物质及一些具有可逆电子转移作用的非醌官能团所贡献。其中存在一些官能团，在电化学还原过程中不可逆，会被消耗。

由微生物、三维荧光光谱和电化学分析可以证明，糖浆中含有能够可逆的传递电子的物质，其中包含类腐殖酸类物质，这些物质使得糖浆在生物还原 Cr(VI) 的过程中发挥了除碳源外的独特作用，能够加速电子的传递。

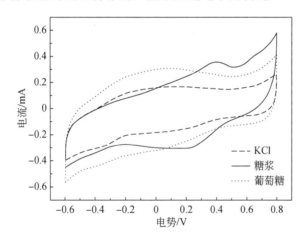

图 11-17　KCl、糖浆和葡萄糖的循环伏安曲线

4. 糖浆组分对 Cr(VI)还原的影响

在糖浆处理体系中多次添加 Cr(VI)后，Cr(VI)的去除速率降低，营养物质消耗殆尽。此时，取上清液过 0.22μm 滤膜，去除微生物后得到糖浆提取液，用于强化葡萄糖还原 Cr(VI)试验，糖浆提取液中含有不易被微生物利用的有机质和分泌

物。在250g中砂中添加100mL Cr(Ⅵ)溶液,摇匀后再添加60mL葡萄糖溶液,40mL糖浆提取液。反应体系中Cr(Ⅵ)初始浓度为25mg/L和43mg/L,葡萄糖初始浓度为3g/L。对照组中添加50mg/L Cr(Ⅵ)溶液100mL,6g/L葡萄糖溶液100mL,对比糖浆提取液对葡萄糖还原Cr(Ⅵ)效果的影响。

糖浆提取液相比于糖浆,消耗掉了微生物可利用的碳源,剩余物质多为不能被微生物轻易利用的有机质,包含小部分可传递电子的介质及生物代谢物。将其添加至葡萄糖修复体系中,可以根据Cr(Ⅵ)的去除效果来检验糖浆中电子穿梭类物质的作用效果。如图11-18(a)所示,对比糖浆、葡萄糖、葡萄糖+提取物3种碳源对Cr(Ⅵ)的修复效果,糖浆生物修复Cr(Ⅵ)的平均去除速率是葡萄糖的10倍以上。添加糖浆提取液的葡萄糖作为生物修复剂,在200h左右可以将25mg/L的Cr(Ⅵ)完全去除,而此时葡萄糖对Cr(Ⅵ)的去除率仅为54%。在450h时,葡萄糖+提取物的体系中对43mg/L Cr(Ⅵ)的去除率为69%,只添加葡萄糖的体系中Cr(Ⅵ)的去除率为27%。相比于只添加葡萄糖的体系,添加提取物的体系中Cr(Ⅵ)的去除速率提高了2~3倍。这说明,糖浆提取物的添加促进了葡萄糖的生物修复效果。

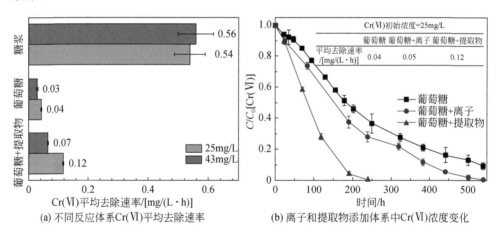

(a) 不同反应体系Cr(Ⅵ)平均去除速率

(b) 离子和提取物添加体系中Cr(Ⅵ)浓度变化

图11-18 不同反应体系Cr(Ⅵ)平均去除速率、离子和提取物添加体系中Cr(Ⅵ)浓度变化图

糖浆及其提取物中含有大量的离子,反应前后含量变化如表11-6所示,这些元素多为微生物生长所需要的,可促进微生物活性。糖浆中含有的硫酸盐和硝酸盐,在生物作用下被去除,硫酸盐浓度由30mg/L降为7mg/L,硝酸盐浓度由20mg/L降为0.09mg/L。这同时也说明,糖浆生物修复Cr(Ⅵ)污染地下水的同时也能去除硫酸盐和硝酸盐污染。修复后的溶液中除Fe以外金属元素的含量均高于糖浆中的浓度,是由于在微生物作用下,砂介质成分溶出,表明微生物对矿物组分会造成一定的影响。为了进一步探究糖浆中离子的作用,向葡萄糖溶液中添加相应含量

的离子，用 NaCl 平衡。图 11-18（b）中对比了离子添加对葡萄糖生物还原 Cr(Ⅵ)
的影响，可以看出离子促进了 Cr(Ⅵ) 的还原。在添加离子的体系中，反应 500h 时
25mg/L 的 Cr(Ⅵ) 的去除率为 98%；未添加离子的体系中 Cr(Ⅵ) 的去除率为 87%。
但相比于糖浆提取物，离子对促进葡萄糖生物修复 Cr(Ⅵ) 的作用有限。综上分析，
各类元素对生物还原 Cr(Ⅵ) 的促进作用并不显著，以类腐殖酸类物质为主的糖浆
提取液对生物还原 Cr(Ⅵ) 的促进作用更明显。

表 11-6　糖浆、葡萄糖+离子与 Cr(Ⅵ)反应前后溶液中的离子含量变化表

溶液	离子含量/(mg/L)									
	Fe^{3+}	Mn^{2+}	Mg^{2+}	Na^+	K^+	Ca^{2+}	SO_4^{2-}	NO_3^-	Cl^-	PO_4^{3-}
糖浆	0.63	0.15	8.44	2.59	93.9	12.2	29.7	20.0	43.6	0.69
糖浆修复后	0.08	7.03	11.2	12.1	94.9	114.7	7.2	0.09	11.7	0.10
葡萄糖+离子	0.62	0.28	11.6	20.4	67.62	14.6	22.2	15.07	36.7	0.69
离子强化修复后	0.00	0.61	16.7	18.4	59.6	73.4	8.51	0.04	21.1	0.09

5. 糖浆生物还原 Cr(Ⅵ) 的机理

综上所述，在 pH<4 时，糖浆主要通过化学还原途径修复 Cr(Ⅵ)污染地下水；
pH>6 时，糖浆主要通过生物还原途径修复 Cr(Ⅵ)污染地下水，在修复前期主要
依靠 Cr(Ⅵ)还原菌的直接还原作用，后期直接还原和间接还原共同作用；微生物
还原 Cr(Ⅵ)主要在胞外进行，产物以 Cr(Ⅲ) 的形式分布在胞外，会以氢氧化物的
形式沉积在含水层介质上。生物还原 Cr(Ⅵ) 的过程中，糖浆中的糖类作为主要的
碳源为微生物提供营养，营养元素为生物提供所需 N、S 等营养，类腐殖酸类物
质及其他有机质能够加速 Cr(Ⅵ)生物还原过程中的电子传递，糖浆中含有的羧酸
等会与 Cr(Ⅲ)形成可溶络合物。因此，综合考虑 Cr(Ⅵ) 的修复和 Cr(Ⅲ) 的沉淀效
果，糖浆在生物修复 Cr(Ⅵ)污染地下水过程中的使用浓度要小于 5g/L。

11.3.5　糖浆原位修复 Cr(Ⅵ)污染含水层的强化技术

1. 糖浆原位还原 Cr(Ⅵ) 的中试研究

1）实验材料和装置

模拟槽装填介质取自伊通河河砂，体系中粒径大于 0.25mm 的颗粒超过全重
的 50%，命名为中砂；风干后去除枯枝、树叶等杂质，备用。介质理化性质相关
参数见表 11-7。

表 11-7 实验用砂相关理化性质表

介质	孔隙度	密度/(g/cm³)	Fe(III)/(mg/g)	Fe(Ⅱ)/(mg/g)	有机质/%
中砂	0.346	1.67	0.71	0.16	0.39

模拟实验槽尺寸为 2.0m×0.4m×1.0m，如图 11-19 所示。模拟槽左侧底部设有进水口 1 个，右侧设有出水口 4 个，正面设有间距为 20cm、距离两侧边界为 10cm 的均匀分布的 50 个取样口，背面设有间距为 20cm 的 11 个口连接测压管。工业糖浆注入井内径为 4cm、长度为 80cm，注入井井身筛孔内径为 3mm，布设于第 2 列和第 3 列取样口中间。监测井沿模拟槽长度方向间距 20cm 均匀分布。模拟槽两端内侧布水板筛孔内径为 3mm，均匀布水。

图 11-19 糖浆原位修复试验模拟装置图

模拟实验介质逐层装填，均匀夯实；装填高度为 70cm 时，均匀添加一层厚为 5cm 的黏土层，以模拟地下含水层相对封闭环境体系。实验前期以 50mg/L Cr(Ⅵ) 溶液污染整个模拟槽含水层，直至含水层体系中 Cr(Ⅵ)浓度基本处于稳定状态，该阶段稳定时间约 28 天。保持 Cr(Ⅵ)污染地下水以 0.5m/d 的流速流经含水层模拟槽的条件不变，开展工业糖浆原位修复 Cr(Ⅵ)污染地下水的放大模拟实验。基于前期批处理、模拟柱实验结果，确定模拟实验运行过程中注入的工业糖浆溶液 Brix 为 1.3%，注入速率为 5.4L/d。取样分析模拟实验体系中 pH、氧化还原电位、溶解氧、Cr(Ⅵ)浓度、总铬、Fe(Ⅱ)浓度、OD600、测压管水位高度变化等相关指标。

2）实验结果分析

图 11-20 为原位修复反应体系地下水中 Cr(Ⅵ)浓度变化情况。待整个模拟含水层全部被 Cr(Ⅵ)污染后，开始注入工业糖浆进行修复实验。工业糖浆通过注入

井匀速注入含水层中，随着反应体系的运行，监测区域范围内 Cr(Ⅵ)浓度迅速变小。当反应体系运行 3 天后，即 Cr（Ⅵ）污染溶液进入含水层的体积约为 1PV（PV 为含水层孔隙体积）时，含水层区域范围内 Cr(Ⅵ)浓度出现不同程度的减小。其中，靠近注入井和模拟槽底部的部分区域 Cr(Ⅵ)浓度减小至 10mg/L 左右。此时，反应体系中 Cr(Ⅵ)浓度降低有两方面的原因：首先，工业糖浆注入含水层后对 Cr(Ⅵ)污染地下水具有稀释效应；其次，工业糖浆注入含水层后通过生物和化学还原途径将 Cr(Ⅵ)转化为 Cr(Ⅲ)。由于工业糖浆的注入量与 Cr(Ⅵ)污染地下水的流量比例为 1∶9，故工业糖浆注入含水层后对污染羽中 Cr(Ⅵ)浓度的稀释作用是有限的。所以，Cr(Ⅵ)浓度减小的主要原因应该是工业糖浆生物还原作用和化学还原作用将污染羽中 Cr(Ⅵ)还原为 Cr(Ⅲ)。

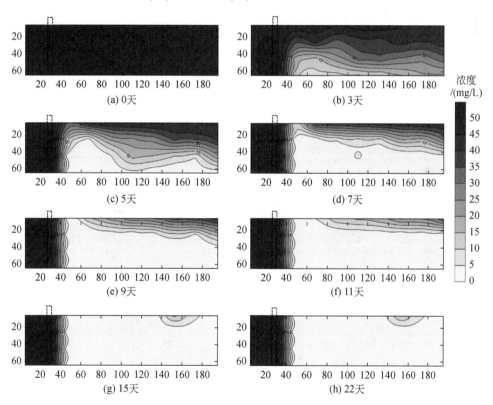

图 11-20　原位修复反应体系地下水中 Cr(Ⅵ)浓度变化图

当反应体系运行 5 天时，注入井下游有超过 25%的反应区域中基本检测不到 Cr(Ⅵ)；随着反应体系的运行，监测区域范围内监测不到 Cr(Ⅵ)的面积逐渐增大，当反应体系运行 15 天时，工业糖浆注入井下游有 95%以上的监测区域基本监测不到 Cr(Ⅵ)。至此，工业糖浆原位修复含水层 Cr(Ⅵ)污染地下水的运行体系基本稳定。在模拟槽注入井下游反应区域中，右上角有小部分区域 Cr(Ⅵ)未能完全去除。这可能是由于工业糖浆在进入含水层后没有随地下水输送到该区域或者到达该区域的工业糖浆量少，该区域修复能力较弱。

图 11-21 为原位修复反应体系地下水中 Fe(Ⅱ)浓度变化情况。在修复初期，反应体系地下水中基本监测不到 Fe(Ⅱ)。当反应体系运行 5 天后，在注入井下游监测区域的下方开始监测到 Fe(Ⅱ)的出现，但浓度较低，小于 6mg/L，该区域监测到的时间点正好契合 Cr(Ⅵ)浓度快速减小区域的时间点。随着反应的进行，注入井下游 30cm 和含水层模拟槽下方区域地下水中 Fe(Ⅱ)浓度逐渐增大，且有自下而上扩展的趋势。反应体系稳定以后，地下水中 Fe(Ⅱ)浓度在含水层的下游区域大于靠近注入井附近区域。局部区域 Fe(Ⅱ)浓度达到 300mg/L 以上。这一变化规律恰好与地下水中 Cr(Ⅵ)浓度的变化趋势呈现负相关关系。这表明，Cr(Ⅵ)的去除主要与间接生物还原有关，生物作用将地层介质中的铁矿物还原为 Fe(Ⅱ)，进入地下水中，Fe(Ⅱ)可以将地下水中的 Cr(Ⅵ)还原为 Cr(Ⅲ)，发生沉淀去除。随着

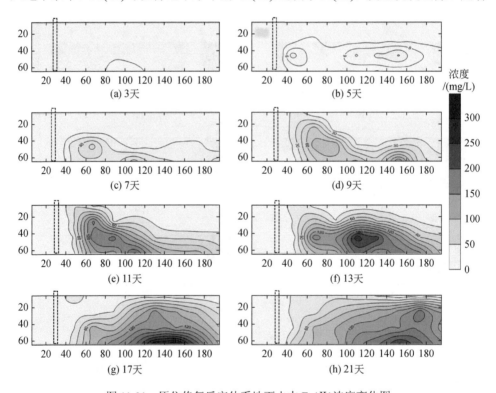

图 11-21 原位修复反应体系地下水中 Fe(Ⅱ)浓度变化图

反应的进行，不断消耗地下水中的 Fe(Ⅱ)，导致注入井周围其浓度降低。

图 11-22 为原位修复反应体系地下水中 OD600 变化情况。OD600 可定性表征溶液中细胞密度情况，其值越大，微生物细胞密度越大，生物活性越强。反应体系运行前，含水层模拟槽溶液中基本检测不到 OD600 值，当反应体系运行 3 天后，模拟槽注入井下游靠近含水层底部区域开始检测到 OD600 值，但数值普遍小于 0.08，此时工业糖浆注入含水层后微生物代谢较弱，处于调整期。随着修复实验的进行，含水层中靠近注入井区域和模拟槽底部区域的 OD600 值不断增大，且沿地下水水流方向自下而上逐渐扩大。反应体系稳定以后，含水层中 OD600 值在靠近注入井和模拟槽底部区域较大，其分布规律与模拟槽地下水中 Brix 在含水层中的分布规律相一致，即 Brix 越大的区域，OD600 值越大，微生物代谢活动越强。

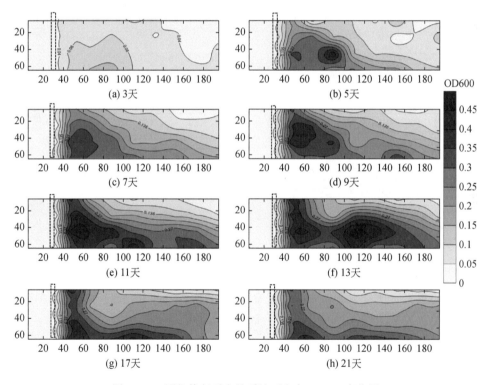

图 11-22　原位修复反应体系地下水中 OD600 变化图

图 11-23 为原位修复反应体系地下水中 pH 变化情况。在工业糖浆（pH 为 6.0±0.2）注入之前，地下水污染羽的 pH 为 6.9±0.2。注入工业糖浆 5 天后，反应体系中的 pH 没有发生明显变化。可能是由于含水层介质的酸碱缓冲作用，以及工业糖浆刺激微生物代谢作用尚处于初期阶段所致，微生物降解产酸量较少。当修复实验进行 7 天后，在注入井下游 30cm 处的反应区域，pH 开始出现明显下降现象；而后

随着反应体系的运行，pH 逐渐减小，其减小的区域也逐渐增大。当反应体系运行21 天后，在注入井下游 30cm 靠近模拟槽底部区域的 pH 达到 5.0 以下。产生这种现象的原因可能是，注入井下游 30cm 区域 Cr(VI)污染物已完全被去除，大量的工业糖浆为微生物提供碳源，促进微生物厌氧发酵，产生大量的小分子有机酸，致使反应体系 pH 降低。上述实验结果表明：工业糖浆的注入量并不是越大越好，因为环境 pH 的降低不利于 Cr(III)的沉淀，同时还会导致含水层中可能存在的其他重金属迁移性增强。

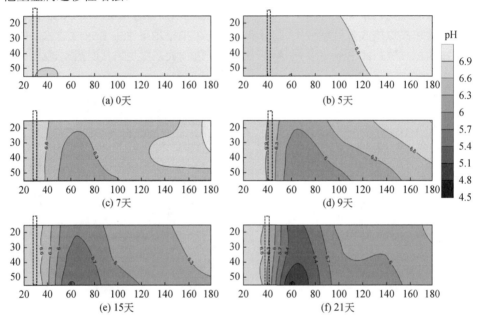

图 11-23 原位修复反应体系地下水中 pH 变化图

实验室二维槽模拟实验表明，在室温（20℃）条件下，原位注入工业糖浆可以有效地修复低浓度（50mg/L 以下）的 Cr(VI)污染地下水。

2. 糖浆原位修复技术的强化

地下含水层的环境温度一般较低，如我国北方浅层地下水温度为 5～10℃，在低温条件下，糖浆原位修复 Cr(VI)污染的启动慢、速率低；此外，修复效果还受地下水中 Cr(VI)初始浓度的影响，一般认为浓度大于 100mg/L 的 Cr(VI)污染地下水难以使用糖浆进行原位修复。因此，为了加快 Cr(VI)生物还原的启动、扩展工业糖浆原位修复的使用范围，采用抗坏血酸进行糖浆修复 Cr(VI)的强化研究。

1）抗坏血酸的强化修复作用

抗坏血酸作为一种多羟基有机酸，无毒无害，环境友好，可以快速还原水中的 Cr(VI)污染物。为了研究在地下含水层较低温度条件下，抗坏血酸是否能够强化糖浆对 Cr(VI)污染进行修复，利用自制温控装置，在 8℃下对抗坏血酸强化糖浆修复 Cr(VI)污染的可行性进行了研究。

图 11-24 为不同初始溶解氧浓度和抗坏血酸添加量下 Cr(VI)的去除曲线。共设置了 4 种抗坏血酸投加量，抗坏血酸与 Cr(VI)的摩尔比分别为 0.5∶1、1∶1、1.5∶1、2∶1。从图中可以看出，随着摩尔比的增大，对 Cr(VI)的去除效果增强；但当比例为 1.5∶1 和 2∶1 时，污染物的去除效果增强不显著，因此确定抗坏血酸去除 Cr(VI)的最佳摩尔比为 1.5∶1。抗坏血酸去除 Cr（VI）的机理为化学还原，可以去除高浓度下的地下水污染（浓度大于 100mg/L）。

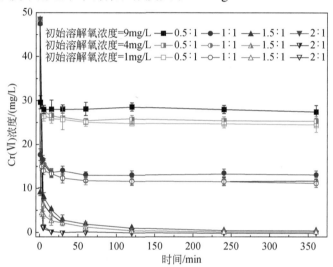

图 11-24　不同初始溶解氧浓度和抗坏血酸添加量下 Cr(VI)的去除曲线

表 11-8 为模拟含水层低温环境下，糖浆与抗坏血酸强化糖浆对 Cr(VI)污染的修复实验设置，其中只用糖浆修复设置了不同 Cr(VI)污染浓度的 4 种情形（M1～M4）；抗坏血酸强化糖浆修复设置了不同抗坏血酸浓度的 3 种情形（AM1～AM3）。模拟实验温度设置为 8℃。

表 11-8　低温环境下 Cr(VI)污染修复模拟实验设置表

项目	糖浆修复				抗坏血酸强化糖浆修复		
	M1	M2	M3	M4	AM1	AM2	AM3
Cr(VI)浓度/(mg/L)	50	42	32	16	50		
糖浆浓度/(g/L)	3				3		
抗坏血酸浓度/(mg/L)	—				38	86	170

图 11-25 为只有糖浆修复的情形,Cr(Ⅵ)初始浓度为 50mg/L、42mg/L、32mg/L 和 16mg/L。Cr(Ⅵ)初始浓度对低温下的修复效果起到重要的作用[图 11-25 (a)]。从图中可以看出,Cr(Ⅵ)浓度越低,修复时间越短。22 天时,初始浓度 50mg/L 体系中 Cr(Ⅵ)的去除率为 99.9%,其他浓度下 Cr(Ⅵ)的去除率在 14 天时即可达到 99%。糖浆修复 Cr(Ⅵ)的过程主要分为两个阶段,前 7 天为第一阶段,生物驯化为主;7 天后为第二阶段,生物还原为主。驯化阶段微生物活性较低,因此 Cr(Ⅵ)的去除缓慢。随着微生物的生长繁殖,微生物对 Cr(Ⅵ)的还原能力增强,到达修复的第二阶段,Cr(Ⅵ)的去除速率增大。在模拟实验的 4 个体系中,Cr(Ⅵ)初始浓度较小,对微生物的毒害作用小,因此前期驯化过程中可以观察到明显的还原作用,7 天后的还原速率增大。

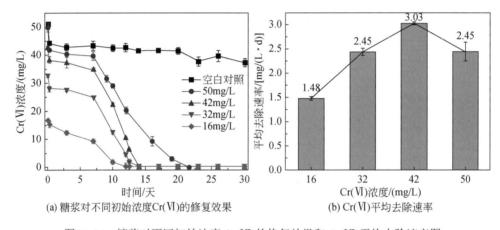

(a) 糖浆对不同初始浓度Cr(Ⅵ)的修复效果 (b) Cr(Ⅵ)平均去除速率

图 11-25 糖浆对不同初始浓度 Cr(Ⅵ)的修复效果和 Cr(Ⅵ)平均去除速率图

由图 11-25 (b) 可以看出,随着初始 Cr(Ⅵ)浓度的增加,污染物的平均去除速率先增大后减小,分别为 1.48mg/(L·d)、2.45mg/(L·d)、3.03mg/(L·d)和 2.45mg/(L·d)。Cr(Ⅵ)作为一种底物,在 Cr(Ⅵ)还原酶饱和前,底物浓度越大,反应速率越快。还原酶饱和后,Cr(Ⅵ)浓度再增大,反应速率也不会变化;而此时 Cr(Ⅵ)对微生物的毒性持续增大,导致生物活性减弱,还原能力降低。8℃地下水中糖浆刺激土著微生物原位修复在 Cr(Ⅵ)浓度超过 42mg/L 后,去除速率下降。因此,在低温地下水的修复中,可以考虑前期采用抗坏血酸将高浓度的 Cr(Ⅵ)去除至 40mg/L 以下,后续再利用糖浆修复剩余 Cr(Ⅵ),尽可能缩短修复周期,降低修复费用。

图 11-26 为只有糖浆修复(M1)与抗坏血酸强化糖浆修复(AM1~AM3)的 Cr(Ⅵ)去除曲线和平均去除速率。实验中 Cr(Ⅵ)初始浓度均为 50mg/L。

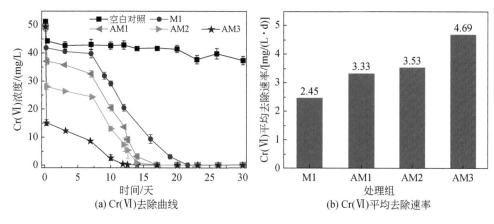

图 11-26　糖浆修复（M1）与抗坏血酸强化糖浆修复（AM）的 Cr(Ⅵ)
去除曲线和平均去除速率图

M1 体系中 Cr(Ⅵ)的去除速率较缓慢，修复 22 天以后，污染物的去除率达到 99%，平均去除速率为 2.45mg/(L·d)；而添加 38mg/L、86mg/L 和 170mg/L 的抗坏血酸后，强化修复体系 AM1、AM2 和 AM3 中，Cr(Ⅵ)的去除率在 17 天后均能达到 99%以上，Cr(Ⅵ)的平均去除速率分别为 3.33mg/(L·d)、3.53mg/(L·d)和 4.69mg/(L·d)，与没有进行强化的 M1 体系相比，增大了 0.88～2.24mg/(L·d)。抗坏血酸添加量越大，由抗坏血酸化学还原快速反应掉的 Cr(Ⅵ)越多，体系中 Cr(Ⅵ)浓度降低，后续生物修复所需时间变短，所以整体的 Cr(Ⅵ)去除速率也变快。

2）微生物群落结构分析

通过微生物多样性指数分析，可以综合反映不同处理体系中含水层介质上微生物群落的丰富度和均匀度。丰富度指数 Ace 和 Chao 指数越大，表明群落中物种数目越大，该样本中微生物种类更丰富。Shannon 指数越大，表明群落中的物种多样性和均匀度越高。Simpson 指数越大，表明群落多样性越低。均匀度 Shannoneven 指数反映各物种相对丰度的均匀程度。Coverage 指数用来评价测序结果与样本真实情况的差异，其数值越高，越能反映样本的真实情况。表 11-9 为糖浆体系（M1）和抗坏血酸强化修复体系（AM1 和 AM2）中生物多样性指数统计，表中较高的 Coverage 指数说明实验结果可靠。3 个体系中 Cr(Ⅵ)初始浓度均为 50mg/L，AM 体系中生物多样性比 M 体系更高，再次证明由于抗坏血酸的添加，Cr(Ⅵ)浓度降低，从而降低了生物毒性，使群落多样性更高。基于同样的原因，AM2 体系中群落的多样性高于 AM1。

表 11-9 糖浆体系和抗坏血酸强化修复体系中生物多样性指数统计表

体系	Chao	Ace	Shannon	Simpson	Shannoneven	Coverage
M1	147.52	152.39	1.39	0.43	0.29	1.00
AM1	155.06	156.92	1.89	0.25	0.38	1.00
AM2	168.07	169.95	2.23	0.18	0.45	1.00

对不同体系中属水平上微生物群落结构进行分析，如图 11-27 所示。在对照组中，微生物的优势菌为芽孢杆菌属（53%），其次为节杆菌属和马赛菌属，分别占比 17%和 14%，说明这 3 种菌具有较好的 Cr(VI)抗性；添加糖浆的修复组，优势菌变为节杆菌属，占比为 62%，其次是芽孢杆菌属，占比为 26%；添加抗坏血酸和糖浆的强化修复体系，优势菌为芽孢杆菌属，其次是节杆菌属。由此推断，芽孢杆菌属和节杆菌属对 Cr(VI)的还原起到了重要的作用。节杆菌属是地下环境中常见的微生物之一，现有的大量研究中表明从 Cr(VI)污染土壤中分离出的节杆菌属具有 Cr(VI)抗性和还原能力（Silva et al.，2012；Shang et al.，2023）。

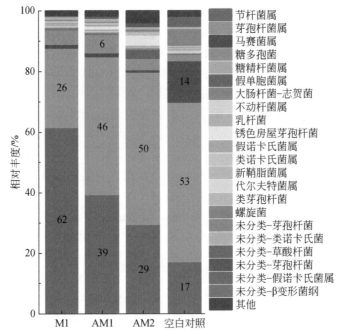

图 11-27 不同修复剂添加下物种相对丰度图（属水平）

抗坏血酸强化糖浆修复的体系（AM）中优势菌为芽孢杆菌属，节杆菌属为次优势菌。对比未添加任何修复剂的对照体系，节杆菌属有所增加，芽孢杆菌属略有降低；在抗坏血酸添加量更大的 AM2 体系中，节杆菌属丰度小于 AM1 体系，说明与 Cr(VI)反应后生成的氧化产物的存在对节杆菌属的生长有不利影响，对芽孢杆菌属生长有利。

Cr(VI)浓度对微生物群落结构分布有重要的影响，芽孢杆菌属具有 Cr(VI)还原作用，在低浓度体系中繁殖速率高于节杆菌属。实验结果表明，Cr(VI)初始浓度大于 30mg/L 的体系中优势菌均为节杆菌属，芽孢杆菌为次优势菌。在体系中检测到的微生物中很多除了具有 Cr(VI)还原能力外，还具有铁还原能力，如芽孢杆菌属、假单胞菌属、不动杆菌属等（Alabbas et al.，2013），证明了反应过程中同时包含 Cr(VI)的直接生物还原和间接还原两种途径，与前面的研究结果一致。

3）抗坏血酸强化糖浆原位修复 Cr(VI)污染的含水层

前面的研究表明：地下水中 Cr(VI)初始浓度越高，对生物活性的抑制作用越强，使糖浆生物修复高浓度 Cr(VI)（大于 100mg/L）污染地下水的效果变差，甚至无法去除。此外，低温环境下，糖浆原位生物修复具有启动慢、去除速率低等问题。因此，可以采用抗坏血酸强化糖浆修复，降低 Cr(VI)浓度，减弱其毒性，有效增大污染物的去除速率，从而解决上述存在的问题。

利用二维模拟槽，开展了抗坏血酸强化糖浆修复高浓度 Cr(VI)污染地下水的放大试验研究，对比低浓度（50mg/L）和高浓度（150mg/L）两种情况下强化技术的应用模式。在实验过程中对修复效果、生物反应带的抗冲击能力等进行了分析。

图 11-28 为地下水中 Cr(VI)污染浓度为 50mg/L 时的修复效果。修复开始时同时添加糖浆和抗坏血酸，首先利用抗坏血酸化学还原 Cr(VI)，降低污染浓度，同时糖浆向下游分布刺激土著微生物生长繁殖，逐渐发挥生物还原作用。由图可以看出，注入修复剂 96h 后，注入井下游的 Cr(VI)污染地下水得到有效去除。实验开始，按照稍大于理论计算值添加抗坏血酸，待污染物浓度降低，糖浆作用使微生物不断生长繁殖时，减少抗坏血酸的注入量，处理效果表明注入井下游 Cr(VI)的浓度始终低于检测限，说明糖浆发挥了去除 Cr(VI)的主导作用。形成的生物反

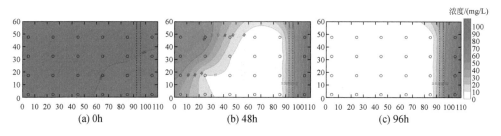

图 11-28　抗坏血酸强化糖浆技术对 Cr(VI)污染含水层的修复效果图

应带能够持续保持对地下水中 Cr(VI)的较高去除性能。在单独注入工业糖浆的中试研究中，注入糖浆 3 天后生物反应带开始形成，经过 15 天的运行才将注入井下游的 Cr(VI)完全去除。相比之下，抗坏血酸强化糖浆对 Cr(VI)的修复更为快速有效。

为了考察形成的生物反应带对高浓度 Cr(VI)的抗冲击能力，提高进水 Cr(VI)浓度，逐渐使槽内 Cr(VI)污染物浓度达到 100mg/L 和 150mg/L，观察地下水中 Cr(VI)的浓度变化（图 11-29）。当模拟槽进水浓度增大到 100mg/L，48h 后对槽内 Cr(VI)分布进行监测可以看到，地下水中 Cr(VI)浓度变化不太明显，表明生物反应带能抵抗 100mg/L 的 Cr(VI)冲击。Cr(VI)进水浓度继续增大到 150mg/L 后，从修复48h 和 96h 后的监测结果可以看出，反应带从含水层的底部有 Cr(VI)浓度升高的迹象。由前面的研究可知，高浓度的 Cr(VI)对微生物具有毒害作用，单独依靠糖浆的微生物还原作用无法完全去除 150mg/L 的 Cr(VI)污染，需要对其进行强化修复。

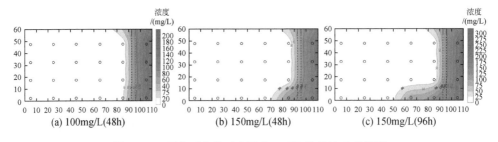

图 11-29　原位反应带对高浓度 Cr(VI)的抗冲击效果图

对于地下水中 Cr(VI)浓度大于 150mg/L 的情形，上述在含水层中形成的原位生物反应带难以有效修复。因此，采用调整抗坏血酸注入量和持续时间等方式，进行强化修复。图 11-30 为地下水中 Cr(VI)浓度为 150mg/L 时的修复效果。

在修复开始后的第 2 天，可以观察到注入井附近下游污染地下水得到有效去除，地下水中 Cr(VI)浓度降低的面积不断扩大；第 7 天时已经波及整个模拟装置；第 11 天注入井下游地下水中的 Cr(VI)基本被去除；第 13 天时降低了注入的抗坏血酸浓度，发挥糖浆的修复作用；在 13～15 天内可以看出，该浓度的修复剂能完全去除来自上游地下水中的 Cr(VI)；第 15 天再次减小抗坏血酸添加量，但在 15～19 天，含水层下部部分区域 Cr(VI)浓度逐渐升高，表明需要分阶段持续注入抗坏血酸进行强化。从模拟实验得到：注入含水层中的抗坏血酸浓度在 0.274～0.417g/L 为宜。

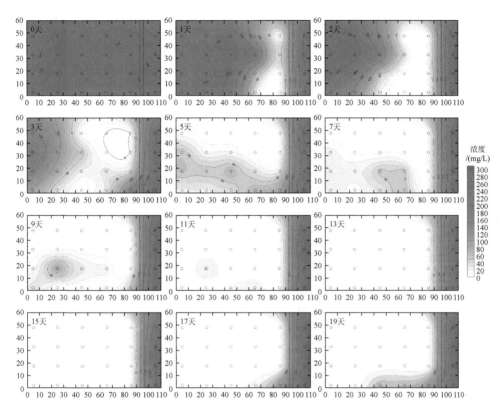

图 11-30　抗坏血酸强化糖浆原位修复对高浓度 Cr(Ⅵ)污染含水层的修复效果图

第 12 章 污染场地的监测自然衰减

12.1 概　　述

目前，地下水污染的防控受到了高度关注，我国提出了污染风险管控与修复相结合的地下水污染防治策略，即充分利用地下自然环境对污染物的衰减、净化作用，结合对污染源带的制度控制和工程控制来实现对地下水污染的治理[①]；对于污染严重的敏感性地下水污染场地，则采用主动修复的方法。过去对污染场地的调查和刻画常常不能满足对自然衰减客观和真实评估的需求（Wiedemeier et al.，1999），污染物在自然和人为变化复杂条件下的衰减过程和机制尚不十分清楚。在实际工作中，缺少对地下水中不同污染物在环境中的作用过程，以及环境条件变化和人类活动对污染物自然衰减动力学等方面的研究（Kueper et al.，2014；赵勇胜，2015），导致地下水污染风险管控可行性的评估缺少科学依据，存在很大的主观性。对于什么样的地下水污染场地可以实施风险管控，已经成为困扰管理决策者的瓶颈问题。因此，开展复杂环境条件下地下水污染的自然衰减机制研究、为地下水污染风险管控可行性评估奠定基础，具有非常重要的理论和实际意义。

监测自然衰减（MNA）是指依赖自然衰减过程在合理的时间内，不用人工干预就能够减少土壤和地下水中污染物的质量、毒性、迁移性、体积或浓度，使污染物达到特定场地的修复目标。自然衰减过程可以是对污染物破坏性和非破坏性的降解，包括多种物理、化学或生物过程，如生物降解、弥散、稀释、吸附、挥发、化学或生物固化、转化等。

监测自然衰减一般与其他主动修复技术联合使用，如源控制技术；或作为其他修复技术的后续行动。美国国家环境保护局认为，监测自然衰减并不能成为所有污染场地默认或推定的修复方法，因为其应用在不同的场地变化非常巨大（Wiedemeier et al.，1999）。

当地下水污染羽达到稳定（或衰减）状态时，吸附作用就不再是主要的衰减机制。最重要的衰减机制是生物转化、对流排泄和挥发。Martin 和 Imbrigiotta（1994）研究过一个纯三氯乙烯泄漏场地，泄漏 10 年后，污染羽达到稳定或衰退。这时，

---

① 赵勇胜，秦传玉，侯德义，等. 2021. 地下水污染阻隔技术指南. 中关村中环地下水污染防控与修复产业联盟.

地层中细介质的淋滤和解吸附是地下水中三氯乙烯的唯一来源。三氯乙烯的解吸附速率为 15～85mg/s，厌氧生物转化消耗速率为 30mg/s，对流进入地表水的速率为 2mg/s，挥发速率为 0.1mg/s。一般情况下，挥发是重要的衰减机制，但本例中，由于较强的地面水入渗补给，限制了挥发作用。

对地下水而言，污染源包括可移动的自由相 NAPL 和残余相 NAPL，通常大量的污染物存在于污染源带的自由相和残余相，而水溶相中的污染物质量相对较小。因此，应用监测自然衰减时，去除和处理污染源带的自由相和残余相 NAPL 非常必要。如果特定场地去除和处理自由相和残余相 NAPL 不可行，则需要采用源遏制（阻隔）的方法进行处理。

12.2　影响污染物在地下环境中归趋和迁移的重要过程

污染物在地下环境中的归趋和迁移主要受污染物的物理、化学性质，以及地层介质的特性所控制。有许多作用过程可以导致地下水中溶解性污染物浓度或质量的降低：只能降低污染物的浓度，但不能降低系统中污染物的总体质量的过程，可称为非破坏性衰减过程（或视衰减、表观衰减）；能够使污染物在系统中降解的过程被称为破坏性衰减过程。非破坏性衰减过程主要包括：地下水对流、水动力弥散、吸附、稀释和挥发。破坏性衰减过程可以导致污染物的降解过程，包括生物降解作用和非生物降解作用，一般以生物降解作用为主，非生物降解速率通常比生物降解速率小。表 12-1 为影响污染物归趋和迁移的重要作用过程（USEPA，1998），需要考虑的重要影响因素包括：

（1）污染物特性：土-水分配系数（K_d）、有机碳分配系数（K_{oc}）、辛醇-水分配系数（K_{ow}）、水溶解度、蒸气压、亨利常数。

（2）含水层环境特性：土著微生物种群、含水层渗透系数、孔隙度、含水层介质总有机碳、容重、含水层非均质性、环境水文地球化学等。

表 12-1　影响污染物归趋和迁移的重要作用过程表

作用过程	描述	影响因素	作用效果
对流	污染物随地下水运动	含水层特性，主要是渗透系数、有效孔隙度和水力梯度	驱动地下水中污染物运移的主要机制
弥散	地下水运动和含水层非均质性导致的流体混合	含水层特性和观测尺度	导致污染羽的纵向、横向和垂向扩展，浓度降低
扩散	分子扩散导致的污染物扩展和稀释	污染物特性和浓度梯度，由菲克定律描述	由高浓度区域向低浓度区域扩散
吸附	含水层介质与污染物间的作用，相对疏水的有机物趋于于被有机碳和黏土矿物吸附	含水层介质特性（有机碳和黏土矿物、容重、比表面积、孔隙度）和污染物特性（溶解度、疏水性、辛醇-水分配系数）	降低溶质运移速度，污染物由地下水中进入含水层介质

作用过程	描述	影响因素	作用效果
补给 (稀释)	水运移穿越地下水位,补给含水层	含水层介质特性、包气带厚度、与地表水作用以及气候	导致污染羽的稀释,可能补充电子受体浓度,特别是溶解氧
挥发	溶解于地下水的污染物挥发成为气相(土壤气)	污染物蒸气压和亨利常数	去除地下水中污染物,进入土壤气中
生物降解	微生物介导的降解,污染物的氧化-还原反应	水文地球化学、微生物种群和污染物特性	可能导致污染物的彻底去除,是重要的污染物质量降低过程
非生物降解	无微生物参与的降解,污染物的化学转化反应,卤代有机物在地下水环境中可以被非生物降解	污染物特性和水文地球化学	可导致污染物的部分或彻底去除,降解速率一般小于生物降解速率
NAPL 分配	从 NAPL 分配进入地下水中,NAPL 羽(可移动或残余相)趋向于成为地下水污染的持续来源	含水层介质、污染物特性以及地下水流动通量	污染物从 NAPL 分解,进入地下水中

在地下水污染自然衰减研究中,区分破坏性和非破坏性作用过程非常重要,有助于准确了解、判断和预测地下水中污染物的归趋和迁移。

12.2.1　非破坏性衰减过程

对流是地下水中溶解性污染物迁移的主要驱动力,污染物随地下水流而迁移,可用达西定律来描述。

吸附是可逆反应,当溶质浓度发生变化,污染物被吸附和解吸附也发生变化。因此,吸附不能够永久性地去除地下水中污染物,但它能够阻滞污染物的迁移。溶解性污染物的吸附机理比较复杂,包括范德瓦尔斯力、库仑力、氢键键合、配体交换、化学吸附、偶极力、疏水力等。有机化合物在含水层中一般通过疏水结合作用被吸附,含水层中有两种介质对有机污染物具有吸附效果:有机质和黏土矿物。在多数含水层中,有机质含量控制着有机污染物的吸附作用。存在一个临界有机质水平(f_c),当含水层中有机质质量比小于 f_c 时,矿物表面的吸附占主导地位;当有机质质量比大于 f_c 时,以有机质吸附为主(McCarty et al., 1981)。

$$f_c = \frac{A_s}{200} \frac{1}{K_{ow}^{0.84}} \tag{12-1}$$

式中,f_c 为临界有机质水平(质量比);A_s 为含水层介质矿物组分的比表面积(m^2/g);K_{ow} 为辛醇-水分配系数。

影响挥发作用的因素较多,包括污染物浓度、浓度随深度的变化、污染物的亨利常数、污染物的扩散系数、污染物在水和土壤气中质量传输系数、吸附、水的温度等（Larson and Weber，1994）。由于氯代溶剂和 BTEX 的理化特性，其亨利常数一般较小，这些污染物从地下水中的挥发作用相对较为缓慢。但氯乙烯例外，其有较高的亨利常数（1.22atm·m³/mol）。Chiang 等（1989）研究表明：在饱和地下水环境，溶解于地下水中的 BTEX 由于挥发作用的去除小于 5%（以质量计）。Rivett（1995）观测到，在地下气-水界面 1m 以下，很难检测到挥发气体的存在。此外，气体传输通过毛细带是非常缓慢的（McCarthy and Johnson，1992），进一步限制了转化速率。因此，当考虑到微生物降解作用时，从保守的角度出发，挥发作用可以忽略不计。

地下水的补给对于自然衰减有两个作用效果：一是对地下水污染物浓度的稀释；二是携带电子受体能够改变地下水的地球化学过程。评估地下水补给的效果是比较困难的，稀释作用可以通过水量平衡来实现，但是，如果污染羽具有一定的垂直深度，那么，污染羽被稀释的部分和程度就难以确定。此外，弥散、吸附、生物降解等往往同时存在，很难单独区分出稀释的作用。

12.2.2 破坏性衰减过程

1. 生物降解

许多人工有机化合物可以被生物和非生物降解，土壤、包气带和含水层沉积物中有大量不同的微生物，可以对有机污染物进行降解。在厌氧条件下，有机污染物是由菌群实现降解的，每种微生物进行不同的反应，最终使污染物得到彻底降解。有机污染物的生物降解有 3 种途径：

（1）有机污染物作为微生物初始生长底物（高氧化态的氯代烃不可以作为初始底物，可作为电子受体）；

（2）有机污染物作为电子受体；

（3）共代谢。

前两种途径的降解机理包括微生物从电子供体传递电子到电子受体，这一过程可以在好氧或厌氧条件下发生。电子供体包括：天然有机物、燃料烃、氯苯类以及低氧化态的氯代乙烯和氯代乙烷；电子受体是相对氧化态的元素或化合物，地下水中最常见的天然电子受体包括：溶解氧、硝酸盐、四价锰、三价铁、硫酸盐、二氧化碳。第三种途径共代谢是在微生物偶然产生的降解酶作用下，污染物得到降解。共代谢降解对产生酶或辅因子的微生物没有益处，有可能有毒害作用。

表 12-2 为不同有机污染物在微生物降解过程中的组分变化情况，好氧呼吸过程中，溶解氧还原为水；在厌氧条件下，NO_3^- 为电子受体，还原为 NO_2^-、N_2O、NO、NH_4^+ 或 N_2；当 Fe(III) 为电子受体，还原为 Fe(II)；当 SO_4^{2-} 为电子受体，还

原为 H_2S；在好氧呼吸、反硝化、三价铁还原、硫酸盐还原过程中，地下水的碱度增加。在厌氧条件下，当 CO_2 为电子受体，可被产甲烷菌还原为 CH_4。

当每个顺序电子受体被利用后，地下水呈现还原环境，氧化还原电位降低，其驱动力为微生物介导的氧化还原反应，所以，地下水中氧化还原电位可以作为氧化还原反应的粗略指标。

表 12-2　微生物降解过程中不同组分变化趋势一览表

组分	最终电子接受过程	生物降解过程中浓度变化趋势
燃料烃	好氧呼吸、反硝化、四价锰还原、三价铁还原以及产甲烷	降低
高氯代溶剂和子产物	还原脱氯	污染物降低，子产物先升高后降低
低氯代溶剂	好氧呼吸、反硝化、四价锰还原、三价铁还原以及直接氧化	降低
溶解氧	好氧呼吸	降低
NO_3^-	反硝化	降低
$Mn(II)$	四价锰还原	增加
$Fe(II)$	三价铁还原	增加
SO_4^{2-}	硫酸盐还原	降低
甲烷	产甲烷	增加
Cl^-	还原脱氯或氯代烃的直接氧化	增加
氧化还原电位	好氧呼吸、反硝化、四价锰还原、三价铁还原以及产甲烷	降低
碱度	好氧呼吸、反硝化、三价铁还原以及硫酸盐还原	增加

1）污染物作为微生物初始生长底物的生物降解

许多有机化合物，包括天然有机碳、燃料烃、低氧化态的氯代烃等，可以作为微生物代谢过程中的初始底物（电子供体）。

（1）作为初始底物的好氧降解。

在好氧条件下，燃料烃被微生物作为电子供体，很快被生物降解。当地下水中具有足够的氧气（或其他电子受体）和营养物时，燃料烃的生物降解可以自然发生。其降解速率受电子受体的可利用性限制，而不是受营养物（如氮和磷）的限制。

一些低氯代的乙烯和乙烷，如二氯乙烯（DCE）、氯乙烯、1,2-二氯乙烷（1,2-DCA）以及多数氯代苯类化合物，可以在好氧条件下作为初始底物被氧化降解。在氯代溶剂好氧生物降解（氧化）过程中，介导微生物通过降解污染物获得能量和有机碳。氯代乙烯中，氯乙烯最容易被生物氧化降解，四氯乙烯（PCE）最难氧化降解。氯代乙烷中，1,2-DCA 最容易被生物氧化降解（氯乙烷更容易被非生物水解为乙醇），而三氯乙烷（trichloroethane，TCA）、四氯乙烷、六氯乙烷（hexachloroethane，HCA）则不易被生物氧化。

氯代苯类（4 个氯原子及以下）在好氧条件下易被生物降解（Spain，1996），五氯苯和六氯苯则不太容易被微生物氧化降解。氯代苯类好氧生物降解的反应路径相似（Chapelle，1993；Spain，1996），一般包括氯代苯的羟基化，形成氯邻苯二酚，而后苯环破裂。这一过程产生粘康酸（己二烯二酸），进行脱氯，然后进一步被降解。

（2）作为初始底物的厌氧降解。

厌氧（缺氧）情况下有机污染物的降解需要如下条件：溶解氧缺乏，有可利用碳源（天然或人工），电子受体，必要的营养，以及适合的 pH、温度、盐度和氧化还原电位范围。有大量证据表明，燃料烃可以在厌氧条件下矿化（氧化），但氯代烃难以发生同样的反应。

厌氧情况下，燃料烃可以通过反硝化、四价锰还原、三价铁还原、硫酸盐还原、产甲烷反应得到降解。而氯代烃一般在地下水中难以进行厌氧氧化反应，只有氯乙烯可以通过三价铁还原过程被直接氧化为二氧化碳和水（Bradley and Chapelle，1996）。实验室模拟 Fe(III)-EDTA 体系可以使氯乙烯得到矿化，其反应速率取决于 Fe(III)的生物可利用性。

目前，尚没有氯代乙烷和氯苯类污染物可以被厌氧氧化的证据。

2）污染物作为电子受体的生物降解

Bouwer 等（1981）最早证明：在地下厌氧环境中，卤代脂肪烃可以被生物转化，而后有大量的关于氯代溶剂还原脱氯的研究。这一过程中，氯代溶剂被作为电子受体而不是碳源，氯原子被氢原子取代（Holliger et al.，1993）。由于氯代烃被作为电子受体，因此需要有合适的碳源供微生物生长，可能的碳源包括：低分子量的有机物（乳酸盐、醋酸盐、甲醇、葡萄糖等）、燃料烃及子产物（如挥发性脂肪酸等）、天然有机质。

有些情况下，还原脱氯可能是共代谢过程，可能导致脱氯过程缓慢、不彻底（Gantzer and Wackett，1991）。还原条件下，氯代溶剂的生物转化可以是氢解反应或双卤消除反应（McCarty and Semprini，1994）。氢解反应中一个氯原子被氢原子取代；双卤消除反应则是相邻的两个氯原子被去除，而相应的碳原子形成双键。对于自然条件下，高氯代溶剂的生物降解是还原脱氯（氢解反应）。还原脱氯过程形成的中间产物比母产物更具还原性，易被氧化菌降解。还原脱氯的真实机理目前仍不清楚，有些情况下有可能存在共代谢作用（Gantzer and Wackett，1991）。

此外，其他因素也有可能影响反应过程，如电子供体类型、竞争性电子受体的存在、温度、底物的可利用性等。

有研究认为，脱氯过程依赖于体系中氢的存在，氢作为电子供体（Gossett and Zinder，1996），可来自初始底物的生物降解。当初始降解作用剧烈，产生较高浓度的氢气，硫酸盐还原菌和甲烷产生菌比脱氯菌更容易利用氢气，相反，当生物降解作用产生稳定、低浓度的氢气时，脱氯菌更容易利用氢气（Gossett and Zinder，1996）。

（1）氯代乙烯的还原脱氯。

PCE 和 TCE 在还原条件下，可利用不同的电子供体（碳源）进行还原脱氯，当地下环境中有其他人为或天然有机物时，它们可以作为电子供体，消耗氧气。一般的还原脱氯途径为 PCE—TCE—DCE—氯乙烯—乙烯，根据环境条件的不同，这一脱氯顺序也可以被中断，产生其他的反应过程。如果有适当的电子供体（如稳定、适中的 H_2），还原脱氯的最终产物是乙烯（Freedman and Gossett，1989）。PCE 和 TCE 可以被厌氧还原为 1,1-DCE、顺-1,2-DCE 或反-1,2-DCE 3 种同分异构体，它们都能够被继续还原为氯乙烯（Miller and Guengerich，1982；Wilson and Wilson，1985；USEPA，1994）。Bouwer（1994）发现，作为还原脱氯的中间产物，顺-1,2-DCE 更为常见，1,1-DCE 最为少见。氯乙烯可以继续被还原为乙烯、乙烷，但这一过程比较缓慢，而在好氧条件下，氯乙烯较易被氧化为二氧化碳和水。

（2）氯代乙烷的还原脱氯。

与氯代乙烯相似，氯代乙烷也可以进行还原脱氯。TCA 可以通过脱氯反应降解（Vogel and McCarty，1987），但反应途径比较复杂，涉及非生物反应，可以影响 TCA 及其副产物（Vogel，1994）。

（3）氯苯类污染物的还原脱氯。

高氯代苯类（六氯、五氯、四氯、三氯）的还原脱氯是生物降解的主要过程（Holliger et al.，1992），可以发生在不同的厌氧环境，如含水层、污泥和土壤中，但是很难分离出特定的降解微生物。氯代苯类污染物作为微生物作用的电子受体，需要其他碳源和能量来源（Suflita and Townsend，1995）。

3）有机污染物共代谢生物降解

在共代谢生物介导的氧化还原反应中，氯代溶剂既不是电子受体，也不是初始底物。污染物是由于生物产生的酶进行催化降解。研究记录最充分的共代谢反应是分解代谢加氧酶对相应的初始生长底物（BTEX 或其他有机化合物）的催化反应，这些加氧酶一般不是特定产生的，而是偶然对不同有机化合物进行氧化反应，包括多数氯代脂肪烃（chlorinated aliphatic hydrocarbons，CAHs）（McCarty and Semprini，1994）。

CAHs 在好氧环境中的共代谢作用有许多研究记录，而氯苯类的共代谢作用却很少。在好氧环境中，许多氯代烃只能通过共代谢降解。

氯代溶剂在含水层中的好氧共代谢作用没有还原脱氯作用重要，由于底物浓度的限制以及反应的偶然性，共代谢速率一般较低，甚至不可确定（McCarty and Semprini，1994）。

2. 非生物降解

地下水中的氯代溶剂可以通过非生物降解，其反应往往不彻底，形成中间产物。最常见的氯代烃非生物降解是水解反应（取代反应）和脱卤化氢反应（消除反应）。其他可能的反应包括氧化还原等。许多情况下，非生物作用与生物作用同时存在，且难以准确区分各自的贡献。

1）水解作用和脱卤化氢作用

Bulter 和 Barker（1996）提出，水解和脱卤化氢反应是研究最为充分的两种非生物衰减机理，在地下水温度区间内其反应速率往往非常小，半衰期为几天到几个世纪（Vogel and McCarty，1987）。因此，这些反应速率的数据大多根据在实验室温度下外推得到。

（1）水解作用。

水解反应为取代反应，有机分子与水作用，其中卤素被羟基（OH^-）取代，产生醇类物质。如果醇类被卤化，继续水解可以得到酸和二醇类物质。羟基的加入使有机物变得更易溶解和被生物降解（Neely，1985）。

卤代溶剂的水解作用部分取决于化合物中的卤代数目，高卤代化合物不易发生水解，使其反应速率降低（Vogel and McCarty，1987）。溴代化合物比氯代化合物易于水解。在自然条件下，1,2-二溴乙烷很容易被水解。卤代元素在碳链上的位置也可能影响反应速率。pH 增加可以加快水解反应速率。黏土的存在可以作为催化剂加快水解的反应（Vogel and McCarty，1987）。水解速率一般可以用一级反应动力学来描述。

氯代甲烷和氯代乙烷的水解作用已经有许多的研究，Vogel（1994）发现单卤代烷烃水解的半衰期为几天到几个月；而多氯甲烷和多氯乙烷的半衰期可达到几千年（如四氯化碳）。随着氯原子数的增加，脱卤化氢作用可能变得更为重要（Jeffers et al.，1989）。Bulter 和 Barker（1996）注意到氯代乙烯不易发生水解作用，其反应速率非常低，氯乙烯同样难以发生水解。

氯代溶剂 1,1,1-TCA 的水解作用研究较为详细，它可以非生物转化，通过一系列取代反应（包括水解）转化为乙酸。此外，1,1,1-TCA 可以被还原脱卤形成 1,1-DCA，进而成为氯乙烷，然后可以水解为乙醇（Vogel and McCarty，1987）或脱卤化氢为氯乙烯（Jeffers et al.，1989）。

（2）脱卤化氢作用。

卤代烷烃类化合物的脱卤化氢作用包括从一个碳原子上去除一个卤元素，然后在一个相邻碳原子上去除一个氢原子。在这个两步反应中，形成烯烃。虽然失去卤元素使化合物的氧化态降低，但失去氢原子使其氧化态升高。这样导致无外部电子转移，化合物的氧化状态不变（Vogel and McCarty，1987）。与水解作用相反，卤代数大的化合物更易发生脱卤化氢作用。在正常条件下，单卤代脂肪烃明显难以脱卤化氢（March，1985）。多氯代烷烃在正常条件和极端碱性条件下，发现可以进行脱卤化氢反应（Vogel and McCarty，1987）。

脱卤化氢反应可以用准一级动力学进行描述，反应速率不仅取决于卤代数量和类型，而且与氢氧根离子浓度有关。1,1,1-TCA 也可以进行脱卤化氢反应（Vogel and McCarty，1987），TCA 被转化为 1,1-DCE，然后被还原脱卤为氯乙烯。氯乙烯可以继续被还原脱卤为乙烯，或者作为底物被生物氧化为二氧化碳。Vogel 和 McCarty（1987）在实验室研究中发现，1,1,1-TCA 非生物转化为 1,1-DCE 的速率常数约为 0.04/a。Jeffers 等（1989）研究发现，除了 1,1,1-TCA 和 1,1,2-TCA 都可以通过脱卤化氢反应降解为 1,1-DCE 外，四氯乙烷、五氯乙烷可以分别降解为 TCE 和 PCE；氯乙烷有可能降解为氯乙烯。

2）还原反应

在地下环境中，有可能的非生物还原脱氯反应包括氢解反应和双卤消除反应。氢解反应是由氢原子取代氯（卤）原子；双卤消除反应为去除两个氯（卤）原子，同时形成 C—C 双键。在还原条件下，这些反应往往在有微生物存在的情况下发生。微生物作用可能产生还原环境，有利于上述非生物反应（Bulter and Barker，1996）。

在人为作用环境下，可以实现真正的非生物还原脱氯，如 Gillham 和 O'Hannesin（1994）使用零价铁可以对氯代脂肪烃进行还原脱氯，在这一电化学反应中，铁作为电子供体。但这样的反应难以出现在自然衰减过程。

12.3 污染场地自然衰减的评估

12.3.1 地下水污染羽发展状态

1. 地下水污染羽的不同状态

地下水污染物传输相关的污染物质量可以分为源、初始迁移通道、扩散储存 3 个部分。源带是物质浓度集中区域，是污染物的来源，向下游进行传输；所有多孔介质含水层都包括流动孔隙度和不流动孔隙度，初始迁移通道出现在孔隙度的可流动部分；含水层介质的不流动孔隙度部分，起着"储存"溶质的作用，它会在整个污染羽长度上缓慢扩散溶质，进入流动的地下水中。

污染羽扩展期：高浓度溶质首先在初始通道中较快速迁移，然后逐渐开始扩散进入沿径流通道不流动孔隙部分。此时的污染羽称为早期污染羽或"不成熟"污染羽。

污染羽稳定期：随着时间的推移，初始通道中的溶质向不流动孔隙部分的扩散接近平衡，初始通道中溶质的浓度与不流动孔隙中的溶质浓度非常接近。此时，在含水层中"储存"了大量的溶质，这一时期的污染羽可称为晚期污染羽或"成熟"污染羽。

污染羽退缩期：如果污染源物质去除，污染物减少，初始通道中溶质浓度小于邻近不流动孔隙中溶质的浓度，来自不流动孔隙储存的溶质成为二次污染源，发生反向扩散，进入初始通道。这一过程非常漫长。

污染源泄漏时间长，污染物暴露时间长，导致污染羽越"成熟"，给污染羽的修复带来困难。相对而言，早期污染羽的修复要比成熟污染羽的修复容易很多。

2. 污染羽的扩展和退缩

污染羽的大小取决于污染源污染物释放速率和径流途径上污染物的损失速率（包括破坏性和非破坏性损失），如果二者速率相等，则污染羽被认为达到稳定状态。此时的污染羽保持稳定，不再扩展。

地下水污染的修复首先要控制污染源对地下水的渗入，要求去除污染源，避免污染物的持续泄漏。很多情况下，即使去除了污染源，但由于污染源带的存在，污染物仍会持续一段时间淋滤进入含水层中。污染源带低渗透性地层中储存的污染物会发生反向扩散，缓慢但持续进入地下水。如果进入地下水中的污染物量大于其被不流动孔隙的储存、降解和其他衰减量，污染羽将持续扩展；如果进入量小于衰减量，则污染羽发生退缩。

如果少量溶质进入含水层，初始的质量通量较大，开始可能形成较大的污染羽，然后进入的溶质质量快速衰减，污染羽持续退缩；如果溶质持续进入含水层，并达到稳定的污染羽情形，这时，由于反向扩散的存在，污染羽的退缩速度会非常慢。实际工作中，大多数污染场地经历了污染源的持续泄漏释放。

图 12-1 为污染场地污染羽成熟和衰减曲线，体现了污染源和污染羽的生命周期变化。当污染物充满整个污染羽稳定边界空间时，其达到成熟，储存在不流动孔隙中的污染物与其在流动孔隙中的污染物达到质量平衡。一般污染羽的成熟和自然衰减的时间跨度需要几十年的时间，而且自然衰减的时间远比污染羽成熟的时间长。如果在污染羽尚没有成熟时，进行污染源的去除，则可以显著缩短自然

衰减的时间；如果源去除和污染羽干涉相结合，自然衰减的过程会更快。

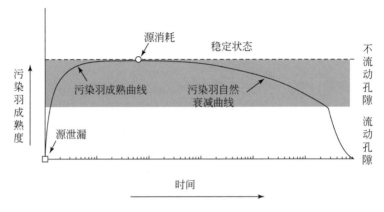

图 12-1　污染羽成熟和衰减曲线示意图（据 Payne et al.，2008）

定量评价污染羽的自然衰减存在许多困难：在实际污染场地中，污染物总泄漏量往往不清楚；污染物的分布存在不确定性；初始通道难以确定；流动和不流动孔隙部分的区分不清。因此，很难利用准确的定量模型进行评估分析。

3. 清洁水锋面运移导致的衰减

地下水污染源去除后，上游未污染地下水的流入，会使污染羽浓度降低，污染物通量减小。地下水中污染物浓度随着清洁水锋面的移动而发生衰减，污染物浓度的衰减速率对于地下水污染场地的监测和风险管理非常重要。地下水中污染物浓度的降低速率受流动孔隙地下水流速（实际地下水流速）的影响，但其降低速率非常缓慢。因为含水层介质包括流动和不流动孔隙部分，清洁水锋面的迁移一方面会使污染羽流动孔隙部分的浓度降低，但同时也会使不流动孔隙部分的污染物发生反向扩散，进入流动通道，减缓污染物浓度的衰减。

清洁地下水锋面的流动孔隙速度（v_m），可以由地下水平均流速（v_{avg}）和流动孔隙度（n_m）、总孔隙度（n_t）来计算，见式（5-8）。

锋面到达距污染源下游任意位置（x）处所需的时间（t_f）为 $t_f = \dfrac{x}{v_m}$，t_f 为清洁水锋面最早可能到达时间。

图 12-2 为污染源清除后，下游任一位置（x）处地下水中污染物浓度随时间的变化曲线。图中实线（曲线）为清洁水锋面到达后污染物浓度的衰减情况，表明污染物在不流动和流动孔隙中的质量转化作用有限，地下水中污染物具有较高的拖尾浓度。图中虚线（曲线）为污染物在不流动和流动孔隙中的质量转化非常好的情形，在整个水流途径上二者快速达到平衡，具有较低的拖尾浓度。此时，

清洁水锋面的到达时间等于地下水平均流速时需要的时间。图中 t_f 为清洁地下水锋面到达时间，t 为按地下水平均流速（v_{avg}）的到达时间。图中曲线的形状和到达时间受含水层流动孔隙度与总孔隙度比例、污染物在不流动孔隙和流动孔隙之间的扩散速率、污染羽的成熟度等影响。

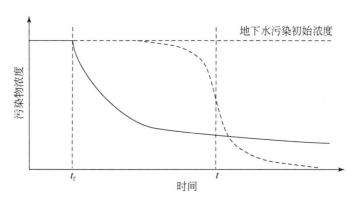

图 12-2　地下水中污染物浓度随时间变化曲线

4. 非均质-低渗透性地层对自然衰减的影响

非均质地层对污染物的自然衰减影响很大，污染物优先在高渗透性地层中迁移，在高-低渗透性地层界面发生浓度梯度导致的分子扩散作用。基质扩散（matrix diffusion）是指溶解相的污染物在低渗透带和高渗透带之间的扩散。当污染物从高浓度的传输带向低浓度的低渗透带扩散时，称为加载期，时间延续几十年时间。如果高渗透的污染传输带中的浓度变低（由于修复或自然衰减），污染物将反向扩散，由低渗透带进入高渗透传输带，称为释放期，时间延续远比加载期长。

作为衰减过程的基质扩散：在污染加载期，骨架扩散实际上起非破坏性衰减的作用，能够降低污染物浓度和污染羽扩展速度。作为源过程的基质扩散：在污染释放期，基质扩散起污染源的作用。基质扩散在污染源带和污染羽带造成二次污染源，污染物扩散进入基质 1 米多就可能带来 20～30 年的释放（Adamson and Newell，2014）。此外，低渗透带的吸附量很大，导致污染物的缓慢释放。

对于非均质-低渗透性地层为主的污染场地，监测自然衰减的成功应用取决于是否存在可行的衰减机制。在低渗透性地层中有多种因素可以限制污染物的衰减速率，但即使是较低的衰减速率，仍可以：①在污染物加载期减少污染物的穿透距离，减少污染物在低渗透性地层中的储存；②减少低渗透性地层中污染物的反向扩散速率和持续时间，减轻反向扩散对高渗透性地层污染羽的影响。USEPA（ER-1740）模型研究表明，低渗透性地层中即使是很小的衰减速率，都可以使邻近高渗透性地层污染羽的浓度降低一个数量级（或更大）。

低渗透性地层中污染物的衰减与高渗透传导带中污染物的衰减类似：生物和非生物降解，封存，以及非破坏性物理过程。由于低渗透性地层的特点，对衰减的影响如表 12-3 所示（Adamson and Newell，2014）。

表 12-3 低渗透带特征及其对污染物衰减的影响一览表

有利于衰减的特征	阻碍衰减的特征
滞留时间长（对流、冲刷弱）	小孔喉限制微生物的迁移、营养（碳源）的补给、生长密度
常为还原环境（补给少、竞争性电子受体少），有利于生物和生物化学还原脱氯	盐分含量高，限制微生物的生长
大量有机碳储存（淤泥、有机黏土）	有机碳生物可利用性受限制
大量反应性矿物种类储存	受微生物活动的限制，矿物的反应性有限（如铁还原）

迄今为止，有关低渗透带基质中污染物的降解研究非常有限，主要集中在生物作用过程。低渗透带地层的小孔喉限制了微生物的生长以及穿透低渗透性地层。但是，如果存在裂隙和优先通道，可以增强迁移性。

12.3.2 污染场地自然衰减评估的证据

监测自然衰减在特定场地能否应用的评判标准在于多方面的有利"证据"，一般包括如下 3 个方面。

第一方面的证据是污染物质量、浓度要具有明显和有意义的下降趋势。需要有科学合理的监测点位和长期历史资料；要充分考虑地下水流场、污染物浓度的季节性变化，不能仅以地下水污染羽浓度的降低作为判据。

第二方面的证据是具有污染物自然衰减的作用过程，以及这些衰减过程对污染物的衰减速率和达到需求目标的时间。需要大量的场地水文地质和水文地球化学资料来确定污染物的自然衰减过程的类型，并对衰减进行定量计算。

第三方面的证据是通过现场或实验室模拟实验研究，能够确定自然衰减过程的类型及其衰减能力，如生物降解过程等。

3 个方面的证据顺序展开，首先是根据场地历史资料判断监测自然衰减是否可行；如果不能确定，则需要开展场地自然衰减过程及衰减速率的研究来判定；如果仍不能确定，需要进行模拟实验研究。其中第一方面的证据，不能证明污染物是否被破坏；第二、第三方面的证据可以评估破坏性或非破坏性衰减过程。

12.3.3 污染场地自然衰减评估步骤和要求

污染场地自然衰减评估的步骤包括：场地资料审查和概念模型的初步构建与

筛析、评估自然衰减作用过程、自然衰减数值模型模拟、受体暴露途径分析与补充方案评估、长期监测方案制订（Wiedemeier et al.，1999）。

1. 场地资料审查和概念模型的构建与筛析

场地资料是分析评估的依据，所以资料是否能够真实反映场地的实际情况尤为重要。审查包括地下水、土壤和气取样点位是否合理，取样和分析方法是否得当等。然后构建场地概念模型。在初步概念模型建立后，可以通过下述 3 个方面来确定污染羽的状态，处于稳定或扩展，以及未来污染羽的范围。

（1）污染物特性，包括挥发、吸附和生物降解等；

（2）含水层特性，包括水力梯度、渗透系数、孔隙度、沉积物中天然有机质含量等；

（3）污染羽、污染源以及潜在受体位置。

有机污染物的生物降解是污染物衰减最重要的破坏性作用过程，因此准确评估生物降解的潜力是非常重要的。需要研究生物降解机理、污染羽行为以及生物降解过程的筛析。

有机污染物的生物降解一般需要电子受体、电子供体。石油烃作为初始底物（电子供体）可被生物降解，氯代脂肪烃的生物降解可能有 3 种情形：作为电子受体、作为电子供体、共代谢，其中多数污染场地中，在自然条件下氯代烃作为电子受体似乎更为主要。因此，一般认为，氯代脂肪烃的生物降解为电子供体限速过程，而石油烃为电子受体限速过程。

有机污染羽的变化行为一般有 3 种类型：①污染物作为电子供体，微生物进行降解，如大多数石油烃的降解。需要分析竞争性电子受体（溶解氧、硝酸盐、三价铁、硫酸盐等）的作用；②污染物作为电子受体，微生物进行降解，如氯代溶剂的降解。这一类型需要有人工来源或天然有机碳作为电子供体。需要分析电子供体是否能够满足微生物降解的需求；③环境条件不利于对微生物的降解，如电子供体（受体）不足，溶解氧和 pH 等条件不利于微生物生长，环境中不具备合适的降解微生物等。此类型下，有机污染物的主要衰减机理为对流、弥散、挥发和吸附。上述 3 种作用类型可以存在于同一个污染羽的不同位置，构成污染羽行为的混合类型。

生物降解过程的筛析需要确定生物降解是否发生、计算生物降解速率、与污染物迁移转化有关的水文地质参数等。美国国家环境保护局对氯代溶剂厌氧生物降解过程进行了定量评估，表 12-4 为筛析评估参数及打分表（Wiedemeier et al.，1999）。污染场地能否进行还原脱氯生物降解，可以利用表 12-5 来进行判断。

表 12-4 厌氧生物降解筛析参数及打分表

筛析参数	污染源带浓度	说明	分数赋值
氧气*	<0.5mg/L	可容许,浓度高时抑制还原途径	3
	>5mg/L	不容许,氯乙烯可以被氧化	-3
硝酸盐*	<1mg/L	高浓度有可能与还原途径竞争	2
Fe(II)*	>1mg/L	还原途径可能;氯乙烯可以在 Fe(III)还原条件下被氧化	3
硫酸盐*	<20mg/L	高浓度有可能与还原途径竞争	2
	>1mg/L	还原途径可能	3
甲烷*	<0.5mg/L	氯乙烯可以被氧化	0
	>0.5mg/L	终极还原子产物,氯乙烯累积	3
氧化还原电位 (Ag/AgCl 电极)*	<50mV	还原途径可能	1
	<-100mV	还原途径	2
pH*	5<pH<9	还原途径最佳区间	0
	pH<5,pH>9	在还原途径范围以外	-2
总有机碳	>20mg/L	碳源和能量来源:驱动脱氯过程,可以是天然和人工碳源	2
温度*	>20℃	温度>20℃生物化学过程加速	1
二氧化碳	>2 倍背景	氧化最终产物	1
碱度	>2 倍背景	二氧化碳与含水层矿物作用结果	1
氯化物*	>2 倍背景	有机氯产物	2
氢	>1nmol/L	还原途径可能,氯乙烯累积	3
	<1nmol/L	氯乙烯氧化	0
挥发性脂肪酸	>0.1mg/L	复杂化合物生物降解的中间产物;碳源和能量来源	2
BTEX*	>0.1mg/L	碳源和能量来源;驱动脱氯过程	2
PCE		来自污染源泄漏	0
TCE*		来自污染源泄漏	0
		PCE 脱氯子产物	2[a]
DCE*		来自污染源泄漏	0
		TCE 脱氯子产物	2[a]
氯乙烯*		来自污染源泄漏	0
		DCE 脱氯子产物	2[a]
1,1,1-TCA*		来自污染源泄漏	0
DCA		TCA 还原条件下的降解子产物	2
四氯化碳		来自污染源泄漏	0

续表

筛析参数	污染源带浓度	说明	分数赋值
氯乙烷*		DCA 或氯乙烯还原条件下的降解子产物	2
乙烯/乙烷	>0.01mg/L	氯乙烯/乙烷的降解子产物	2
	>0.1mg/L		3
三氯甲烷		来自污染源泄漏	0
		四氯化碳降解子产物	2
二氯甲烷		来自污染源泄漏	0
		三氯甲烷降解子产物	2

*为必选分析项目；a 只有当属于降解中间产物时赋值，如为源泄漏，则不赋值。

表 12-5　厌氧生物降解筛析分值及评估表

分值	评估结果
0～5	氯代有机污染物厌氧生物降解证据不足
6～14	氯代有机污染物厌氧生物降解证据有限
15～20	氯代有机污染物厌氧生物降解证据确凿
>20	氯代有机污染物厌氧生物降解证据充分

2. 评估自然衰减作用过程

为了评估自然衰减作用，需要对污染场地和特征污染物进行精确的刻画，包括土壤和含水层介质、地下水动态、特征污染物、相关的各种水化学参数；如果需要，还可以进行实验室模拟实验。可以通过实验室系列批实验，研究地下水中有机污染物的自然衰减（图 12-3）。配置含水层介质与有机污染地下水的比例，模拟实际含水层污染情形，实验开始取样频率为每周一次，一个月后每个月取一次样，取样至少需要持续 18 个月，以体现微生物的降解作用。对实验所取的水、土样品进行测试分析，包括有机污染物浓度、相关水化学指标，同时定期取样测试模拟体系中降解功能微生物群落结构，研究微生物降解的好氧、厌氧环境。实验

图 12-3　有机污染物自然衰减批实验示意图

设置有灭菌后的对照组进行对比，研究吸附和挥发作用导致的衰减。剔除吸附等导致的污染物浓度降低，则可确定生物衰减的动力学方程，获取衰减的动力学参数。绘制时间-浓度图，进行数据拟合，建立动力学反应方程。

有研究表明，地下水中有机污染物的微生物降解一般符合一级反应动力学模型：

$$C = C_0 e^{-kt} \qquad (12\text{-}2)$$

$$\lg\left(\frac{C}{C_0}\right) = \frac{-kt}{2.303} \qquad (12\text{-}3)$$

$$t_R = \frac{-2.303 \times \lg\dfrac{C_S}{C_0}}{k} \qquad (12\text{-}4)$$

式中，C 为污染物在 t 时的浓度；C_0 为污染物的初始浓度；k 为速率常数；t_R 为污染物自然衰减需要的时间；C_S 为污染物修复的目标浓度。

可以利用衰减动力学模型，确定有机污染物的衰减速率常数，进而估算污染物自然衰减达到预期浓度目标所需要的时间。

一般的污染场地调查和刻画常常不能满足对自然衰减准确评估的需求，监测自然衰减的评估需要更高分辨率的污染场地调查和刻画。详尽的污染场地概念模型是工作的基础，包括污染源污染物的定量分析，地下水流场，污染物在土壤、地下水和土壤气中的相态分布，污染物的生物和非生物转化速率等，以及上述所有因素随时间的变化。通常，也需要明确污染物是否能被生物降解，以及降解的中间产物是否有毒性和迁移性更强等方面的信息。

图 12-4 为污染源下游地下水监测井中污染物的突破曲线，图中表述了在不同衰减作用下，污染物浓度随时间的变化情况。由图可以看出，自然衰减的不同作用过程会导致不一样的污染物浓度衰减，其中对流情形只假设污染物随水流而运动，没有任何其他作用（为理想情形，实际上不存在），图中 t' 为地下水流动到达监测井的时间，可以计算地下水的实际流速；弥散使污染物发生扩展，污染物更早达到监测井（t_1）；吸附可以使污染物浓度有所降低，同时推迟污染物到达监测井的时间（t_2）；生物降解是污染物破坏性衰减，可以极大地降低污染物浓度。

地下水中所有与水混溶的污染物都存在稀释、弥散、扩散、吸附等衰减作用；绝大多数有机污染物存在生物降解、挥发等衰减作用；重金属污染物主要存在沉淀、吸附固定化作用。

含水层中无机污染物一般可以在固相、液相或气相中转化，但污染物会一直存在。Ford 等研究认为：除了少数无机污染物有降解衰减作用（如硝酸盐和高氯酸盐的生物降解），对于大多数无机污染物，生物降解不是其主要的衰减过程（USEPA，2007）。

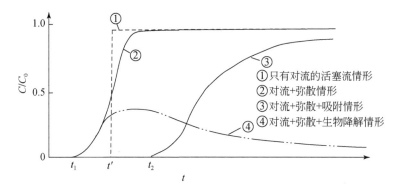

图 12-4　不同作用下地下水中污染物的突破曲线

图 12-5 为地下水中有机和重金属污染物自然衰减过程中污染羽变化示意图（USEPA，2007）。有机污染物污染羽的衰减主要是污染物的降解，地下水中污染物浓度和污染羽面积不断减小。而对于重金属，其衰减的主要作用是含水层介质的吸附，实际可以认为有两个不同的污染羽，一是溶解性或可迁移的污染羽（包括溶解性污染物和胶体），另一个是固相或不迁移的污染羽，由含水层介质对污染物的吸附所致。所以，对于重金属还要考虑其吸附固定化后的长期稳定性、抵抗地下水水化学变化再活化迁移能力等。

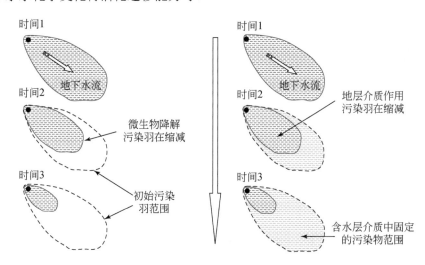

图 12-5　地下水中有机污染物和重金属污染物自然衰减过程中污染羽变化示意图

3. 无机污染物场地自然衰减的评估

对于无机污染物场地地下水污染的监测自然衰减评估，包括对控制和维持自然衰减的场地特性分析，USEPA（2007）提出了层次递进的分析方法。研究工作采用循序渐进的方法，污染场地数据收集和评估按照如下方式进行：

（1）论证地下水污染羽没有扩展，含水层介质的吸附在发生，固定化是衰减的主要作用过程；

（2）确定衰减过程的机理和速率；

（3）确定在污染羽内含水层衰减污染物质量的能力，以及固定后污染物抵抗再迁移的稳定性；

（4）依据衰减过程的机理，设计性能监测方案，构建适合特定场地特征的应变计划。

层次1. 剔除地下水污染羽在平面或垂向上持续扩展的污染场地。

通过污染场地土样和对应的地下水样来进行分析判断。根据污染物在固相和水相中的浓度变化来判断是否发生了吸附衰减作用，当发生吸附作用时，污染物在固相上的含量应与水中浓度变化相关，水中浓度增加，污染物在固相上的含量也增加。相反，如果水中污染物浓度增加，但固相上污染物含量不变，说明吸附作用没有发生。

层次2. 剔除衰减速率达不到在给定时间框架下修复目标的场地。

无机污染物衰减速率的评估可以通过地下水和含水层介质取样分析，计算污染物从水相到固相的质量转化。尽量采用野外现场取样分析结果，而不是模型预测结果进行计算。可以进行污染物迁移通量计算，通量的变化可以用来估计污染物质量的损失，进而计算出衰减速率。

衰减机理的确定取决于水化学、含水层介质组成和矿物，以及地下水和含水层中污染物化学形态等资料的收集，包括：现场地下水质资料（如pH、溶解氧、碱度、二价铁、硫化物）、实验室分析的地下水和含水层介质化学组成、微生物特性和含水层介质矿物（用于分析降解和固定化）、污染物在地下水和含水层介质中的形态。污染物的化学形态是指氧化状态［如As(III)还是As(V)］、与含水层介质化学成分的关系（如碳酸铅沉淀还是铅被铁氧化物吸附）。当生物过程直接或间接控制污染物衰减时，需要评估地下环境中的微生物活动。

层次3. 剔除含水层对污染物质量没有足够衰减能力的场地。

剔除包括衰减能力不足，使地下水中污染物浓度达不到目标浓度水平的场地，或者固定化污染物的稳定性不足以防止再迁移的污染场地。有可能导致衰减能力不足的因素包括：①地下水水化学的变化导致衰减速率的降低；②参与衰减反应水相成分的质量通量小；③参与衰减反应的含水层介质成分的质量不足。

上述因素既适用于降解也适用于固定化为主的衰减情形。对于固定化的污染物，需要考虑衰减后污染物的长期稳定性，地下水水化学的变化，可以导致含水层介质上的污染物解吸附或沉积物的溶解。例如，地下水中pH的变化可以导致污染物的解吸附，因为吸附作用对 pH 比较敏感。此外，地下水中 pH 和碱度的降低，可以导致以碳酸盐沉积物形式衰减的污染物再分解。

衰减能力的评估依赖于对污染物径流通量、相应的地下水中反应物，以及沿地下水径流途径上反应性含水层介质的质量分布等的了解和掌握。需要关于地下水流场的非均质性、污染羽内水相和固相反应物分布随空间和时间变化的充分信息。如果地下水水化学特性受微生物作用过程的控制，季节的变化将会对有效容量产生间接的影响。一般方法是评估污染羽内的衰减容量，并与来自污染源的水相污染物质量通量进行比较。如果场地的衰减能力不足，也可以通过减少污染源带的泄漏来实现监测自然衰减。

污染物固定化后稳定性的评估可以通过实验室实验和基于场地特点条件的化学反应模型模拟进行，以确定污染羽的衰减过程。可以确定特定的衰减反应、参与反应过程的关键参数，如溶解成分等。此外，总体反应机理的掌握有助于评估场地的条件和有可能影响衰减反应的溶解性成分。例如，场地污染羽呈现还原性（如硫酸盐还原条件），而周围地下水由于有溶解氧水流的进入，可能被氧化。在这种情形下，污染羽的衰减过程可能是在硫酸盐还原条件下，发生硫化物的沉淀。而硫化物在有氧的条件下，将发生溶解，使污染物又回到地下水中。或者在含水层介质吸附为主的衰减场地，对于未来补给地下水中的成分、通量非常敏感。污染物的再迁移可以通过实验室进行模拟（利用实际场地的土和水）。

如果通过上述递进分析表明：在污染羽边界内含水层具有充分的衰减效率、容量和稳定性，则 MNA 作为地下水污染修复的组成是可行的。

层次 4. 自然衰减长期性能监测。

目的是设计自然衰减长期性能监测计划，确定当场地条件改变，监测自然衰减修复失效时应采用的替代技术。监测计划包括构建监测井网：①提供足够的平面和垂向上的控制，能够检验地下水污染羽稳定或缩减状态；②能够监测污染物衰减带地下水的水化学变化。性能监测计划中应包括地下水流行为一致性的评估，根据地下水流场动态的变化（如补给模式的变化等），适时调整监测网。一些污染物衰减性能的非直接参数，如二价铁、硫酸盐、pH 和碱度等，可以作为"触发因素"对可能的修复失效进行预警，因为这些参数的改变将导致衰减反应发生变化（USEPA，2007）。表 12-6 为层次递进分析方法一览表。

表 12-6　层次递进分析方法一览表（据 USEPA，2007）

层次	目的	资料和分析
1	论证起作用的地下水中污染物去除作用	地下水流向、水动力梯度，含水层地层岩性； 地下水和含水层介质中污染物浓度； 地下水水质资料，初步评估污染物的降解

层次	目的	资料和分析
2	确定衰减机理和速率	水文地质系统的详细刻画（空间和时间的非均质性、水流模型构建）； 地下水水化学的详细刻画； 地下矿物或微生物研究； 污染物形态（地下水和含水层介质）； 反应机理评估（场地数据、实验室实验、化学反应模型构建）
3	确定体系衰减的稳定性和容量	确定污染物和溶解性反应物质通量（浓度数据和水流通量）； 确定可用固相反应物的质量； 固定后污染物稳定性实验室实验； 模型分析确定含水层容量，试验固定后污染物的稳定性（化学反应模型、反应型迁移模型）
4	设计性能监测计划，确定替代修复技术	选择与场地非均质性一致的监测点位和频率； 选择监测参数，评估水文地质、衰减效率和机理； 选择再评估监测计划适当性（频率、位置、数据类型）的触发条件； 选择符合特定场地条件的替代修复方案

4. 自然衰减数值模型模拟

在监测自然衰减评估中，利用污染物运移模型进行模拟预报是非常重要的，自然衰减模型工作应有如下目的：

（1）评估在特定污染场地应用监测自然衰减在合理时间段内达到修复目标的可能性；

（2）通过模拟污染物进入、对流、弥散、吸附和生物降解等作用，预测溶解性污染羽的范围和浓度；

（3）确认地下水最有效的监测点；

（4）评估下游受体的潜在风险；

（5）为使用监测自然衰减和其他可供选择的修复方案提供技术支持。

12.3.4　污染场地自然衰减评估数据处理及计算

自然衰减作用过程的成功评估需要对特定场地资料的解译，以确定地下水流系统、细化概念模型、定量污染物衰减速率、模拟溶解性污染物的迁移和归趋。为了完成上述工作，需要进行地层岩性分析、绘制水文地质剖面图、地下水位等值线图和流场图、污染物等厚度图和浓度等值线图、电子受体和代谢产物等值线图、水动力参数计算、阻滞系数、生物降解速率常数；有机污染物从可移动和残余 NAPL 相进入地下水的分配速率和数量等，用来评估污染源项。本部分内容参考了 USEPA（1998a）的技术报告。

1. 图件绘制

1）地下水位等值线图

在绘制地下水位等值线图时，如果污染场地中具有可测量的移动自由相 NAPL，那么地下水位等值线图的绘制需要进行修正。地下水位埋深的修正如下：

$$D_c = D_m - \frac{\rho_{LNAPL}}{\rho_w} h_{LNAPL} \tag{12-5}$$

式中，D_c 为修正后的地下水位埋深；D_m 为实测地下水位埋深；ρ_{LNAPL} 为 LNAPL 的密度；ρ_w 为水的密度；h_{LNAPL} 为实测 LNAPL 厚度。

根据修正后的地下水位埋深，结合地面高程测量资料，可以绘制修正后的地下水位等值线图。

2）污染物等厚度图和污染物浓度等值线图

由于含水层介质的不同，毛细作用不同，以及不同有机污染物表面张力的差异，LNAPL 在观测井中的厚度并不能代表其在含水层中的实际厚度。LNAPL 在地层中的实际厚度需要直接从土壤取样观测分析得出。

许多研究者发现，在观测井中测到的 LNAPL 厚度，不能代表其在含水层中的实际厚度（de Pastrovich et al.，1979；Lenhard and Parker，1990）。在监测井中测得的 LNAPL 厚度要大于其在地层中的实际厚度，一般大于实际厚度的 2～10 倍（Mercer and Cohen，1990）。二者的差异是由于流动的 LNAPL "漂浮" 在地下水面上，流入监测井中，使井中地下水位降低。

有许多因素影响 LNAPL 视厚度和实际厚度：毛细作用带高度，与水位波动具有滞后效应；地下水位升降时，LNAPL 可以被 "圈闭" 在地下水中；LNAPL 的厚度界限并不清晰，因为地层介质包含可流动的 LNAPL 时，并非 100% LNAPL 饱和。

（1）de Pastrovich 方法（de Pastrovich et al.，1979）：

$$h_f = \frac{h_m(\rho_w - \rho_{LNAPL})}{\rho_{LNAPL}} \tag{12-6}$$

式中，h_f 为地层中 LNAPL 的实际厚度；h_m 为井中测得的 LNAPL 厚度；ρ_w 为水的密度；ρ_{LNAPL} 为 LNAPL 密度。

（2）Kemblowski 和 Chiang（1990）方法：

$$h_0 = h_m - 2.2 h_{aw}^c \tag{12-7}$$

式中，h_0 为地层中 LNAPL 的等效厚度（单位面积含水层的体积除以孔隙度）；h_m 为井中测得的 LNAPL 厚度；h_{aw}^c 为气-水界面毛细高度（假设油驱替水情形，数值见表 12-7）。

表 12-7　不同的地层介质 h_{aw}^c 值一览表（据 Bear，1979）

含水层介质	h_{aw}^c /cm
粗砂	2～5
砂	12～35
细砂	35～70
粉土	70～150
黏土	>200～400

（3）Lenhard 和 Parker（1990）方法：

$$h_f = \frac{\rho_{ro}\beta_{ao}h_m}{\beta_{ao}\rho_{ro} - \beta_{ow}(1-\rho_{ro})} \tag{12-8}$$

式中，h_f 为地层中 LNAPL 的实际厚度；h_m 为井中测得的 LNAPL 厚度；ρ_{ro} 为 LNAPL 的比重（油的密度/水的密度）；β_{ao} 为气-油比例因子（σ_{aw}/σ_{ao}）；β_{ow} 为油-水比例因子（σ_{aw}/σ_{ow}），其中 σ_{aw} 为未污染水（纯水）的表面张力（72.75dyn/cm，20℃），σ_{ao} 为 LNAPL 的表面张力（对于 JP-4，25dyn/cm，20℃）；σ_{ow} 为水和 LNAPL 的界面张力差（$\sigma_{aw}-\sigma_{ao}$）（47.75dyn/cm，20℃）

表 12-8 为不同化合物的表面张力。

表 12-8　不同化合物的表面张力表

化合物	表面张力（20℃）/（dyn/cm）
JP-4	25
汽油	19～23
纯水	72.75

3）污染物和子产物浓度等值线图

污染物和子产物浓度等值线图包括电子供体、无机电子受体、代谢子产物浓度等值线图。电子受体和代谢子产物浓度等值线图可以用来确定每个最终电子受体过程（terminal electron acceptor process，TEAP）的相对重要性。例如，通过溶解氧、NO_3^-、SO_4^{2-} 和总 BTEX（电子供体）、TCE 和 DCE 浓度等值线图分析，可以提供污染羽和电子受体关系的直观证据，分析每个 TEAP 的重要性。在高有机碳浓度区域，当溶解氧浓度低于背景值时，表明存在好氧呼吸作用过程；同样，在高有机碳浓度区域，当 NO_3^- 浓度低于背景值时，表明存在反硝化作用过程；当 SO_4^{2-} 浓度低于背景值时，表明存在硫酸盐还原作用过程。

代谢子产物包括 Mn(Ⅱ)、Fe(Ⅱ)、甲烷和氯，可以绘制浓度等值线图。由于 Mn(Ⅳ)的无定形和结晶程度差等原因，很难在含水层介质中定量化，所以用

Mn(Ⅱ)浓度等值线图来代替；同样的道理，使用 Fe(Ⅱ)等值线图来代替 Fe(Ⅲ)。

在 BTEX 污染区域，如果 Fe(Ⅱ)浓度高于背景浓度，表明存在 Fe(Ⅲ)厌氧还原作用过程；在 BTEX 污染区域，如果甲烷浓度高于背景浓度，表明存在产甲烷作用过程。氯代有机污染物的生物降解趋向于使地下水中氯离子浓度增加。在厌氧条件下，生物降解作用会使地下水中的氧化还原电位降低。

上述图件的对比分析，可提供直观的生物降解作用过程的证据。

2. 自然衰减计算

1）水动力参数计算

水动力参数包括：渗透系数、传导系数、水力梯度、地下水线性流速、水动力弥散、阻滞系数等。在水文地质工作中，可通过现场试验或直接测试获取。

2）污染源项计算

在地下环境介质中的 NAPL 可以被视为地下水污染的"持续"来源，从 NAPL 进入地下水中的污染物溶解速率决定了地下水中污染物的浓度和时长。介质颗粒附着的和被毛细力持有的 NAPL 统称为残余相 NAPL，其受地层介质表面积、孔隙度和渗透系数以及 NAPL 表面张力等的影响。在残余相带，NAPL 以不可移动的液滴或节点形式存在，可占孔隙体积的10%或以下（Feenstra and Guiguer，1996）。如果 NAPL 呈饱和状态，可以在含水层介质孔隙中流动，称为可流动 NAPL 相，流动 NAPL 相可以占孔隙体积的 50%～70%。

残余和流动 NAPL 通常可出现在高于或低于地下水位的位置，但只有当 NAPL 在毛细带或低于毛细带时，可以直接分解（溶解）进入地下水。定量确定污染物进入地下水中的通量是非常困难的，受多种因素影响，包括可流动 NAPL 体的形状、NAPL 与地下水的接触面积、地下水流经 NAPL 的速度、残余相 NAPL 对接触带有效孔隙度的影响、污染物的溶解度、NAPL 中污染物的相对组分比、污染物的扩散系数、NAPL 中其他组分的影响等。在包气带作用过程更为复杂，包括挥发、残余相 NAPL 向水相中的分解、气相向水相中的分解等。随着 NAPL 体质量随时间的变化，其分解速率也在变化。因此，准确确定污染物进入地下水中的通量是十分困难的。

可以通过污染物的质量负载速率来估算迁移模型中源汇项的输入参数，但是很难得到与实测浓度相似的模型浓度。因此，模型中的"源"项成为模型率定参数（Mercer and Cohen，1990；Spitz and Moreno，1996）。实际上，污染源项是一个"黑箱"，污染物进入地下水中的实际通量很难定量描述。有时，根据污染源负载计算出的"模型浓度"与实测的污染物浓度相差一个数量级。

饱和 NAPL 体污染物的负载通量相对容易一些，因为可以通过饱和池体积确定 NAPL 与地下水的接触面积；而残余 NAPL 情形下，接触面积变化很大，难以实测。实验室研究多孔介质中残余 NAPL 相的传质尚处于起始阶段，当进行模拟分析时，接触表面积是需要率定的参数，具有很大的不确定性（Abriola，1996）。这也是为什么模拟中的"源"项只能作为"黑箱"处理的原因。

污染物传质速率是确定污染源污染持续时间的基础，影响着对自然衰减的认识和修复策略的确定。确定溶解性污染羽完全被衰减需要的时间，需要评价污染物从 NAPL 分解（溶解）进入地下水中的速率。通常很难估计污染清除的时间，常用基于 NAPL 分解速率的保守性评估方法。预测具有可流动 NAPL 污染场地的污染清除时间非常困难，因为当可流动 NAPL 去除后，残余 NAPL 仍将存在。

如果不是为了计算污染物质量通量速率，可以采用直接测试或平衡浓度计算的方法来评估污染源处的浓度。第一种方法是在 NAPL 羽附近直接取地下水样，分析溶解污染物的浓度；第二种方法是进行分配计算。这些资料可以用来判断污染源处分解的污染物浓度是否超过规定的限值，或经过自然的作用可以达到预期的结果。污染源处实测或计算的污染物浓度可以作为源项用于迁移模型中。

如果残余和流动 NAPL 导致的污染物浓度随时间没有降低，或降低速率非常缓慢，那么，溶解性污染羽的自然衰减需要非常长的时间。这种情形使自然衰减修复不太适用。自然衰减修复方法的应用，取决于持续地下水污染的来源必须随时间衰减。这种衰减可以是由自然风化作用过程或通过对源进行的工程修复，如可流动 NAPL 的抽取、土壤气相抽提等。

（1）与 NAPL 接触地下水中污染物溶解浓度直接测量。

有两种方法可以用于 NAPL 羽附近地下水中污染物浓度的测量，一种是在 NAPL 透镜体附近监测井中进行地下水取样分析，另一种是在监测井中取 NAPL 和地下水的混合样。

（2）平衡分配计算。

NAPL 的存在构成了污染场地的持续污染来源，污染物可以从 NAPL 分解（溶解）进入地下水中。因此，需要计算 NAPL 附近地下水中污染物浓度。污染场地中由 NAPL 分解进入地下水的污染物负载可以由分配计算获得，可以粗略评估持续污染源对地下水中污染物浓度的影响。有些情况下，尽管在地下环境中有 NAPL 存在，通过分配计算，地下水中溶解的污染物浓度仍然低于管制标准（Wiedemeier et al.，1993），这种情形需要进行长期监测来证实。

可流动 NAPL 与地下水的污染物平衡分配：

NAPL 一般都是不同有机污染物的混合物，许多研究认为，混合物的溶解度要低于单独污染物的溶解度。

$$C_{sat,m} = X_m C_{sat,p} \tag{12-9}$$

式中，$C_{sat,m}$ 为混合物中污染物的溶解度；X_m 为混合物中污染物的摩尔分数；$C_{sat,p}$ 为纯污染物的溶解度。

这一平衡浓度也被称为混合物中污染物的有效溶解度。对于分子结构类似的化合物，有效溶解度的计算是可行的，特别是两种化合物混合时的计算（Broholm and Feenstra，1995）。如果化合物间溶解度的关系比较复杂，则存在较大的误差。

对于燃料烃混合物，其组成相对固定，有许多实验研究来确定单个化合物的溶解度。燃料-水分配系数定义为化合物在燃料中的浓度与化合物在地下水中的平衡浓度的比值：

$$K_{fw} = \frac{C_f}{C_w} \tag{12-10}$$

式中，K_{fw} 为燃料-水分配系数（无量纲）；C_f 为燃料中化合物的浓度；C_w 为化合物在水中的浓度。

Wiedemeier 等（1995）总结了在喷气燃料和汽油中的 BTEX 和三甲苯（TMB）的 K_{fw} 值。利用燃料-水分配系数关系式，可以计算从 NAPL 分解到地下水中 BTEX 的最大（平衡）溶解浓度：

$$C_w = \frac{C_f}{K_{fw}} \tag{12-11}$$

式（12-11）可以计算当 LNAPL 与地下水能够充分接触，达到平衡时化合物在水中的溶解浓度。

（3）质量通量计算。

NAPL 分解（溶解）进入地下水中的质量通量速率可以由传质系数、浓度差和接触面积求得。传质的驱动力是 NAPL 和地下水界面间的浓度差。浓度差可以利用纯污染物的溶解度公式和 NAPL 附近地下水中实测的化合物浓度（或理论计算值）进行计算；但是接触面积和传质系数具有很大的非确定性，一般需要在模型中率定。

Feenstra 和 Guiguer（1996）利用化学工程领域的概念，建立了单一化合物 NAPL 的简单分解通量：

$$N = K_c(C_w - C_{sat}) \tag{12-12}$$

式中，N 为目标化合物的通量（量纲为 $ML^{-2}T^{-1}$）；K_c 为传质系数（量纲为 LT^{-1}）；C_w 为水相中化合物浓度（量纲为 ML^{-3}）；C_{sat} 为 NAPL-水界面化合物浓度（化合物溶解度，量纲为 ML^{-3}）。

传质系数可以由多种计算方法，但都要包括化合物的扩散度。在多孔介质中，单位体积多孔介质的传质速率可由下式计算：

$$N_m = S_w\lambda_m(C_{sat,m} - C_{w,m}) \tag{12-13}$$

式中，N_m 为单位体积多孔介质中组分 m 的通量（量纲为 $ML^{-2}T^{-1}$）；S_w 为孔隙体积被水占据的平均比例分数；λ_m 为组分 m 的集中传质系数（量纲为 LT^{-1}）；$C_{w,m}$ 为组分 m 水相中的浓度（量纲为 ML^{-3}）；$C_{sat,m}$ 为 NAPL-水界面组分 m 浓度（量纲为 ML^{-3}）。

3）生物降解作用的量化

两种类型的化学证据可以说明生物降解作用的存在，第一种是电子受体和代谢产物的等值线图；另一种是利用保守型示踪剂进行研究。

（1）等值线图。

电子受体和代谢产物的浓度和分布，可以定性描述生物降解的存在。在燃料烃污染区域，溶解氧的消耗表明有机物好氧降解活动带的存在；硝酸盐和硫酸盐的消耗，表明有机物的厌氧降解活动，存在反硝化和硫酸盐还原作用；$Fe(II)$ 和甲烷浓度的升高，表明有机物的厌氧降解活动，存在铁还原、产甲烷作用。因此，可利用污染物、电子受体和代谢副产物的等值线图作为燃料烃生物降解的证据。

（2）数据的规范化。

为了准确计算生物降解速率，实测的污染物浓度必须要进行规范化处理，要考虑弥散、稀释和吸附的影响。可以利用与污染羽有关的保守型化合物或元素进行分析计算，如在燃料烃和氯代溶剂复合污染场地，三甲苯由于难以被生物降解，可以作为 BTEX 和氯代溶剂降解的对照物进行分析。有的污染场地也可以利用生物降解产生的氯离子进行分析研究。

如果假设生物降解是污染物的唯一去除途径，可以利用在地下水流向上两个监测点（最低限度）的污染物和示踪剂实测浓度来计算只有生物降解作用下每个点的预期浓度值。所有衰减过程的污染物比例分数可以通过相邻两个监测点的污染物实测资料进行计算。利用相邻两个监测点的示踪剂浓度可以计算只有稀释和弥散作用的污染物比例分数，示踪剂与目标污染物具有相同的稀释和弥散作用，但不受生物降解的影响。可以利用式（12-14）计算只有生物降解作用下，在下游预期的污染物浓度。

$$C_{B,cr} = C_{B,m}\left(\frac{C_{A,t}}{C_{B,t}}\right) \tag{12-14}$$

式中，$C_{B,cr}$ 为下游 B 点污染物的校正浓度；$C_{B,m}$ 为 B 点污染物的实测浓度；$C_{A,t}$ 为上游 A 点示踪剂的浓度；$C_{B,t}$ 为下游 B 点示踪剂的浓度。

式（12-14）可以用来计算每个点生物衰减导致的污染物理论浓度。规范化的系列污染物浓度可以用来计算生物降解一级反应动力学常数。

将溶解性污染羽中存在的难降解有机化合物作为示踪剂是非常方便的方法，如三甲苯有 3 种同分异构体（1,2,3-三甲苯、1,2,4-三甲苯、1,3,5-三甲苯），其在燃料烃污染地下水中有一定的浓度。在氯代溶剂和石油烃复合污染情形下，三甲苯在厌氧环境下非常难以生物降解，可以作为示踪剂；但在好氧条件下三甲苯容易被生物降解，不能作为示踪剂。

理想的示踪剂应该与目标污染物具有相近的亨利常数和土壤吸附系数，但是三甲苯比 BTEX、氯代乙烯和氯代乙烷更为疏水，比目标污染物具有高的土壤吸附系数，因此将其作为示踪剂是保守的，生物降解速率容易低估。最好通过多个示踪剂进行评估计算，综合分析对比。

如果无机物与有机污染羽具有某种联系，也可以使用无机物作为示踪剂。对于许多氯代溶剂污染羽，氯离子和与溶剂相关的有机氯总和可以作为保守型的示踪剂。如果地下水中氯离子的背景浓度达到污染羽中总氯浓度的 10%以上，则在计算时要考虑背景值问题。

（3）生物降解速率计算。

可以用一级和二级近似来计算氯代烃在有其他有机物存在时的生物还原作用速率。当氯代烃的生物降解速率只受污染物浓度的控制时，可以使用一级近似进行计算；但是，当多个底物成为微生物降解速率的限制因素，或微生物量增加或减少时，不能应用一级近似计算，而需要采用二级或更高级的近似计算降解速率。

地下水中溶质浓度随时间的变化可以利用一级速率常数描述：

$$\frac{\mathrm{d}C}{\mathrm{d}t} = -kt \tag{12-15}$$

式中，C 为 t 时刻的浓度（量纲为 ML^{-3}）；k 为总衰减速率常数（量纲为 T^{-1}）。

求解微分方程得 $C = C_0 \mathrm{e}^{-kt}$。

总衰减速率包含所有使污染物浓度降低的作用过程，包括对流、弥散、补给稀释、吸附和生物降解。如果只考虑生物降解的衰减速率，则其他作用的影响部分需要剔除。

Aronson 和 Howard（1997）研究了大量的有机污染物在含水层中的生物衰减速率常数值。报道的对于 TCE 污染物的降解速率常数值多分布于 0.3～3.0/a，平均速率为 1.0/a，但也有报道非常低的速率值（小于 0.1/a）。PCE 的平均降解速率要比 TCE 稍大一些，接近 4.0/a；而氯乙烯的平均降解速率较小，接近 0.6/a。

在场地现场，可以使用两种方法确定一级生物降解速率，第一种是利用规范化的数据进行衰减速率的计算；第二种是针对稳定型污染羽的 Buscheck 和 Alcantar（1995）方法。

利用规范化数据计算：

为了保证污染物浓度的降低是来源于生物降解，地下水中实测的污染物浓度需要进行校正，剔除对流、弥散、补给稀释和吸附的影响。校正以后在 A 和 B 两点地下水浓度就可以进行降解速率的计算：

$$C_{B,\text{cr}} = C_{A,\text{m}} e^{-\lambda t} \tag{12-16}$$

式中，$C_{B,\text{cr}}$ 为下游 B 点污染物的校正浓度；当 A 点为规范化数据的起始点时，$C_{A,\text{m}}$ 为 A 点污染物的实测浓度，否则 $C_{A,\text{m}}=C_{A,\text{cr}}$，$C_{A,\text{cr}}$ 为上游 A 点污染物的校正浓度；λ 为一级生物衰减速率常数；t 为污染物从 A 点迁移到 B 点的时间。

因为已经剔除了对流等作用的因素，公式中的反应速率常数不再是总衰减速率常数（k），而是一级生物衰减速率常数（λ）。

$$\lambda = -\frac{\ln\left(\dfrac{C_{B,\text{cr}}}{C_{A,\text{m}}}\right)}{t} \tag{12-17}$$

$$t = \frac{x}{v_{\text{c}}} \tag{12-18}$$

式中，x 为两点间的距离（量纲为 L）；v_{c} 为阻滞后的溶质运移速度（量纲为 LT^{-1}）。

可以通过式（12-17）和式（12-18）计算一级生物衰减速率常数，当利用多个点进行计算时，λ 值可能有所差异。可以利用指数回归分析的方法确定衰减速率常数。

$$y = be^{mx} \tag{12-19}$$

式中，y 为 y 轴，污染物浓度（对数坐标）；b 为 y 轴截距；m 为回归线斜率；x 为 x 轴，污染物迁移时间。

Buscheck 和 Alcantar 方法：

对于稳定型的污染羽，可以利用半对数坐标绘制污染物浓度（对数坐标）与径流路径的距离（线性坐标）曲线，并进行线性拟合。一维解析解如下：

$$\lambda = \frac{v_{\text{c}}}{4\alpha_x}\left\{\left[1 + 2\alpha_x\left(\frac{k}{v_x}\right)\right]^2 - 1\right\} \tag{12-20}$$

式中，λ 为一级生物衰减速率常数；v_{c} 为 x 方向上阻滞后的污染物速度；α_x 为弥散度；k/v_x 为污染物浓度与径流路径上的距离半自然对数曲线拟合直线斜率。

12.4　长期监测与方案修正

12.4.1　长期监测方案制订

利用自然衰减修复污染场地，需要对地下水和土壤等进行长期监测。需要两种类型的监测点：长期监测点用来确定污染羽的行为变化；性能评估点用来证实污染物浓度是否达到修复目标的水平。长期监测是监测自然衰减的重点，通常监测需要持续到污染物修复达到目标后 1～3 年。

图12-6为地下水污染长期监测井布置方案示意图,观测井布置包括如下区域:污染源区;地下水未污染区域;污染源下游地下水污染自然衰减区域;污染羽下游污染物浓度低于目标值,但水文地球化学指标变化,溶解性电子受体消耗区域;性能评估点区域。

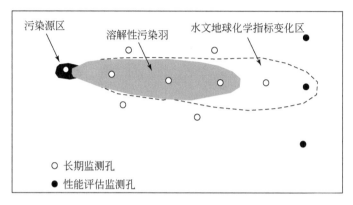

图 12-6   地下水污染长期监测井布置方案示意图（据 USEPA，1998a）

最终的长期监测井和性能评估井的数量与布局取决于污染场地的具体条件，但所有监测井都应该布置在目标含水层系统，能够完整刻画地下水污染羽及其变化。

12.4.2   受体暴露途径分析与补充方案评估

需要明确污染源和受体位置，以及污染物到达受体的途径和时间。评估自然衰减作用是否能够满足污染场地污染物浓度、总量等控制要求。如果不能满足要求，则需要对方案进行修正，使之能够达到预期的污染物浓度目标，如采用污染源带污染物的去除、阻隔技术，或使自然衰减与其他主动修复技术相结合，实现污染场地的修复目标。

12.5   实   例

12.5.1   场地概况

污染场地为吉林某化工厂，地处松花江二级阶地，地下水类型为松散岩类孔隙潜水。图 12-7 为由丘陵至松花江的区域水文地质剖面图（包括污染场地位置）。其地层岩性从上往下依次为①黄褐色粉质黏土，层厚为 1.4~5.5m；②细砂，层厚为 0.4~5.6m；③卵石，厚度为 4.0~8.0m；④在卵石下面为花岗岩，一般基岩的埋深为 14～15m。

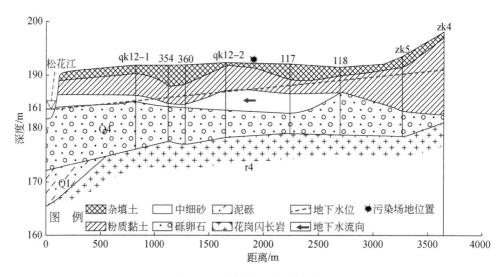

图 12-7 区域水文地质剖面图

在污染场地小尺度范围，污染泄漏的污染源带含水层顶部粉质黏土的厚度较小，一般为 2～3.5m，含水层的厚度为 8～10m。区域地下水流向：丰水期为北东-南西向（图 12-8），地下水径流补给松花江。在污染源带处地下水的水力梯度为 0.3‰；污染羽前缘位置处的水力梯度约为 2‰。总体地下水的流速非常小，特别

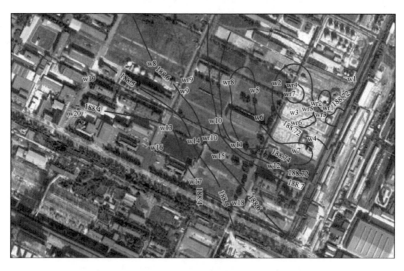

图 12-8 丰水期地下水位等值线图（2017 年 9 月）

图中数字表示地下水位，单位为 m

是在污染源带，地下水的流向局部甚至与区域地下水的流向相反，不利于污染地下水的迁移扩散。枯水期为南东-北西向（图 12-9），污染源带处地下水的水力梯度为 1‰；污染羽前缘位置处的水力梯度约为 2‰。地下水流向在丰水期、枯水期差别非常大，水流方向差别近 90°，给区内污染物的迁移及污染羽的预测带来了困难。

图 12-9　枯水期地下水位等值线图（2018 年 1 月）

图中数字表示地下水位，单位为 m

根据含水层的渗透系数和有效孔隙度参数，可初步计算出地下水的实际流速在 0.1～0.4m/d，在污染源带位置，地下水的流速在 0.1m/d 左右，水流非常缓慢。根据多年地下水位动态监测分析，区域地下水位变幅较小，绝大多数情况下为地下水补给松花江水。

2005 年发生了污染泄漏事故，导致大量的硝基苯、苯和苯胺泄漏进入土壤和地下水中。事故发生后，对厂区内污染源泄漏附近区域进行了土壤挖掘、清洁土壤回填等必要修复措施，后期在地表进行了水泥密封等相关措施，同时密切关注地下水中污染物的浓度变化及影响范围。

12.5.2　污染源带土壤中硝基苯变化趋势

污染场地包气带土壤进行过两次系统的调查取样分析，分别是 2006 年和 2017 年。选取污染源附近硝基苯含量高的取样点进行对比分析。表 12-9 和图 12-10 为 2006 年和 2017 年污染源带取样点（相同位置）不同深度土中硝基苯的含量情况，表 12-10 为 2006～2017 年不同深度包气带土中硝基苯的衰减率和衰减速率。可以看出：2006 年泄漏发生后，包气带土壤中硝基苯的含量很大，在地面以下 5m 处达到峰值；而经过 11 年的作用，2017 年土中硝基苯的含量有较大的降低，其峰值在地下 3m 处。对比 2006 年和 2017 年分析资料，经过 11 年的时间，硝基苯在土中的含量发生了衰减。包气带 0~3m 区域，越接近地表，土中硝基苯的衰减率越大；5m 深处土中硝基苯有很大的衰减，原因是 2017 年该位置地下水位埋深为 3m 左右，5m 的土样为地下水位以下饱和含水层介质，硝基苯受对流作用影响，发生侧向迁移。

表 12-9　不同深度污染源带土壤中硝基苯含量表　　（单位：mg/kg）

年份	硝基苯含量				
	0.5m	1.5m	3m	5m	7m
2006	5097.5	8713.3	14137	33652	347.6
2017	9.4	477	8490	265	

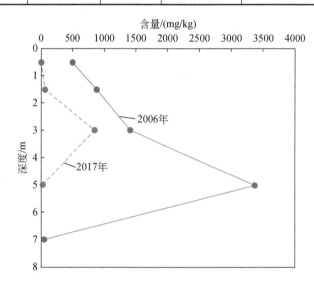

图 12-10　污染源带土壤中硝基苯含量变化图

表 12-10　2006~2017 年不同深度污染源带土壤中硝基苯含量变化趋势表

深度	0.5m	1.5m	3m	5m
衰减率/%	99.82	94.52	39.94	99.21
衰减速率/[mg/(kg·a)]	462.55	748.75	513.36	3035.12

12.5.3　污染源带地下水中污染物浓度的衰减变化

污染场地地下水进行过 3 次系统的调查取样分析，分别是 2006 年、2009 年和 2017 年，随后从 2019 年开始，每年地下水系统取样分析一次。选取泄漏点附近污染源带硝基苯浓度高的取样点进行对比分析。表 12-11 为污染源带（位置相同）地下水中污染物浓度变化，从表中可以看出：2006～2009 年 3 年时间内，污染物浓度的降低幅度都较大，这是由于在高浓度情况下，挥发、扩散等作用更易使污染物浓度显著降低；此外，也包括事故发生后采取的一些应急措施的作用。2009～2017 年 8 年时间内，地下水中特征污染物的衰减速率变缓。对比前 3 年和后 8 年的测试数据，硝基苯的衰减率由每年近 30%降低到每年 5%；苯的衰减率由每年约 29%降低到每年约 10%；2019 年开始，地下水中的硝基苯和苯的浓度均发生反弹回升，到 2021 年污染物浓度又发生了下降，处于波动状态。污染源带地下水中硝基苯和苯浓度变化趋势如图 12-11 和图 12-12 所示，由图可知，硝基苯和苯随时间的衰减具有相似的特征，其在地下水中的浓度变化基本符合指数衰减规律。经过十多年的作用，特征污染物在地下水中的浓度变化越来越小，达到"拖尾"和波动阶段。

表 12-11　污染源带地下水中污染物浓度变化表

年份	硝基苯		苯	
	浓度/(mg/L)	衰减率/%	浓度/(mg/L)	衰减率/%
2006	5856.7		496	
2009	657.5	29.6	63.2	29.1
2017	384.5	5.2	14.3	9.7
2019	565.8	−23.6	96.5	−287.4
2020	606.6	−7.2	19.8	79.5
2021	207.8	65.7	0	100

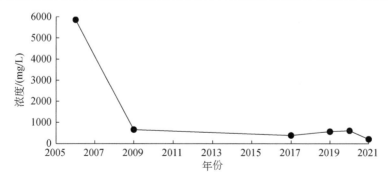

图 12-11　污染源带地下水中硝基苯浓度变化趋势图

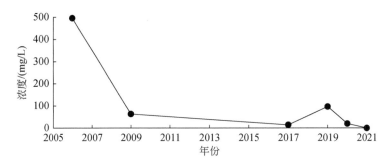

图 12-12　污染源带地下水中苯浓度变化趋势图

12.5.4　地下水中硝基苯浓度随迁移距离的变化

根据 2017 年 9 月地下水取样测试结果，对地下水中硝基苯浓度随水流迁移距离的变化趋势进行分析。其中，泄漏点附近 WR2 井中的硝基苯浓度最高（含水层下部水样），然后沿着地下水流向，分别选取地下水监测井进行硝基苯浓度变化分析。具体情况见表 12-12。

表 12-12　污染源带地下水中污染物浓度变化表

监测井	距离/m	硝基苯浓度/(mg/L)
WR2	0	366
WR3	34.1	65.9
WR6	85.3	1.35
W6	176.3	29.2
W11	255.6	0.21
W15	317.2	0.146
W17	410.3	0.0164

图 12-13 为地下水中硝基苯浓度随迁移距离的变化趋势，由图可知，地下水中硝基苯浓度随迁移距离变化符合指数衰减规律。硝基苯在地下水中的迁移主要在 100m 内，地下水中的浓度急剧降低。100～200m 内硝基苯的浓度在几至几十毫克每升；随着距离的增加，硝基苯浓度小于 1mg/L，直至地下水中无检出。

12.5.5　地下水中特征污染物污染范围及变化趋势

利用 2006 年、2009 年、2017 年和 2020 年地下水污染物测试分析资料，分别绘制硝基苯和苯浓度等值线。考虑到监测点位数量的限制和作图误差等因素，硝基苯以 10mg/L 浓度等值线计算其污染范围，苯以 5mg/L 浓度等值线计算污染范围。图 12-14 和图 12-15 分别为污染物泄漏后 15 年内地下水中硝基苯和苯污染范围随时间变化。

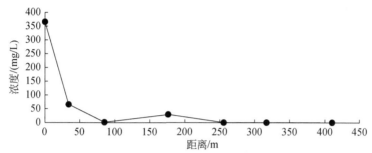

图 12-13　地下水中硝基苯浓度随迁移距离的变化趋势图

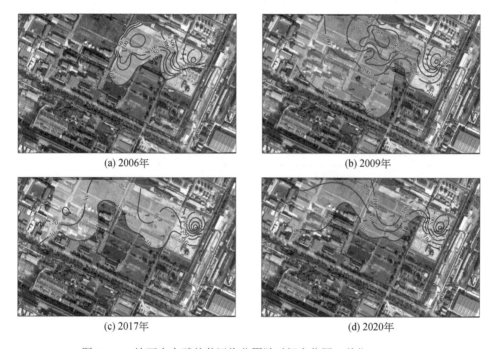

(a) 2006年

(b) 2009年

(c) 2017年

(d) 2020年

图 12-14　地下水中硝基苯污染范围随时间变化图（单位：mg/L）

由图 12-14 和图 12-15 可以看出：污染物泄漏后的 4 年内（2006～2009 年），污染羽的面积不断扩展；而从第 5 年开始，污染羽面积开始减小，2017 年硝基苯和苯的污染面积都有很大程度的衰减。

利用 Surfer 绘图软件，进行了污染物地下水污染面积的计算，表 12-13 为不同年份地下水中污染物不同浓度等值线面积及其变化趋势。图 12-16 和图 12-17 分别为地下水中硝基苯和苯污染面积变化曲线。

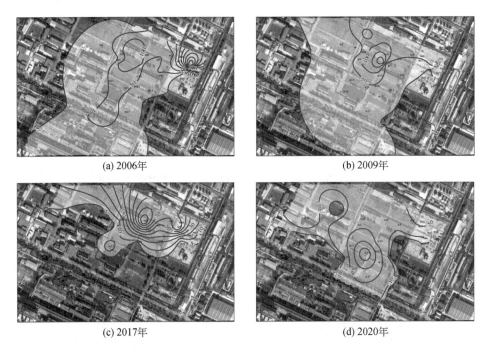

(a) 2006年   (b) 2009年

(c) 2017年   (d) 2020年

图 12-15   地下水中苯污染范围随时间变化图（单位：mg/L）

表 12-13   不同年份地下水中污染物不同浓度等值线面积及其变化趋势表

年份	硝基苯			苯		
	浓度/(mg/L)	面积/m²	年衰减率/%	浓度/(mg/L)	面积/m²	年衰减率/%
2005	≥10	114923	—	≥5	408984	—
	≥100	54453	—	≥50	193447	—
	≥500	22897	—	≥100	32657	—
	≥1000	14897	—	≥200	807	—
2006	≥10	125241	-9	≥5	326843	20
	≥100	67147	-23	≥50	87225	55
	≥500	22612	1	≥100	28348	13
	≥1000	13844	7	≥200	10064	1147
2009	≥10	237603	-30	≥5	309054	2
	≥100	109562	-21	≥50	59802	10
	≥500	1606	31	≥100	14110	17
	≥1000	0	100	≥200	452	32

续表

年份	硝基苯			苯		
	浓度/(mg/L)	面积/m²	年衰减率/%	浓度/(mg/L)	面积/m²	年衰减率/%
2017	≥10	144700	5	≥5	122505	8
	≥100	10124	11	≥50	27803	7
	≥500	0	100	≥100	—	—
	≥1000	0	—	≥200	0	100
2019	≥10	109591	12	≥5	199416	−31
	≥100	9981	1	≥50	8709	34
	≥500	0	100	≥100	294	—
	≥1000	0	—	≥200	0	—
2020	≥10	127083	−16	≥5	214278	−7
	≥100	25056	−150	≥50	38737	−345
	≥500	0	100	≥100	9144	—
	≥1000	0	—	≥200	0	—

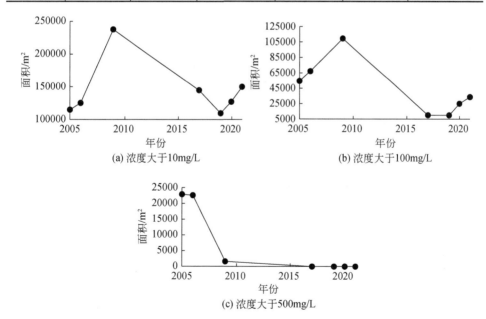

图 12-16　地下水中硝基苯污染面积变化曲线

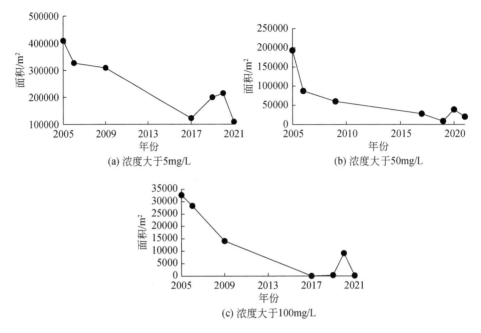

图 12-17　地下水中苯污染面积变化曲线

从表 12-13，图 12-16 和图 12-17 可以看出，硝基苯污染羽面积的变化规律为泄漏后 4 年内污染物浓度大于 10mg/L 的面积逐渐增加，污染羽不断扩展（表 12-13 中污染面积衰减率为负值），污染面积以每年 7% 的速率增加；而污染物浓度大于 500mg/L 的面积则呈现逐年下降的趋势。说明硝基苯污染羽在扩展，但地下水中高浓度面积部分在缩小。2009～2017 年 8 年时间内，不同浓度的硝基苯污染面积一直呈现下降趋势，但下降的速率不同。地下水中硝基苯污染面积以每年约 5% 的速率衰减（以污染物浓度大于 10mg/L 的面积计）。2017～2021 年，硝基苯污染面积发生波动，衰减速率变小。

地下水中苯污染羽面积的变化规律为：泄漏后不同浓度的苯污染面积一直呈现下降趋势，但下降的速率不同。4 年内（2005～2009 年）污染羽面积的年平均衰减率约为 6%（以污染物浓度大于 5mg/L 的面积计）；2009～2017 年 8 年时间内，污染羽面积的年平均衰减率约为 7%。2017～2021 年，苯污染面积发生波动。

12.5.6　结论

地下水污染羽总体在缩减，后期面积发生波动；不同污染物的自然衰减差异很大，硝基苯的自然衰减作用要小于苯的衰减。污染源带的污染物经过十多年的衰减作用，污染物浓度有所降低，但污染仍十分严重。根据 2017 年的场地调查工作，有一个勘探孔出现挥发性气体溢出，持续时间长达约 5min，表明污染源带的污染仍然比较严重，污染物的衰减缓慢。研究结果表明：污染源带的自然衰减过程难以使污染物浓度达到场地修复的目标，不适宜用监测自然衰减方法，需要进行主动修复；污染羽带可以采用监测自然衰减方法。

第13章　地下水污染的阻隔控制

13.1　概　　述

地下水污染的修复费用大、修复效果存在不确定性，阻隔是污染风险不可接受时的管理手段。近年来，对于多数污染风险和敏感度不高的地下水污染场地，污染的风险管控方法受到了高度重视。地下水污染的风险管控依赖于污染物在环境中的自然衰减和必要的污染源带的工程控制或治理措施，其中地下水污染的阻隔控制就是最为常见和重要的方法。本章参考了《地下水污染阻隔技术指南》部分内容（赵勇胜等，2021）

13.1.1　阻隔控制原理

通过在地下水污染源周围构筑低渗透屏障来隔离污染物，同时调控地下水的流场。由于污染物进入含水层后以水平方向运移为主，地下水污染阻隔的主要方式是构筑垂直阻隔墙，将受污染地下水体进行圈闭（阻隔），控制污染源。阻隔受污染的地下水流出或污染物迁移，控制污染羽扩散。同时，进行必要的覆盖阻隔，将天然黏土材料或土工合成材料铺设在污染场地上，阻止外部水的入渗和场地中挥发性污染物的逸出。

13.1.2　适用范围

地下水污染的阻隔技术主要是防止污染物的传输和扩散，包括阻断污染地下水的渗流，或对污染物的拦截、滞留和降解。地下水污染的阻隔主要包括构筑垂直工程屏障以及覆盖层，可以适用于以下情形：

（1）应用于高污染负荷的污染源带，实现对地下水污染的"包容"隔离，避免污染物的进一步迁移和扩散，减小下游地下水污染的风险。

（2）应用于污染源与高度敏感的受体之间，阻断地下水污染的迁移途径，确保受体不受威胁，在此基础上，利用其他技术修复被阻断的地下水污染羽。

（3）应用于复杂污染场地，包括非均质-低渗透性污染地层，以及复合、难降解污染情形，与其他技术相比，阻断技术相对更为经济有效。

13.1.3　主要类型及应用

根据墙体建造施工方法的不同，以及选用墙体材料的不同，形成了多种不同类型阻隔墙。常见的有：泥浆阻隔墙、注浆阻隔墙、原位土壤搅拌阻隔墙、土工膜复合阻隔墙、板桩阻隔墙、可渗透反应墙等。其中，泥浆阻隔墙、土工膜复合阻隔墙的深度受开挖的限制，一般在较浅地层应用；注浆阻隔墙和板桩阻隔墙可以应用于较深的污染地层；可渗透反应墙通过填充材料与污染物发生物理、化学、生物作用，使污染物滞留或在墙体中降解，而水流可以渗流通过墙体。

垂直阻隔墙施工简单，成本较低，污染控制效果显著。一般来说，可用于处理小范围的剧毒、难降解污染场地，作为一种永久性的封闭方法；也可以应用于地下水污染初期的应急控制；以及作为复杂污染场地的修复方法。

13.2　地下水污染阻隔技术要求

13.2.1　阻隔墙设计

设计前应明确阻隔墙的目的和功能，包括：对污染场地的完全封闭；向下渗透控制；渗透导流墙；或者是临时疏水系统等。设计地下水污染阻断屏障需要考虑如下因素：

（1）屏障的几何形状，包括屏障布局、深度和厚度；

（2）周围地层的应力分析，以评估潜在的屏障构筑影响；

（3）阻截材料与污染物的兼容性能实验，优选有效的阻截材料；

（4）确定高效可行的构筑方法；

（5）构筑质量监测、控制与保证，特别是所构筑的阻断墙体的连续性，需要高度关注。

对污染场地地层岩性、污染物分布高分辨率的刻画是地下水污染阻隔技术的设计基础，在场地调查工作的基础上，构建污染场地的水文地质概念模型，包括含水层介质、厚度、渗透系数、水力梯度，含水层水文地球化学特性，以及污染物特性及其与地层介质的作用、污染物浓度、污染羽分布、扩散速度等。

阻隔污染物和污染水流的屏障（泥浆阻隔墙、注浆阻隔墙、原位土壤搅拌阻隔墙、土工膜复合阻隔墙、板桩阻隔墙等）布局如图 13-1 所示。把污染严重的污染源带利用阻隔墙封闭起来，避免高污染负载区域的污染地下水向下游迁移扩散。阻隔墙的形状可根据场地实际情况和采用墙体类型的不同而不同。有时根据水文地质和污染场地的实际条件，阻隔墙也可以采用不完全封闭的布局，如只在上游或下游布置阻隔墙。

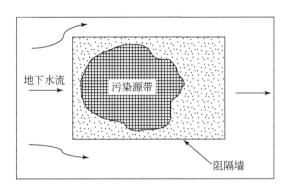

图 13-1　地下水污染阻隔墙平面设计示意图

图 13-2 为土-膨润土阻隔墙建设示意图，需要进行沟槽的开挖，用泥浆护壁；然后对开挖的沟槽进行土-膨润土回填，填充的材料要符合阻隔地下水渗流的要求，一般渗透系数要小于 1×10^{-7}cm/s。

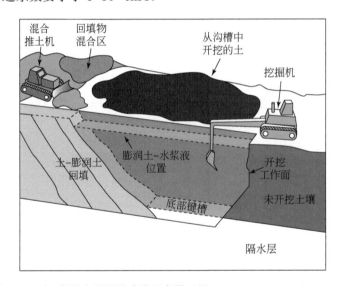

图 13-2　土-膨润土阻隔墙建设示意图（据 Rumer and Mitchell，1995）

13.2.2　泥浆阻隔墙

泥浆墙是地下阻隔墙中最为常见的类型，国际上已有成熟的设计、建造经验，包括开挖沟槽，填充介质，最后进行顶部覆盖保护（图 13-3）。在开挖沟槽施工过程中，需要使用膨润土泥浆护壁，最后用渗透系数通常小于 $1\times10^{-6}\sim10^{-8}$cm/s 的低渗透性介质进行回填，形成阻截墙。常用的阻截墙包括土壤-膨润土（SB）阻隔墙、水泥-膨润土阻隔墙、土壤-水泥-膨润土阻隔墙等。实际上，填充材料往往是混合多种物质，常见的包括水泥、膨润土、飞灰、炉渣、黏土等。有机和无机污染物都有可能对膨润土有影响，因此，需要添加一些其他物质改善泥浆墙的特性。通过添加飞灰可以降低碱-硅酸反应导致的混凝土退化或硫酸盐侵蚀（Pearlman，1999）。泥浆阻截墙被认为是简单而有效的方法，已被大量的工程实践所证实。

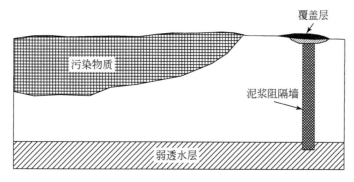

图 13-3　泥浆阻隔墙剖面示意图

表 13-1 为不同泥浆阻隔墙的优缺点比较。水泥-膨润土阻隔墙具有强度大的特点，当场地坡度大以及要求较高强度的阻截材料时，可以使用水泥基阻隔墙。首先膨润土与水混合成水化泥浆，其中膨润土占约 6%（重量）；在沟槽中先加入水泥，然后加入膨润土泥浆。水泥量通常占 10%～20%（重量）。也可以通过在水泥中加入细炉渣降低渗透系数（达到 10^{-8}～10^{-7}cm/s），同时还可以增加材料的化学抵抗力和强度（通常水泥和炉渣的比例为 3∶1～4∶1）（Pearlman，1999）。

表 13-1　泥浆阻隔墙特点比较表

阻隔墙类型	优点	缺点
水泥-膨润土阻隔墙	强度好，低压缩性；可以用于不稳定土体、坡度大的情形；渗透系数在 10^{-6}cm/s 左右；构筑速度快	较难保证整体连续性；渗透系数相对较大；收缩、热应力和干-湿循环易产生裂隙
土壤-膨润土阻隔墙	比水泥-膨润土阻隔墙更低的渗透系数；费用较水泥-膨润土阻隔墙低；渗透系数一般在 10^{-7}cm/s 左右，最低可达 5.0×10^{-9}cm/s	干-湿循环和冻融作用导致阻隔材料退化（如开裂）；与污染物长期作用有可能导致防渗质量下降
土壤-水泥-膨润土阻隔墙	强度与水泥-膨润土阻隔墙相当；渗透系数与土壤-膨润土阻隔墙相近	与水泥-膨润土阻隔墙和土壤-膨润土阻隔墙的类似

土壤-膨润土阻隔墙具有较低的渗透系数，构筑技术成熟，速度快，已有许多工程实践；其构筑深度可达 60m。膨润土或黏土中的硅和铝，在强酸（pH<1）和强碱（pH>11）情形下易溶出，导致阻截材料孔隙增大，无机盐和有些非极性有机物可以导致膨润土颗粒收缩，这些作用对阻隔性能产生影响。

土壤-水泥-膨润土阻隔墙是传统土基或水泥基阻截墙的改进型，从根本上，就是添加了水泥的土壤-膨润土阻截墙。它集合了水泥-膨润土阻隔墙和土壤-膨润土阻隔墙的优点：强度方面与水泥-膨润土阻隔墙相似，防渗能力与土壤-膨润土阻隔墙相当。

13.2.3　注浆阻隔墙

注浆阻隔墙技术采用渗透（压力）注浆或者喷射注浆的方式，向地层中注入水泥浆液等形成阻截帷幕。为了灌注的水泥能够形成连续的墙体，根据地层及钻井条件，要求灌注井距离尽量小一些，有时需要设置两排灌注井，以保证墙体的连续性。当灌注地层的渗透系数较大时，有利于注浆阻隔墙的构筑。

表13-2为不同注浆阻隔墙的优缺点比较。渗透（压力）注浆在土木工程、采矿和岩土工程领域应用十分广泛。渗透（压力）注浆是指在较低压力作用下，注入低黏度的浆液，填充地层介质的空隙，排挤出空隙中的水和气体，而基本上不改变介质的结构和体积，形成低渗透的阻截屏障。为了避免水力压裂，注入压力不能大于土壤破裂压力。

表 13-2　注浆阻隔墙特点比较表

阻隔墙类型	优点	缺点
渗透（压力）注浆墙	不需要开挖土壤；定向钻进，对废物无扰动；可以设置垂向、水平屏障；可用于基岩裂隙	局限于中等到高渗透性地层；难以保证墙体的连续性；非均质地层中浆液在高渗透性介质中流动；难以预测浆液的渗透半径
高压喷射注浆墙	可以在许多不同类型地层介质中应用；注入井径小，可形成较大直径的地层介质与浆液混合柱体；构筑深度可达45～50m；可以以不同角度钻进和注入（垂直和水平屏障）	难以保证墙体的连续性；存在钻孔偏离问题、喷嘴堵塞问题；灌浆柱体连接处的缺口导致泄漏；墙体硬化过程导致开裂

渗透（压力）注浆的材料与注入地层的渗透性有关，当地层的渗透系数大于 10^{-1}cm/s，可用颗粒状浆液；渗透系数大于 10^{-3}cm/s，可用化学浆液（Karol, 2003）。表13-3为地层的渗透性能与可灌注性（Pearlman, 1999）。

表 13-3　地层的渗透性能与可灌注性一览表

地层的渗透系数/(cm/s)	可灌注性
$<10^{-6}$	不可灌注
10^{-6}～10^{-5}	黏度小于 5cP* 的浆液可灌注（有一定难度）；黏度大于 5cP 的浆液不可灌注
10^{-5}～10^{-3}	黏度小的浆液可灌注，但大于 10cP 的浆液难以灌注
10^{-3}～10^{-1}	常用的所有化学浆液都可灌注
$\geqslant 10^{-1}$	需要悬浮浆液或具有填料的化学浆液

*1cP=10^{-3}Pa·s。

高压喷射注浆是利用钻机钻孔,把带有喷嘴的注浆管插至土层的预定位置后,以高压设备使浆液成为几十兆帕以上的高压射流,注入地层中。常用的浆液有水泥浆和水泥-膨润土浆。注入的浆液切割、驱替地层介质,使阻截材料与地层介质混合,形成一个柱形体。高压喷射注浆可用于砾石到黏土不同类型的地层,但在砂层中的注入效率要优于黏土地层。地层的非均质性对高压喷射注浆阻隔墙的布置影响较小。

13.2.4　原位土壤搅拌阻隔墙

采用特殊的螺旋钻和搅拌装置,在钻进的同时,注入构筑阻截墙所需的材料,最终形成圆柱形的土壤和注入材料混合体。通过不同圆柱形混合体的重叠,可以构建连续的阻截墙。阻截墙的构筑深度可以达到 30m。例如,采用三轴搅拌,在土层深部就地将水泥和土强制搅拌(两轴同向旋转喷浆与土拌和,中轴逆向高压喷气在孔内与水泥、土充分翻搅拌合),利用土和水泥水化物间的物理化学作用,形成低渗透性阻截墙。

原位土壤搅拌阻隔墙的优点:原位钻进,土体无须开挖,很少的废物处置,减少了施工人员与污染物的暴露;墙体构建分段逐步进行,无塌陷问题;可添加不同的材料,阻隔不同的污染物。

原位土壤搅拌阻隔墙的缺点:各个圆柱体需要互连,难以验证连续性,需要确保各柱体间没有缺口;在搅拌过程中污染的土壤可进入阻隔墙;地下较大的卵砾石限制了钻进施工;构筑深度限制,有效的搅拌混合深度为 10m 左右。

13.2.5　土工膜复合阻隔墙

土工膜可以单独使用构建垂直阻截屏障,也可以与其他阻截技术联合使用形成复合阻截墙。土工膜进一步强化了墙体的整体性和抵抗化学侵蚀的能力,对于存在干-湿交替的包气带部分,土工膜具有优势,而土壤-膨润土材料容易发生开裂。土工膜可以使渗透系数降低 5 个数量级(Jessberger,1991),有许多种类的土工膜可供使用,垂直阻截墙一般采用高密度聚乙烯(HDPE)。HDPE 的寿命不太确定,但在一般情况下,有人认为可以超过 300 年(Pearlman,1999)。

土工膜的安装方法包括:沟槽法、振动插入板、泥浆支撑、分段槽盒和振动梁(表 13-4)。在泥浆墙的沟槽中插入土工膜,形成土工膜-泥浆复合阻隔墙。构建过程一般包括:把土工膜装入安装框架,在重力作用下放入沟槽中,然后撤离安装框架。

土工膜复合阻隔墙 HDPE 具有柔性,可以适应地层的变形;渗透系数可以达到 10^{-13}cm/s(Burson et al.,1997);具有抵抗不同化学物质的侵蚀能力;能够阻断液体和气体流动;服务时间长。但土工膜的构筑具有一定难度,深度也受安装方法的限制。

表 13-4　土工膜阻隔墙安装方法一览表（据 Rumer and Mitchell，1996）

方法或技术	土工膜结构	沟槽支护	典型沟槽宽度/mm	典型沟槽深度/m	典型回填物
沟槽法	连续	无	300～600	1.5～4.5	砂或原土
振动插入板	片状	无	100～150	1.5～6.0	原土
泥浆支撑	片状	泥浆	600～900	无限制，取决于沟槽稳定性	土壤-膨润土、土壤-水泥、水泥-膨润土、土壤-水泥-膨润土、砂或原土
分段槽盒	片状或连续	无	900～1200	3.0～9.0	砂或原土
振动梁	片状	泥浆	150～220	无限制	土壤-膨润土、土壤-水泥、水泥-膨润土、土壤-水泥-膨润土、泥浆

13.2.6　板桩阻隔墙

板桩阻隔墙通常是把钢板、预制混凝土、铝板等打入地下，形成工程屏障。不同的板间进行连接形成连续阻隔屏障。不同板桩间的连接部容易发生泄漏，除了各种封闭连接装置外，许多密封材料，如泥浆、飞灰和水泥等可以用来密封板桩的连接处。随着材料科学的发展，工程塑料逐渐可代替钢板，降低工程造价。

板桩阻隔墙具有很强的阻断土壤和地下水污染物扩散能力；具有一定的抵抗化学侵蚀能力；不需要开挖和处理废物；可以构筑成不规则形状的屏障；渗透系数稳定；有可能移动，重复使用。其缺点是板桩连接部有可能泄漏，费用较高，在含坚硬卵砾石的地层中构建困难，施工噪声和振动大。

13.2.7　冷冻阻隔墙

冷冻阻隔墙就是利用人工制冷，使地层中的水冻结，降低渗透系数，形成阻隔屏障。当不需要阻隔时，停止制冷使冷冻墙融化，可以恢复地层的渗透性。这一技术被应用于基坑开挖的地下水控制、油页岩原位裂解场地地下水流的控制等。

冷冻阻隔墙的构建需要在地下设置可供冷冻剂循环的管路，通过制冷使地层中的水分冻结。如果地层水分不足时，可以通过注入补充。冷冻剂可以包括液氮、二氧化碳等。

冷冻阻隔技术的优点是环境安全性高，低风险；污染土体无扰动；构筑后易维护；地层渗透性可恢复；在实验室冷冻阻隔墙的渗透系数达到 10^{-10} cm/s（Pearlman，1999）。缺点包括：阻隔墙无长期应用的数据；冷冻所需的时间和能耗取决于地层岩性；钻进可能是该技术的限制因素。

13.2.8　黏性液体阻隔墙

在地层中注入环境友好的可流动黏性物质，注入后，液体凝胶形成生物和化学稳定性强的不渗透屏障，能够抵抗污染物流体的侵蚀，且对环境无不良影响。图 13-4 为黏性液体阻隔墙示意图，凝胶可以构建一个密封的环境，把污染物包容，与周围环境隔离开来。现场试验表明该方法能够成功封堵具有渗透性的含水层，达到理想的渗透系数值。可以特殊设计硅胶（CS）和聚硅氧烷（PSX）配方，采用常规设备注入，构建黏性液体阻隔屏障（Moridis et al.，1996）。

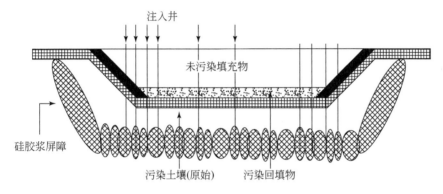

图 13-4　黏性液体阻隔墙示意图（据 Moridis et al.，1996）

注入流体必须与污染物以及地层介质特性相兼容，地层介质对于这一技术的成败具有非常重要的作用，介质的渗透系数影响凝胶时间。渗透系数大的地层，凝胶形成需要的时间较短，可快速构筑阻隔屏障；渗透系数小的地层，凝胶屏障形成较慢，有利于注入浆液的迁移。渗透系数决定了注入井的间距（Pearlman，1999）。

黏性液体阻隔墙可以用于渗透系数大于 10^{-2}cm/s 的砂层，对地层介质的破坏很小或没有；对污染物没有扰动；硅胶和聚硅氧烷具有较强的生物和化学稳定性（Moridis et al.，1996），对人体没有危害。

13.2.9　垂直可渗透反应墙

地下填充了反应介质的反应墙，当污染的地下水渗流通过时，污染物与介质发生物理、化学或生物作用而被阻截或去除。垂直可渗透反应墙可以设置在污染源下游，控制污染羽的扩展。可渗透反应墙也可以水平设置控制污染物的向下渗透。

可渗透反应墙的填充介质有很多种类型，对溶解性污染物的去除可以是生物的、非生物的作用，包括吸附、沉淀、氧化-还原、固定、物理转化和生物降解等。

垂直可渗透反应墙原位反应器系统为了有效地去除地下水的污染物，应满足 3 个基本要求：

（1）设计的反应时间必须小于污染地下水流动通过反应器的时间。如果反应速率太小，导致停留时间增大，或污染物的去除不彻底，达不到预期的目标。

（2）填充的反应介质具有一定的有效作用期。在有些情况下，可渗透反应墙的填料可以根据设计进行更换。

（3）填充介质自身不会引起下游地下水的污染。

垂直可渗透反应墙系统包括 3 种类型：漏斗-通道型、连续墙型、注入反应带型。

漏斗-通道型：当污染羽面积较大时，采用低渗透的泥浆墙等对地下水污染羽进行控制，在平面上形成污染地下水流动的"漏斗"，而可渗透反应墙设置在地下水流的"通道"位置，以此减少可渗透反应墙反应介质的填充量。

连续墙型：可渗透反应墙设置垂直于污染地下水流向，穿越整个污染含水层深度和宽度。这种类型的可渗透反应墙与漏斗-通道型相比，其对地下水流场的扰动要小、容易设置。

注入反应带型：通过井排的方式注入反应剂，在地下形成反应带。反应剂与污染物作用，起到阻隔、降解地下水中污染物的作用。反应剂以流体（溶解态、悬浮固态）的形式注入，与含水层介质发生作用，在介质表面包覆，起到可渗透反应墙的作用。

垂直可渗透反应墙使用的反应介质、去除的目标污染物和应用状况见表 13-5。

表 13-5　可渗透反应墙反应介质和去除污染物汇总表（据 Rumer and Mitchell，1996）

反应介质	目标污染物	技术状况
零价铁	卤代烃	商业应用
零价铁	可还原金属（铬、铀等）	场地示范
石灰石	金属、酸性水	实践中（采矿）
沉淀剂（石膏、羟基磷灰石）	金属	实验室研究
吸附剂（氢氧化铁、活性炭、沸石）	金属和有机物	场地示范/实验室研究
还原剂（有机物、连二亚硫酸盐、硫化氢）	可还原金属	场地示范
生物电子受体（释氧剂、硝酸盐）	苯、甲苯、乙苯、二甲苯	场地实验

13.2.10　覆盖层

覆盖层应为多层结构。从下而上至少包括下列部分：

（1）防渗层：天然材料防渗层厚度不小于 50cm，渗透系数不大于 10^{-7}cm/s。

若采用复合防渗层,人工合成材料层厚度不小于 1.0mm,渗透系数不大于 10^{-10}cm/s。

（2）排水层及排水管网：排水层和排水系统的管网坡度不小于 2%,设计时采用暴雨强度重现期不得低于 50 年。

（3）种植层：用天然土覆盖,厚度不小于 20cm。

（4）排水层和雨水导排沟要做好衔接,防止雨水渗入场地内。

13.3　地下水污染阻隔材料

用于地下水污染的阻截材料需要具备两方面的条件：一是要有很低的渗透性（渗透系数小于 10^{-7}cm/s）,能够有效地阻挡污染地下水的运移;二是具有耐久性和一定的强度,要与污染物具有"兼容性",即在阻隔污染物的条件下,材料本身不会被"侵蚀"而改变特性。例如,在地下水污染的条件下,有较强的酸或碱环境,容易导致材料渗透性的增加,使防渗效能降低。

13.3.1　土基、水泥基材料

土基、水泥基材料主要用于构筑两类垂直阻截墙：开挖-填充墙和原位土壤混合或灌浆阻截墙。在美国一般使用土-膨润土阻截墙,而在欧洲则使用水泥-膨润土墙多一些,常添加一些炉渣、飞灰等物质。

在地下水位以下,整体灌浆和土基、水泥基屏障是可行的,但在包气带,如果是干旱地区,膨润土材料容易发生干燥开裂。地下阻截屏障材料要求有低的渗透系数（<10^{-6}cm/s）,具有持久性和一定的强度。阻截墙可能与渗滤液、污染物、侵蚀性化学物质等相接触,所以需要与污染物具有兼容性,可以通过合适的添加剂来强化材料的兼容性,如炉渣的添加可以抵抗硫酸的侵蚀。

阻截材料固化后,除了满足低渗透性、耐久性外,还要有一定的强度。一般来说,强度的要求不是很大,因为在垂直墙两侧的土壤水平压力常常是相等的。所以,墙体的厚度设计主要是考虑其渗透性能,除非在一些特定地区,如地震频繁地区等。

在环境修复领域,渗透灌浆往往用于裂隙地层,泥浆墙常用于松散地层,高压喷射注浆可用于底部防渗屏障或沟槽开挖不可行的情形。

13.3.2　化学材料

化学阻隔注浆具有降低渗透系数、干湿循环影响小、容易设置等特点。化学阻隔材料包括：硅酸钠、丙烯酸酯凝胶、硅胶、聚氨酯、木质素、铁的氢氧化物、蒙旦蜡、硫聚合物水泥、环氧树脂、聚硅氧烷、呋喃、聚酯苯乙烯、丙烯酸等。其中,硅胶、铁的氢氧化物和蒙旦蜡来源于无机物或天然存在物质,与污染物具有更好的兼容性。化学注浆费用较高，需要根据污染场地的实际情况和需求来确定其使用。可以采用常规的渗透灌浆或高压喷射注浆方法构筑化学阻截屏障。

评估化学屏障材料性能的重要参数包括：黏度，凝结时间，渗透系数，干湿循环特性，对化学物质、酸、碱和有机物的耐受力，抗辐射性，抗扩散迁移，寿命。

化学阻隔材料的选择取决于污染场地条件和污染物特征。传统的硅酸钠、丙烯酸酯凝胶防渗性能中等，价格中等；基于无机化合物的阻隔材料（如硅胶和铁系物质）和天然存在的物质（如蒙旦蜡），在特定的情形下其防渗性能得到了改进；其他材料需要特殊的设置方法（如硫聚合物水泥）或使用工程聚合物，其防渗性能优越，能适应不同环境，但价格较高。

13.3.3 地质聚合物材料

地质聚合物（geopolymers）是近些年发展起来的一种常见的环境友好型阻截墙材料，它是硅酸盐原料在碱性激发剂作用下合成的一种以 [SiO_4] 四面体和 [AlO_4] 四面体交错搭接的具有空间三维网状键接结构的无机聚合物，1970 年，法国科学家 Joseph Davidovits 教授第一次发现并命名为地质聚合物（Heah et al.，2012）。与水泥相比，地质聚合物具有抗渗性强、耐久性好、生产能耗低等特点，且可以控制凝结时间，有效阻截污染源的扩散，并可对地下水中的污染物进行一定量的吸附（Arnoult et al.，2018）。

地质聚合物的渗透性能受硅酸盐原料微观结构的影响，有研究将粉煤灰地质聚合物与矿渣掺和，由于孔隙体积减小，孔隙基质增大，具有较好的抗渗性，且矿渣的掺入能显著提高地质聚合物的抗压强度。以偏高岭土部分替代粉煤灰制备地质聚合物阻截材料，改善了粉煤灰的力学性能，优化了粉煤灰的微观结构，降低了硫酸盐侵蚀的破坏程度。研究发现，偏高岭土颗粒使地质聚合物基体的微观结构致密，降低了孔隙率（Duan et al.，2016）。地质聚合物的结构中存在大量 Si—O 和 Al—O 结构，结构致密，耐久性能良好。粉煤灰基底聚合物的耐碱、耐酸性能在很大程度上取决于其矿物组成。

13.4 几种地下水污染阻隔材料和技术的试验研究

13.4.1 膨润土阻隔材料

1. 基于膨润土浆液灌注的地下水污染阻隔

在地层中注入膨润土浆液，形成低渗透性屏障，达到阻隔污染地下水的目的。分别选取粗砂、中砂及细砂含水层介质，进行模拟实验，定量给出满足渗透系数要求的膨润土浆液浓度及注入体积；研究其在重污染负荷环境（酸性、碱性、盐和有机污染）下的兼容性能，选取渗透液 H_2SO_4、NaOH、$CaCl_2$、苯酚、苯胺和柴油分别模拟酸性、碱性、盐、无自由相溶解性有机污染和可流动自由相有机污染环境。

1）实验装置

有机玻璃（高硼硅玻璃）模拟柱长 100cm，内径 4cm，距模拟柱底部 5cm、25cm、30cm 和 95cm 处设有取样口，距模拟柱底部 15cm 处在模拟柱四周均匀分布 3 个膨润土浆液注入口（图 13-5）。

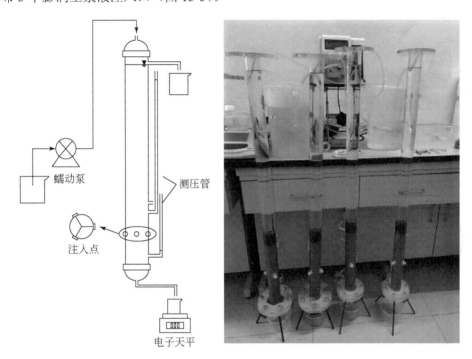

图 13-5　模拟柱实验装置示意图和实物图

2）防渗性能

进行了 7 种膨润土浆液浓度的模拟实验，分别为 4%、5%、6%、7%、8%、9% 和 10%；注入体积分别为 0.2PV、0.4PV、0.6PV 和 0.8PV（PV 为介质的孔隙体积）。通过多系列的渗透模拟实验，确定了在粗砂、中砂及细砂含水层介质中能够满足防渗阻隔性能的注入膨润土浆液最佳参数（表 13-6），既考虑了膨润土浆液的可注入性，又兼顾了防渗阻隔能力和经济性。

表 13-6 不同粒径含水层介质对应的膨润土浆液阈值浓度及注入体积表

介质类型	膨润土浆液浓度/%	注入体积/PV
粗砂	10	0.6
中砂	7	0.8
细砂	6	0.6

图 13-6 为粗砂、中砂及细砂含水层介质膨润土浆液注入后渗透系数的变化曲线。由图可以看出，在粗砂含水层中，注入浓度为 10%，体积为 0.6PV 时，7 天后的渗透系数为 2.05×10^{-7}cm/s，基本可满足防渗阻隔的要求；在中砂含水层中，注入浓度为 7%，体积为 0.8PV 时，4.5 天后的渗透系数为 1.84×10^{-7}cm/s，基本可满足防渗阻隔的要求；在细砂含水层中，注入浓度为 6%，体积为 0.6PV 时，6.5 天后的渗透系数为 8.84×10^{-8}cm/s，可以满足防渗阻隔的要求。

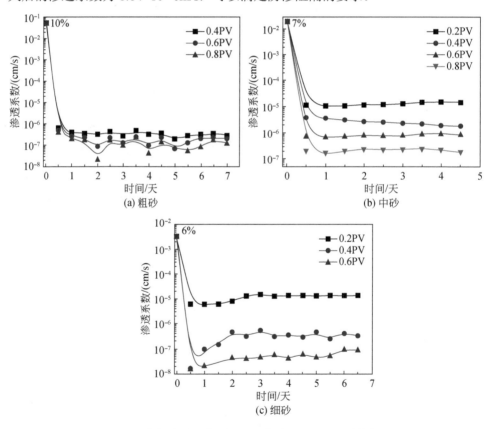

图 13-6 不同粒径含水层介质膨润土浆液注入后渗透系数变化曲线

3）兼容性能

图 13-7 为 pH=1.0 硫酸溶液与不同含水层介质中膨润土阻隔墙的兼容性实验结果，表明膨润土浆液阻隔墙在极端酸性流体作用下，渗透系数不断增加，达不到防渗阻隔的目的，在 50 天左右可以高达 10^{-5}cm/s，出水 pH 变也发生酸化。阻隔墙与 pH=1.0 硫酸溶液流体不兼容。

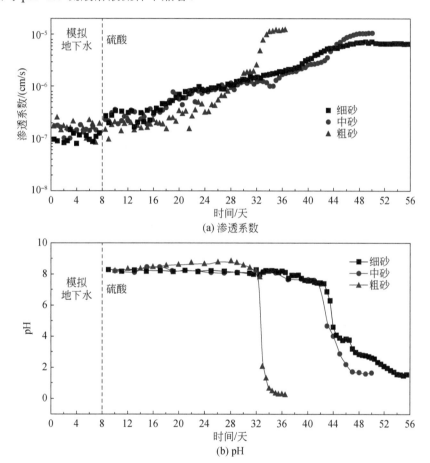

图 13-7　pH=1.0 硫酸溶液通过不同介质中阻隔墙的渗透系数和出水 pH 变化曲线

图 13-8 为不同 pH 硫酸溶液通过粗砂介质中阻隔墙的渗透系数和出水 pH 变化曲线，表明当 pH≥2.0 的硫酸溶液进行渗流，膨润土阻隔墙的渗透系数一直稳定在 10^{-7}cm/s 左右，出水 pH 也保持稳定不变。阻隔墙与 pH≥2.0 的硫酸溶液流体兼容。

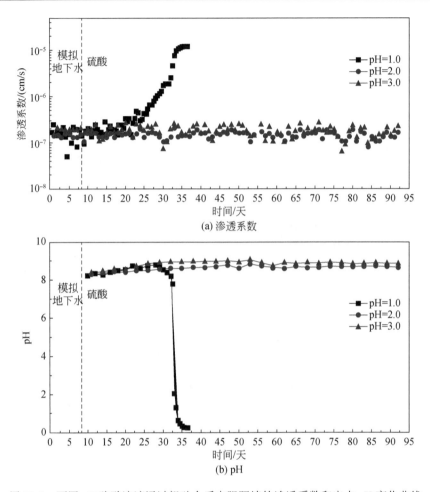

图 13-8 不同 pH 硫酸溶液通过粗砂介质中阻隔墙的渗透系数和出水 pH 变化曲线

图 13-9 为 pH=13.0 NaOH 溶液渗透通过不同介质中阻隔墙的渗透系数变化曲线，表明 NaOH 渗透时阻截墙渗透系数与模拟地下水渗透时渗透系数基本相同，一直在 10^{-7}cm/s 左右波动。3 个模拟实验的渗出液 pH 没有超过 9.0，说明膨润土阻截材料适用于 pH≤13.0 的碱性环境。结合膨润土阻截材料在酸性环境下的兼容性能研究，可以初步确定膨润土系阻截材料适用 pH 范围是 2.0～13.0。

利用 $CaCl_2$、苯酚溶液分别模拟高盐和溶解相有机污染流体，利用纯柴油和苯胺模拟自由相 NAPL 流体。可以通过分析地下水渗流通过膨润土阻隔墙时的渗透系数（K_w）与污染物流体渗透时的渗透系数（K_s）的大小，判断污染物流体与阻隔墙的兼容性。如果 K_s 与 K_w 数值相近，则表明污染物流体对阻隔墙材料的侵蚀作用有限，二者兼容。反之，如果 K_s 远大于 K_w，说明污染流体导致了阻隔材料渗透系数的增大，阻隔墙材料与该污染流体不兼容，难以达到污染物阻隔的目标。

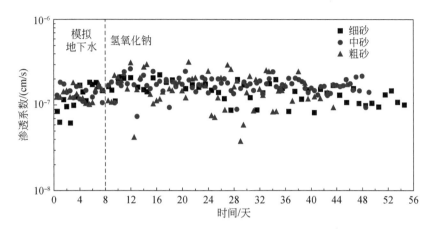

图 13-9　pH=13.0 NaOH 溶液渗透通过不同介质中阻隔墙的渗透系数变化曲线

图 13-10 为不同渗透流体与膨润土阻隔墙的兼容性，表明 pH 为 2.0 和 3.0 时，溶解相苯酚流体与阻隔墙相兼容，而纯相柴油和苯胺作为渗透流体，渗透系数增大 100 多倍，阻隔材料与污染物不兼容，不能用来构筑阻隔墙。通过模拟实验，表明高含盐量的流体与膨润土阻隔墙不兼容，需要较小的阳离子浓度才有可能。图 13-11 为柴油和苯胺渗透通过膨润土阻隔墙时渗透系数变化曲线。

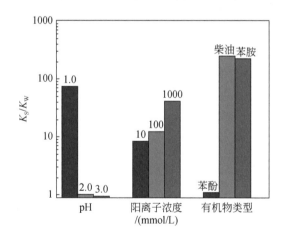

图 13-10　不同渗透流体与膨润土阻隔墙的兼容性示意图

实验对模拟样品进行了表征，如 X 射线衍射、扫描电子显微镜分析等，结合模拟实验结果，进行了兼容性机理分析。膨润土阻隔墙不适用于 pH≤1.0 的酸性环境的原因主要是膨润土中蒙脱石部分被溶解以及离子浓度增大导致的扩散双电层厚度减小，导致有效孔隙度增大，渗透系数因而变大；不适用于阳离子浓度大的阳离子环境的原因是阳离子交换作用以及离子浓度增大导致的扩散双电层厚度减小，其中阳离子交换作用占主要原因；不适用于自由相有机污染环境的原因是自由相溶剂介电常数的减小导致扩散双电层厚度减小，有效孔隙度增加。

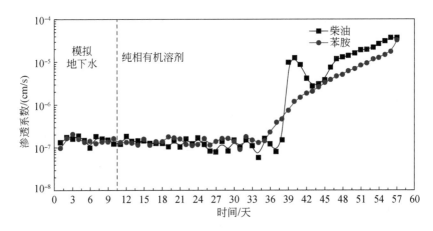

图 13-11 柴油和苯胺渗透通过膨润土阻隔墙时渗透系数变化曲线

2. 海泡石改性土-膨润土阻隔材料

由于污染地下水中的重金属阳离子与黏土-膨润土基阻隔材料发生离子的吸附交替作用，可能会影响阻隔材料的防渗性能。作者曾以 K^+、Ca^{2+} 和 Fe^{3+} 为代表的阳离子溶液与黏土-膨润土阻隔材料进行模拟研究，表明溶液中阳离子的存在会对防渗材料的阻隔性能产生影响，特别是高价态及高浓度的阳离子溶液会使阻隔墙的渗透系数升高，导致污染阻隔的效果下降。国内外也有学者研究得到了类似的结果。

针对地下水中以阳离子形式存在的重金属污染物（以铅为代表），采用天然海泡石对黏土-膨润土泥浆阻截墙改性，以提升其对重金属污染地下水的阻隔性能。海泡石族矿物是一种具有纤维结构的富镁硅酸盐类黏土矿物，具有一定吸附污染物的能力，可以改善土基阻隔材料的反应性能。我国海泡石矿物储量丰富，易于实际工程应用。图 13-12 为研究所用材料的 X 射线衍射图谱。从图中可以看出：黏土的主要成分为高岭石和石英等矿物；膨润土除了含有蒙脱石外，另外的主要成分是石英和少许云母，其中蒙脱石含量和种类决定了膨润土的品质（刘伟等，2018）。研究所用的海泡石粉由天然海泡石矿物简单加工而成，品质较低，因此除了少量海泡石，还含有方解石、部分透闪石和少量的白云石，有关研究表明方解石含量的增加可以提高墙体材料力学强度（王瑞，2018），同时透闪石也是一种纤维矿物。

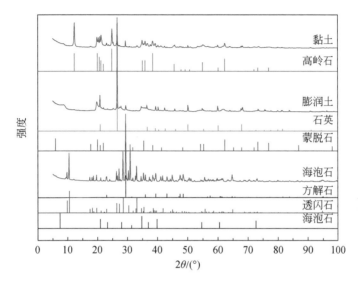

图 13-12　研究所用材料的 X 射线衍射图

　　研究进行了不同掺混比例的系列黏土（S）-膨润土（B）-海泡石（Se）阻隔材料（SBSe）的模拟实验，图 13-13 为未污染水渗透下不同改性材料的渗透系数-渗透时间关系图，其中 S、B 和 Se 后面的数字为该材料的质量百分比。随着渗透时间的增加，材料中的膨润土吸水膨胀，压缩材料中的孔隙，使孔隙减小，从而渗透系数逐渐下降，大约 15 天后基本达到稳定（图 13-13），说明此时膨润土基本完全水化。所有试验材料的渗透系数均达到了地下水污染阻隔墙的要求。海泡石掺量变化并未带来明显的渗透系数变化。

　　图 13-14 为 4 组 SBSe 材料吸附 Pb^{2+} 的瞬时吸附量-吸附时间曲线，随着海泡石掺量的增加，阻隔材料对 Pb^{2+} 的吸附量也会增大；4 组材料吸附特点均是在 0～10h 有一个快速吸附时期，随后吸附速率逐渐下降，并且材料吸附量越大，达到吸附平衡所需的时间越长。

　　为了更好地评估各配比材料对 Pb^{2+} 的吸附性能以及探究海泡石的添加对阻隔材料吸附机理的影响，对瞬时吸附量-吸附时间曲线进行了拟合分析。相较准一级动力学，准二级动力学能更好地拟合 4 组材料的吸附曲线，表明材料吸附 Pb^{2+} 属于以化学吸附为主的过程。双常数模型和叶洛维奇（Elovich）模型能够较好地拟合各材料的吸附曲线，表明该系列吸附属于非均相的吸附过程。从图 13-14 中可以看出，随着海泡石含量的增加，材料对 Pb^{2+} 的吸附量增大。

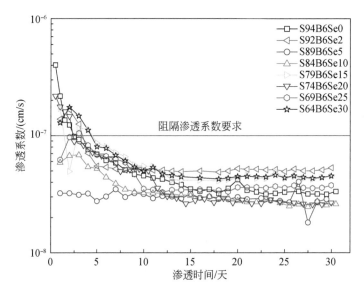

图 13-13　未污染水渗透下不同改性材料的渗透系数-渗透时间关系图

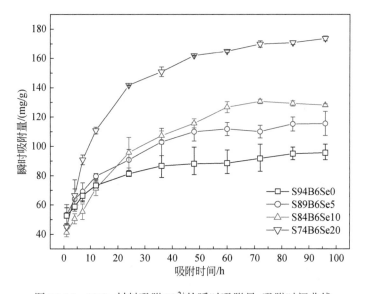

图 13-14　SBSe 材料吸附 Pb^{2+} 的瞬时吸附量-吸附时间曲线

　　图 13-15 为模拟铅污染地下水渗透下 SBSe 阻隔材料渗透系数随时间的变化。由图可知，未添加海泡石的材料（$S_{94}B_6Se_0$）渗透系数在 Pb^{2+} 污染水渗入 7 天后突然增大，随后持续上升，24 天后超过了阻隔材料所要求的 10^{-7}cm/s，然后在 36 天后渗透系数又开始有所下降，但仍不能满足阻隔材料的要求。添加了海泡石的

3 组材料，其渗透系数开始增加的时间点明显滞后于未添加海泡石的材料。表明，海泡石的存在能够减缓 Pb^{2+} 对材料渗透性能的侵蚀，这是因为海泡石能够与膨润土形成对 Pb^{2+} 的竞争吸附，减缓膨润土和 Pb^{2+} 的反应，材料得以在更长的时间内维持低的渗透性。

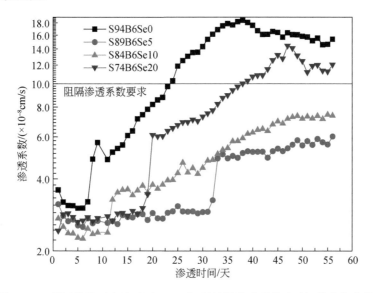

图 13-15　铅污染地下水渗透下 SBSe 阻隔材料渗透系数随时间的变化曲线

海泡石掺量为 20% 的材料（$S_{74}B_6Se_{20}$）在 40 天后渗透系数也突破了 $10^{-7}cm/s$，表明海泡石的添加量不能太大。而海泡石添加量分别为 5% 和 10% 的两组材料（$S_{89}B_6Se_5$ 和 $S_{84}B_6Se_{10}$）渗透系数在近 60 天的实验时间内仍维持在 $10^{-8}cm/s$ 数量级。

海泡石的粒径比黏土大，海泡石掺量增加后，材料的孔隙率上升，在未污染水渗透时，膨润土膨胀后可以填充各黏粒间的孔隙，能够消除海泡石所带来的影响；而当与 Pb^{2+} 污染地下水作用时，膨润土膨胀能力下降，海泡石所引起的渗透系数增大开始显现。

各配比材料渗透系数的上升均可分为两个阶段：开始时渗透系数的骤增阶段，主要是因为在渗透初期，Pb^{2+} 会减小膨润土颗粒表面的扩散双电层厚度，部分土颗粒团聚，黏粒间的空间增大，使得阻隔材料中逐渐形成可供流体通过的孔隙；后期渗透系数的平缓上升阶段，主要是渗透液中的 Pb^{2+} 部分被海泡石吸附，部分与膨润土发生反应，Pb^{2+} 经过扩散双电层，通过离子交换反应置换出膨润土表面的 Na^+ 和 Ca^{2+}，膨润土表面的斯特恩层变薄（Nightingale，1959；Sridharan et al.，1986），使得膨润土的膨胀性能进一步下降，阻隔材料孔隙率上升，渗透系数有所增加。

综上所述，虽然相对于膨润土和黏土，海泡石拥有较大的颗粒尺寸，但海泡石的改性并未给 SBSe 材料的基本渗透性能带来大的影响，这主要是因为膨润土水化膨胀后能够填充材料空隙。在一定掺量范围内海泡石对泥浆阻隔材料渗透性能的影响较小，材料渗透系数均小于 10^{-7}cm/s。海泡石掺量的增加，泥浆阻截材料对 Pb^{2+} 的吸附量也增加，添加海泡石的阻隔材料能够有效延缓重金属 Pb^{2+} 的侵蚀，满足阻隔材料的渗透系数要求。

13.4.2　黏土基阻隔材料

以黏土作为主体材料，配以少量膨润土、活性炭等，构筑黏土基阻隔墙。研究不同黏土和膨润土配比下阻隔材料的防渗性能，在满足防渗性能的基础上，研究黏土基阻隔材料在不同环境下的兼容性能。

1. 实验装置

有机玻璃模拟柱高 6cm，内径为 9cm，模拟柱底部设有出水口，顶部设有排气口和进水口，采用马氏瓶定水头供水。将不同配比的黏土基材料逐层装填至模拟柱进行系列模拟实验。采用地下水作为渗透流体对阻隔材料进行模拟，待渗透系数稳定后，将渗透液由地下水更换成 H_2SO_4、NaOH、$CaCl_2$、苯酚溶液以及柴油，模拟酸性、碱性、阳离子、溶解相有机污染和纯相有机污染环境。根据达西定律计算渗透系数，监测渗透系数及渗出液性质随时间变化，研究其在不同环境下的兼容性能。

2. 防渗性能

图 13-16 为膨润土添加量为 5%（B5）和 6%（B6）的黏土基试样渗透系数的

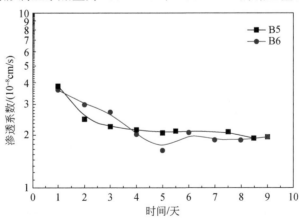

图 13-16　不同膨润土配比的黏土基材料的渗透系数变化曲线

变化曲线，两种配比的黏土基回填材料渗透系数均远小于 $1.0×10^{-7}$ cm/s，满足泥浆墙渗透系数要求。随着膨润土水化过程的发生，膨润土逐渐膨胀并填充孔隙，从而使得渗透系数下降。水化过程结束后，黏土基材料的渗透系数基本保持不变。膨润土添加量为 5%和 6%的试样渗透系数无明显差别，因此可以选择 B5 试样作为满足渗透性能的阻隔材料，进行后续的兼容性实验研究。

3. 兼容性能

图 13-17 为硫酸溶液渗透黏土基回填材料渗透系数和流出液 pH 变化曲线，表明 pH=1.0 时的溶液与黏土基材料不兼容，渗透系数稳定在 $7.8×10^{-7}$ cm/s，是使用地下水模拟渗透系数的 5 倍，渗出液 pH 与初始渗透液 pH 相近。而在 pH=2.0 和

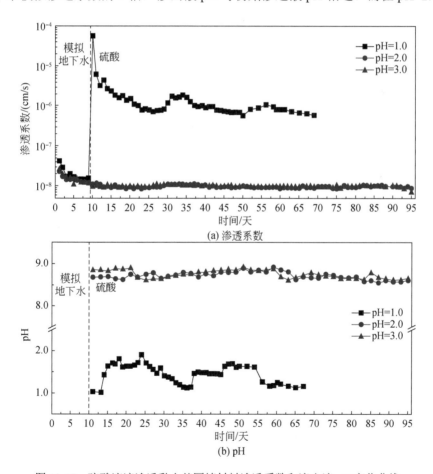

(a) 渗透系数

(b) pH

图 13-17　硫酸溶液渗透黏土基回填材料渗透系数和流出液 pH 变化曲线

3.0 时的溶液渗透系数一直稳定在 1.0×10^{-8} cm/s，是地下水渗透系数的 0.83 倍和 0.84 倍。此外，两模拟柱渗出液 pH 位于 8.5～9.0 区间范围内。由此可以说明，黏土基阻隔材料与 pH=2.0 及 pH=3.0 的 H_2SO_4 溶液兼容，可用于构筑阻隔屏障。

图 13-18 为 pH=13.0 NaOH 溶液渗透黏土基回填材料渗透系数和流出液 pH 变化曲线，表明其渗透系数呈现缓慢下降的趋势。在第 95 天渗透系数下降至 4.6×10^{-9} cm/s，是地下水渗透系数的 0.28 倍，渗出液 pH 位于 8.5～9.0 区间范围内。由此可以得出，黏土基阻截材料与 pH=13.0 NaOH 溶液兼容，适用于 pH≤13.0 的碱性环境。结合之前对酸性环境的研究可以确定黏土系阻截材料适用 pH 范围为 2.0～13.0。

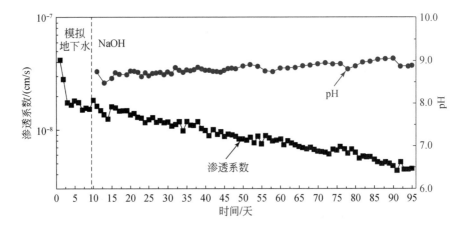

图 13-18　pH=13.0 NaOH 溶液渗透黏土基回填材料渗透系数和流出液 pH 变化曲线

图 13-19 为不同渗透流体与黏土基回填材料的兼容性，表明 pH 为 2.0、3.0

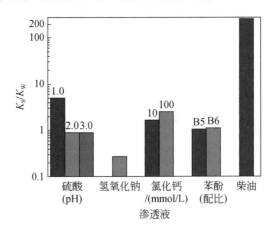

图 13-19　不同渗透流体与黏土基回填材料的兼容性示意图

和 13.0 时，溶解相苯酚流体与阻隔材料相兼容，而纯相柴油的渗透系数比水的渗透系数增大近 200 倍，呈现明显不兼容。$CaCl_2$ 溶液渗透黏土基阻隔材料时，最终渗透系数均小于 $1.0×10^{-7}cm/s$，满足阻隔墙防渗性能要求，其中 10mmol/L $CaCl_2$ 溶液渗透时，渗透系数稳定至 $3.1×10^{-8}cm/s$。

为了增加黏土基阻隔材料对污染物的吸附阻滞性能，采用活性炭对其进行改性。图 13-20 为活性炭改性黏土基回填材料地下水渗透系数变化曲线。所有实验试样的渗透系数均满足泥浆墙渗透系数的要求（均小于$10^{-7}cm/s$）。随着活性炭添加量的增加，试样的渗透系数有所增大。图 13-20 中 B5AC10 表示黏土基材料中，添加 5%的膨润土、10%的活性炭，其他依此类推。

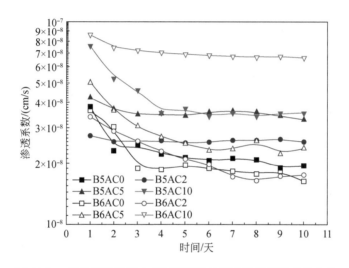

图 13-20　活性炭改性黏土基回填材料地下水渗透系数变化曲线

活性炭的添加，可以增强材料对有机污染物的吸附能力。通过实验研究，活性炭在黏土基回填材料中的最大配比不能大于 10%（膨润土为 6%）。通过与未添加活性炭黏土基回填材料的模拟实验对比，活性炭的改性可以使阻隔材料对苯酚的吸附性能增大两个数量级。

此外，在黏土基回填材料中添加焦磷酸钠（sodium pyrophosphate，SPP）可有效缓解 $CaCl_2$ 溶液渗流时 Ca^{2+} 的迁移。这主要是由于磷酸盐与 Ca^{2+} 反应生成络合物，提高了黏土对 Ca^{2+} 的吸附能力。研究表明，磷酸根阴离子能与黏土表面裸露的 Al^{3+} 和—OH 基团等相互作用，形成络合的阴离子，黏土表面负电势增强，进而增大了黏土颗粒间斥力及双电层厚度。另外，磷酸盐与 Ca^{2+} 反应生成 1∶1 络合物，弱化了 Ca^{2+} 对黏土颗粒的絮凝作用。因此，黏土基回填材料中添加 SPP，在一定程度上能改善高盐含量溶液的兼容性能以及增加黏土基回填材料对阳离子的吸附性能。

4. 影响因素分析

1）pH 的影响

黏土颗粒表面和边缘暴露出来的羟基具有分解的趋势：

$$SiOH \longrightarrow SiO^- + H^+$$

此趋势受 pH 的影响，pH 越大，H^+ 进入溶液的趋势越大，黏土颗粒的有效负电荷越大。此外，暴露在黏土矿物边缘的 Al_2O_3 是两性的，在低 pH 下表现为正电性，在高 pH 下表现为负电性。因此，pH 对黏土悬浮液性状起重要作用：低 pH 会引起黏土颗粒中带正电的边缘与带负电的表面相互作用，导致黏土颗粒从悬浮状态变成絮凝状态，而在高 pH 条件下，黏土颗粒呈分散状态，其悬浮液能稳定存在。

黏土主要矿物组分高岭石在酸性和碱性条件下的反应方程式如下：

$$Al_2O_3 \cdot 2SiO_2 \cdot 2H_2O + 6H^+ \longrightarrow 2Al^{3+} + 2H_4SiO_4 + H_2O$$

$$Al_2O_3 \cdot 2SiO_2 \cdot 2H_2O + 2OH^- + 5H_2O \longrightarrow 2Al(OH)_4^- + 2H_4SiO_4$$

$$H_4SiO_4 \longrightarrow H_2SiO_3 + H_2O$$

在酸性条件下，水分子与黏土矿物表面的 Al^{3+} 基团形成活化络合物，H^+ 则与 SiO_4^{4-} 形成活化络合物，导致黏土矿物的溶解。而在碱性条件下，水分子与 SiO_4^{4+} 作用形成活化络合物，OH^- 与 Al^{3+} 基团形成活化络合物。

当 pH=1.0 硫酸溶液渗透黏土系阻截材料时，由于 pH 的影响，黏土矿物颗粒边缘带正电荷，通过边（+）/面（-）接触促进混凝，形成卡片房式聚合体，黏土矿物成分发生溶解。随着 pH 的降低，溶液中离子浓度趋于增加，膨润土双电层厚度减小。上述原因导致 pH=1.0 硫酸溶液渗透黏土基阻隔材料时，材料的渗透系数增大。而在高 pH 条件下，黏土基材料呈稳定分散状态且材料与碱作用生成氢氧化铝硅酸钠水合物、水合硅酸钙和水合硅酸铝钙等含水硅酸盐相，这些物质的形成填充孔隙，导致渗透系数降低。

2）扩散双电层的影响

除 pH 的影响外，黏土基阻隔材料的兼容性能还与扩散双电层有关，双电层的变化可以影响黏土基阻隔材料的渗透系数，当双电层厚度增加，有效孔隙数量（孔径大小）减少，渗透系数减小；反之，双电层受到压缩，有效孔隙数量（孔径大小）增加，渗透系数增大。渗透液的性质（介电常数、阳离子价态和阳离子浓度）会影响双电层厚度，造成有效孔隙的变化，从而影响阻隔材料的渗透系数。

13.4.3　水泥基阻隔材料

针对水泥基材料，结合注浆阻隔墙技术对其防渗性能、兼容性能及与不同污染物作用机理进行了研究。根据构筑防渗墙常用的水泥基材料，选取 3 种水泥、黏土、膨润土配比（表 13-7），研究阻隔材料渗透系数的变化；通过无围压浸泡实验研究水泥试块在不同溶液浸泡下的作用；通过有围压的渗透实验研究水泥试块在不同溶液渗透下渗透系数变化，研究其在不同环境下的兼容性能。

表 13-7　水泥基阻隔材料试样组成质量比

编号	水泥：黏土：膨润土
1	1：0.2：0.13
2	1：1.5：0.06
3	1：5：0.04

1. 开放性浸泡实验

1）水泥基材料表面特征

图 13-21 为 3 种水泥基材料在不同溶液中浸泡实验照片，包括浸泡前和浸泡 50 天以后的照片。

在硝酸溶液浸泡下，水泥添加量最大的 1#试块表面变黄、变软，并伴有层状剥落现象；2#试块存在轻微表面层状剥落和若干裂纹；3#试块表面出现若干小孔并形成数条裂纹。

在氢氧化钠溶液浸泡下，1#试块出现表面轻微变黄的现象；2#和 3#试块无明显变化。

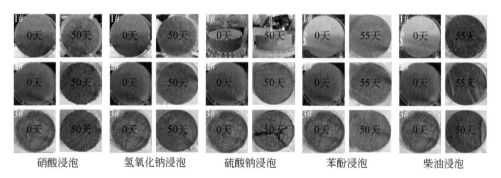

| 硝酸浸泡 | 氢氧化钠浸泡 | 硫酸钠浸泡 | 苯酚浸泡 | 柴油浸泡 |

图 13-21　3 种水泥基材料在不同溶液中浸泡实验照片

在硫酸钠溶液浸泡下，3 种配比的试块都出现裂纹甚至完全开裂，尤以 3#试块为甚。

3 种配比的试块在苯酚溶液和柴油的浸泡下表面形貌基本没有变化。

2）累积 CaO 溶出率

有研究认为，通过测试水泥基材料 CaO 累积溶出率，可以表征其防渗性能。Москвий 通过实验得出，当 CaO 累积溶出率达 25%后，水泥结石的强度急剧降低。因此，在水泥基试块浸泡实验中，CaO 累积溶出率可以是判断的标准之一。

在硝酸盐溶液浸泡下，3 种配比的试块 CaO 累积溶出率在 30 天左右可达到 25%。

在氢氧化钠溶液浸泡下，3 种试块非常稳定，CaO 累积溶出率没有达到 25%。

在硫酸钠溶液浸泡下，3#试块 CaO 累积溶出率在 300 天左右可达到 25%；1#和 2#试块比较稳定。

在苯酚溶液浸泡下，3#试块 CaO 累积溶出率在 900 天左右可达到 25%；1#和 2#试块比较稳定。

在柴油浸泡下，3 种试块非常稳定，没有 CaO 溶出。

综合开放性浸泡实验材料表面特征、累积 CaO 溶出率等多因素分析，可以初步得到如下结论：

（1）在硝酸和苯酚溶液中浸泡性能最佳是 2#试块，在硫酸钠溶液中浸泡性能最佳是 1#试块。3 种配比的试块在氢氧化钠和柴油浸泡下从表面特征、质量变化率和 CaO 累积溶出率判断无明显区别。

（2）水泥基阻隔材料更适用于偏碱性环境和溶解相及纯相有机污染环境，不适用于酸性环境和硫酸盐环境。

2. 渗透实验

图 13-22 为不同试块地下水渗透系数变化曲线，随着试块中水泥含量的降低，

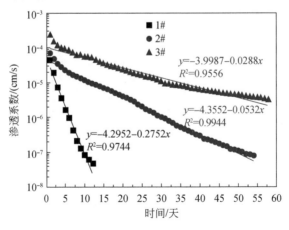

图 13-22　不同试块地下水渗透系数变化曲线

水的渗透系数增加。这是因为改性水泥试块中水泥含量越多，形成的水化产物凝胶越多，使得试块更紧密，渗透系数越小。1#试块在地下水渗透的第 10 天时，渗透系数降低至 $8.6×10^{-8}$cm/s，2#试块在第 50 天时，渗透系数才降低至 $1.0×10^{-7}$cm/s 以下，而 3#试块在近 60 天时，渗透系数仍为 $3.1×10^{-6}$cm/s，不符合防渗阻隔的要求。因此，水泥基阻隔材料必须有足够的水泥含量。后续的兼容性实验研究选择 1#配比的改性水泥试块。

图 13-23 为不同流体渗流下水泥基材料的渗透系数变化曲线。考虑到水泥基阻隔材料注入含水层后需要一定的水化时间，在没有水化固结之前，高负荷的污染物流体有可能影响水泥基材料的水化，所以在前 12 天采用地下水渗流，待水泥水化发生一段时间后（水泥的水化过程可能会持续很长时间），再以 HNO_3、NaOH、Na_2SO_4 和苯酚溶液进行渗透。实验表明，4 种流体的渗透系数均小于 $1.0×10^{-7}$cm/s，满足阻隔墙渗透系数的要求。其中，Na_2SO_4 溶液的渗透系数下降最明显，这可能是由于 Na_2SO_4 溶液促进了大量水泥水化产物的沉淀，填充孔隙，从而导致渗透系数的下降。

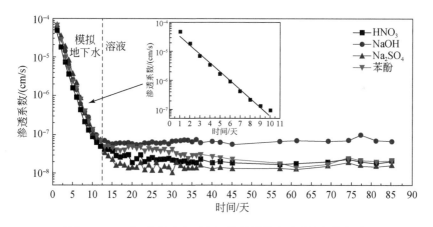

图 13-23　不同流体渗流下水泥基材料的渗透系数变化曲线

为了模拟水泥基材料直接注入污染含水层的情形，设计了水泥基阻隔材料试块污染流体的渗透实验，图 13-24 为不同流体渗流下水泥基材料的渗透系数变化曲线，使用 HNO_3 溶液渗透的水泥试块由于发生严重腐蚀，流体直接穿透试块，在图中没有其渗透系数曲线。使用 NaOH 溶液直接渗透，其渗透系数为 $3.3×10^{-6}$cm/s，达不到防渗阻隔的要求。其他两种流体的渗透系数均小于 10^{-7}cm/s，可满足防渗阻隔的要求。

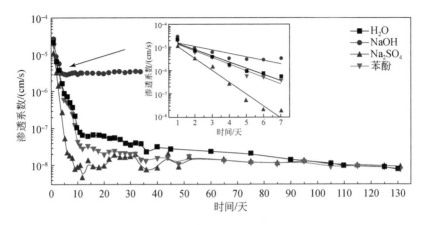

图 13-24　不同流体渗流下水泥基材料的渗透系数变化曲线

通过不同流体的兼容性模拟实验，可以得到以下结论：

（1）水泥基阻隔材料注入含水层后需要一定的水化时间才能使地层渗透系数降至 1.0×10^{-7} cm/s，形成低渗透区。

（2）水泥水化初期，HNO_3 溶液的渗透使水泥试块形成优先流通道，无法形成连续的固结体；而已形成连续致密固结体的水泥试块，HNO_3 溶液渗透时其渗透系数可满足防渗阻隔的要求。

（3）NaOH 溶液对水泥水化具有抑制作用，而已形成连续致密固结体的水泥试块，NaOH 溶液渗透时其渗透系数可满足防渗阻隔的要求。

（4）在 Na_2SO_4 环境下，水泥基阻隔材料的水化产物能与外界 Na_2SO_4 反应形成钙矾石、石膏和碳硫硅钙石等侵蚀产物，有利于防渗阻隔。

（5）水泥基阻隔材料不宜在高钙盐、强酸环境（pH=1.0）以及强碱环境（pH=13.0）附近注入；但可以在其上游或下游注入，水泥基材料水化后，可以起到防渗阻隔上述污染流体的作用。

13.4.4　注入型黄原胶凝胶阻截材料

传统的泥浆阻隔墙技术，往往需要土体的开挖，并且会长期改变含水层的水动力条件。而在有些地下水污染防治应急工作中，往往需要在含水层中快速构筑临时性阻隔屏障，污染修复后，希望含水层的渗透性能能够恢复。基于上述目的，研究了无开挖的含水层垂直阻隔墙技术。通过在地层中注入黄原胶（xanthan gum，XG），在适当条件下，使用交联剂使其黏度逐渐增大，在一段时间内完成凝胶化以封堵地层介质的渗流孔道，形成凝胶屏障。

实验研究针对地下水中存在于阴离子基团中的重金属污染物［以 Cr(VI)为代表］，以黄原胶混合还原剂焦亚硫酸钠作为凝胶基液，形成针对 Cr(VI)污染含水层的注入型阻截屏障。

1. 凝胶时间

凝胶体系中 $Na_2S_2O_5$ 溶于水释放亚硫酸根离子，作为 Cr(VI)的还原剂。不添加还原剂或不添加 Cr(VI)的凝胶体系，溶液始终保持一定的流动性。凝胶形成时，由于 Cr(VI)已经转化为 Cr(III)，颜色由混合液最初的黄色转化为浅绿色。凝胶在常温环境下保存超过 3 个月，始终保持浅绿色，表明凝胶中的 Cr(III)不会被再次氧化，反应方程式如下：

$$Cr_2O_7^{2-}+3SO_3^{2-}+8H^+ \longrightarrow 3SO_4^{2-}+2Cr^{3+}+4H_2O$$

根据 Mccool 等所定义的凝胶化状态，结合黏度计测试，在黏度达到 10000～12000cP 之后溶液基本失去流动性。对于质量分数 0.4%、0.6%的黄原胶，Cr(VI)质量浓度越高，凝胶形成所需的时间越短，Cr(VI)质量浓度达到 200mg/L 时，黄原胶质量分数为 0.4%、0.6%的凝胶体系均可在 1.5h 左右形成具有一定强度的凝胶块，而黄原胶质量分数为 0.2%的凝胶体系形成的凝胶强度较差，不宜用作凝胶屏障使用。值得注意的是，在含水层介质（中砂）存在的条件下，凝胶形成的时间没有明显差异。

黄原胶-Cr(VI)凝胶时间主要由凝胶体系中黄原胶质量分数与 Cr(VI)质量浓度控制，但体系中必须存在还原剂，才能顺利凝胶化。这说明，对于黄原胶起交联作用的是还原反应产生的 Cr^{3+}，Cr^{3+} 与黄原胶分子侧链羧基上的离子发生离子交换，黄原胶分子在交联作用下不断堆积，最终形成交联网状结构，宏观上形成了稳定的凝胶体。

2. 地下水中常见阳离子对凝胶的影响

向凝胶体系中加入 Na^+、K^+、Ca^{2+}，体系的凝胶性能会受到一定的影响，其影响程度由所加入阳离子质量浓度控制。向体系中加入一定质量浓度的 K^+，随着交联反应的进行，K^+ 质量浓度为 2.5g/L 和 5g/L 时对凝胶形成起到了促进作用，两种凝胶体系黏度在 50min 时分别达到 12984cP 和 11104cP，已经初步形成凝胶，相较于不含 K^+ 的体系，这一时间提前了约 20min。

体系中 K^+ 质量浓度达到 10g/L 时，在 60min 时黏度为 7017cP，完全凝胶化所需时间被延长。向体系中加入质量浓度为 2.5g/L 的 Na^+ 有益于凝胶形成，该凝胶体系的黏度在 40min 即达到 11082cP，更高质量浓度的 Na^+ 则表现为抑制作用，且比同质量浓度的 K^+ 抑制作用更强，体系中 Na^+ 质量浓度达到 10g/L 时，在 90min 时黏度仅为 5527cP。

Ca^{2+} 的存在整体表现为对凝胶化的抑制作用，对于 Ca^{2+} 质量浓度仅为 0.1g/L 的体系，其黏度达到 12212cP 也需要 80min。

尽管高质量浓度的阳离子会抑制黄原胶凝胶，但在试验中，所有混合液在 2～3h 后都能实现凝胶化。可见，凝胶在试验所选择的阳离子质量浓度范围内具有一定的耐盐性。

3. 凝胶在介质中的阻截性能

根据相关规范，传统阻截墙渗透系数需达到 $1×10^{-7}$cm/s 以下，参考这一标准将 $1×10^{-7}$cm/s 设定为凝胶屏障实现阻截需求的渗透系数上限。

用定水头法测试介质的渗透系数。试验所使用的中砂介质的渗透系数为 $2.5×10^{-2}$cm/s，对照组中，向介质注入质量分数 0.4%的黄原胶，由于黄原胶溶液具有一定黏性，因此能够弱化介质的渗透性，以水为渗透液时，渗透系数最低达到 $4.6×10^{-4}$cm/s，若注入更高质量浓度的黄原胶溶液，降低渗透系数的效果更明显，但依然无法满足阻截需求，同时随着水流渗透驱替黄原胶，介质的渗透系数很快恢复到原始水平。而向介质注入凝胶基液，基液能够在试验设置的时间内顺利完成凝胶化，形成的凝胶会封堵介质孔道，使介质颗粒间结合更加紧密，因此能够大幅降低介质的渗透系数，相较于中砂介质的初始渗透系数 $2.5×10^{-2}$cm/s，介质孔隙形成凝胶屏障后，含水层渗透系数可以降低到 $1×10^{-7}$cm/s 以下，最低达到 $6.9×10^{-8}$cm/s。

渗透试验开始后约 2 天，砂柱开始产出渗透液，从该时刻起记录渗透系数变化。在产出渗透液后约 9 天，砂柱渗透系数激增，并在约 15 天内逐步恢复至约 $1.7×10^{-3}$cm/s，基本达到初始渗透水平，在多组重复试验中砂柱渗透系数变化的时间稍有区别，但基本符合这一规律。在 Cr(VI)溶液渗透试验中，屏障渗透系数的恢复过程相较于未污染地下水更平缓，在渗透进行 15 天时渗透系数约为 $1.6×10^{-6}$cm/s。

含有介质的凝胶屏障具备了一定的机械强度，抗压、抗剪切能力更强。在常规的地下水水力条件下，凝胶屏障可以在一定时间内维持该水平的渗透性。

黄原胶作为一种生物多聚物，可以被生物降解。随着时间的推移，凝胶屏障被含水层中存在的土著微生物降解破坏，形成渗透通道，造成渗透系数的增大。Cr(VI)的存在对微生物生命活动具有一定的抑制作用，使得污染环境中的凝胶屏障渗透系数变化较为平缓。试验是在室温条件下进行，考虑到地下水较低的温度和场地中 Cr(VI)污染对微生物生命活动的抑制，凝胶屏障对污染地下水的阻截可以维持更长时间。随着阻截屏障降解破坏，被阻截区域的水力条件也得以逐步恢复，阻截屏障不会长期改变含水层的水力条件。

13.4.5　地下水污染的微米零价铁原位反应带技术

利用构筑与地下水污染物作用的地下原位反应带也可以实现对污染物去除和

阻隔。原位反应带可以允许地下水流通过，但是地下水中的污染物通过与反应带中的修复剂作用而被阻隔或去除。随着时间的推移，由于地下水污染物与原位反应带中修复剂的作用，原位反应带内含水层介质的渗透系数降低，对于地下水的径流具有一定的阻隔作用。

纳米零价铁（nanoscale zero-valent iron，nZVI）作为地下水污染原位还原反应带的修复剂受到了广泛的关注，国内外已有许多研究成果，但 nZVI 具有价格高和环境风险不确定等问题。本研究致力于研发一种基于微米零价铁（micron zero-valent iron，mZVI）的地下水修复材料，使其同时具备良好的稳定性、反应性和一定的迁移性，从而在地下形成反应带，对地下水中的污染物进行去除和阻隔。选择黄原胶（XG）来提高 mZVI 的稳定性和迁移性，选择连二亚硫酸钠（$Na_2S_2O_4$）来提高 mZVI 的反应性，制备出 XG 稳定的硫化微米零价铁（XG-S-mZVI）并对其进行表征。分别从稳定性、反应性、迁移性 3 个方面来探究 XG-S-mZVI 的性能，确定 XG-S-mZVI 适用的地层条件。以地下水中 Cr(VI)污染为例，具体的研究成果如下：

（1）XG-S-mZVI 的制备与表征。利用机械搅拌法制备出的 XG-S-mZVI，中位径为 12.04μm，比表面积为 2.98m^2/g。硫铁化物（FeS 和 FeS_2）附着在 mZVI 颗粒表面。XG 以两种形式存在于 XG-S-mZVI 中：一种是覆盖在 S-mZVI 颗粒表面的，称为吸附相 XG（XG_A）；另一种是分散在 S-mZVI 颗粒与颗粒之间的，称为分散相 XG（XG_D）。XG_A 与微米颗粒的吸附构型是氢键和单齿螯合。

（2）在稳定性方面，当 XG 浓度为 2.0g/L 时，体系的稳定性达到最好的状态。此时，XG-S-mZVI 的 Zeta 电位为（-55.0 ± 1.3）mV。XG_A（产生排斥力）和 XG_D（产生黏性网络）共同作用抵抗 S-mZVI 的沉降，使 S-mZVI 颗粒至少在一周内均保持良好的悬浮稳定性，并且 XG_D 的作用大于 XG_A。通过与幂律方程进行拟合，说明 XG-S-mZVI 具备良好的流变特性。

（3）在反应性方面，硫化作用加快了 XG-S-mZVI 的电子转移速度和电子选择性，进而提高了 XG-S-mZVI 对 Cr(VI)还原的反应性。XG-S-mZVI 去除 Cr(VI)的速率常数是没有改性的 mZVI 的 832.7 倍。Fe^0 和 Fe^{2+} 对 Cr(VI)还原的贡献分别占据 70.3%和 23.2%，S^{2-}、S_2^{2-} 贡献剩余部分，反应之后的 Cr 以 Cr(III)-Fe(III)混合氢氧化物(Cr_xFe_{1-x})(OH)$_3$(s)的形式存在于 XG-S-mZVI 表面。在不考虑影响因素的情况下，得出了 XG-S-mZVI 最低投加量与初始 Cr(VI)浓度的拟合方程 $Y=2.207X+25.49$，其中 X 为 Cr(VI)的初始浓度（mg/L），Y 为 XG-S-mZVI 的最低投加量（mL/L）。拟合方程适用于理想情况下 XG-S-mZVI 对 Cr(VI)的去除。鉴于实际场地存在较多影响修复效果的不利因素，所以在实际场地应用时，可以将计算出来的 XG-S-mZVI 的最低投加量进行扩大处理（如扩大 1.2 倍或 1.5 倍），以此作为 XG-S-mZVI 的最终注入量。在只考虑单独影响因素的情况下，Cl^-、SO_4^{2-}

对 XG-S-mZVI 还原 Cr(Ⅵ)的影响不大，而 NO_3^-、HCO_3^-、Ca^{2+}、Mg^{2+}和腐殖酸对 XG-S-mZVI 还原 Cr(Ⅵ)有轻微不利影响。

（4）在迁移性与修复性方面，当介质粒径由0.25～0.50mm（中砂）增大到0.50～1.00mm（粗砂）时，XG-S-mZVI 的迁移距离从约 50cm 增大到约 80cm。对 XG-S-mZVI 的突破曲线和滞留曲线进行分析（图 13-25），得出应变作用是影响 XG-S-mZVI 在多孔介质中滞留的机制。在粗砂和中砂中分别有61.4%和72.2%的 Cr(Ⅵ)被反应带还原并拦截，最终以稳定的 $(Cr_xFe_{1-x})(OH)_3(s)$ 的形式存在。XG-S-mZVI 原位反应带仅适用于粒径大于 0.25mm（中砂）的介质。

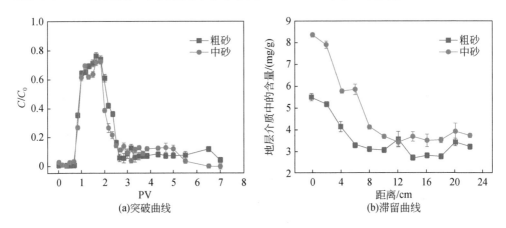

图 13-25　XG-S-mZVI 在含水层介质中迁移的突破曲线和滞留量

13.4.6　地下水污染的原位微生物硫化亚铁反应带技术

利用硫酸盐还原菌原位构建硫化亚铁反应带可以修复和阻截地下水的污染，具体包括：在低浓度污染羽区域垂直构建注入井排，并设置观测井。在注入井中注入硫酸盐还原菌富集培养液和营养物质的混合溶液，注入后通过注入井和观测井观测亚铁和硫化物的含量，也可以观测含水层介质固相中硫化亚铁的生成。硫酸盐还原菌和营养物质可随着水流方向进行迁移，在地下发生生物地球化学反应，形成以硫化亚铁为主的还原反应带。生物成因的硫化亚铁反应带，具有绿色可持续性，无二次污染，并且能够使硫化亚铁反应后再生，维持硫化亚铁反应带长期发挥作用。该反应带可以低成本、高效还原去除多种污染物［如高毒性的 Cr(Ⅵ)被还原为低毒性的 Cr(Ⅲ)］，并且对环境友好。

（1）硫酸盐还原菌的培养。通过营养物质（磷酸盐、氯化物、硫酸盐、乳酸钠和酵母膏等）对污水处理厂的厌氧污泥进行富集培养，最终得到硫酸盐还原菌菌液。

（2）低浓度污染羽区域垂直打一个或多个注入井，注入井下游 3～5m 处打一个或多个观测井，注入井和观测井深均至含水层底部。

（3）在注入井中注入硫酸盐还原菌（H_2S 的浓度为 35mg/L，微生物接种量为 $1×10^{-4}$CFU/mL）和营养物质（0.5g/L K_2HPO_4；1g/L NH_4Cl；0.1g/L $CaCl_2·6H_2O$；0.5g/L Na_2SO_4；7.0g/L $MgSO_4·7H_2O$；3.5g/L 乳酸钠；0.1g/L 酵母膏）的混合溶液。

（4）注入后通过注入井和观测井观测地下水中的亚铁和硫化物的含量，也可以观测含水层介质固相中硫化亚铁的生成。地下水中高浓度的亚铁和硫化物含量表明硫化亚铁反应带的生成。

（5）可根据注入井和观测井中地下水的分析结果明确硫化亚铁反应带的范围。

（6）构建硫化亚铁反应带覆盖整个污染区域，最终达到修复和拦截污染地下水的目的。

13.5　地下水污染阻隔墙效果监测与评估

阻隔屏障的性能监测对于掌握阻隔墙是否达到设计要求至关重要。虽然黏土-水泥基的垂直阻隔屏障被认为可以达到对污染物的高度圈闭，但实际工程中对阻隔方法、技术的长期监测和评估尚不多见（Rumer and Ryan，1995）。对阻隔屏障的性能监测具有以下功能：对可能的污染物泄漏提供早期预警；发现准确的修复位置和时间；积累性能资料供长期使用分析；减少修复的费用。

垂直阻隔墙的效果监测包括：示踪试验、抽水试验（局部或整体）、连续性检验、地下水位及污染物浓度监测、定期对墙体进行取样分析以及地球物理探测方法等。

示踪试验：通过地下示踪评估阻隔墙的效果。设置示踪剂注入井和观测井，确定地下水流的方向和阻隔效果，需要测试地下水位，以及进行水质分析。

抽水试验：整体抽水试验可以评估全封闭墙体的性能，但不易发现墙体缺陷的具体位置，局部抽水可以验证较小影响范围内墙体的性能。

连续性检验：阻隔墙的连续性检验一般采用在墙体预设传感器的方法，但大量传感器的设置，可能影响墙体质量。

地下水位及污染物浓度监测：进行阻隔墙两侧地下水位的长期观测，分析判断墙体两侧地下水的连通性；分析评估污染物在垂直阻隔墙两侧的浓度差异，评估阻隔效果、是否扩散及其扩散通量等。

墙体取样分析：取样分析墙体的渗透系数，是最直接的方法，但要注意对墙体整体性的影响。

地球物理探测：在阻隔墙两侧进行探测，通过分析地球物理异常，分析判断阻隔墙的效能，具有快速、费用低、对场地扰动小等优点，但需要对数据进行解译，其准确性需要验证。

土基、水泥基垂直屏障用于封闭、捕获和改变流场等，可用于污染地下水、气体和自由相污染物。除了在极端化学侵蚀性环境、干湿和冻融交替等特殊情形下，土基、水泥基垂直阻隔墙具有很好的长期阻隔性能和较长的阻隔使用寿命。

参 考 文 献

白静, 赵勇胜, 陈子方, 等. 2013a. 利用Tween80溶液冲洗修复萘污染地下水模拟实验. 吉林大学学报（地球科学版）, 43(2): 552-557.

白静, 赵勇胜, 周冰, 等. 2013b. 非离子表面活性剂 Tween80 增溶萘实验模拟. 中国环境科学, 33(11): 1993-1998.

白静, 赵勇胜, 孙超, 等. 2014. 地下水循环井技术修复硝基苯污染含水层效果模拟. 环境科学, 35(10): 3775-3781.

常月华, 姚猛, 赵勇胜. 2018. 表面活性剂强化原位空气扰动修复实验研究——影响区域及气流分布变化规律. 中国环境科学, 38(7): 2585-2592.

陈梦熊. 1998. 中国水文地质环境地质问题研究. 北京: 地震出版社.

地质矿产部水文地质工程地质技术方法研究队. 1983. 水文地质手册. 北京: 地质出版社.

董军, 赵勇胜, 赵晓波, 等. 2003. 垃圾渗滤液对地下水污染的 PRB 原位处理技术. 环境科学, 24(5): 151-156.

董军, 赵勇胜, 黄奇文, 等. 2004. 用双层 PRB 技术处理垃圾填埋场地下水污染的可行性研究. 环境科学学报, 24(6): 1021-1026.

董军, 赵勇胜, 赵晓波, 等. 2005. PRB 技术处理污染地下水的影响因素分析. 吉林大学学报（地球科学版）, 35(2): 226-230.

董军, 赵勇胜, 韩融, 等. 2006a. 垃圾渗滤液污染羽在地下环境中的分带现象研究. 环境科学, 27(9): 1901-1905.

董军, 赵勇胜, 王翊虹, 等. 2006b. 渗滤液污染羽中沉积物氧化还原缓冲能力研究. 环境科学, 27(12): 2558-2563.

董军, 赵勇胜, 张伟红, 等. 2007. 渗滤液中有机物在不同氧化还原带中的降解机理与效率研究. 环境科学, 28(9): 2041-2045.

董军, 赵勇胜, 王翊虹, 等. 2008a. 北天堂垃圾污染场地氧化还原分带及污染物自然衰减研究. 环境科学, 29(11): 3265-3269.

董军, 赵勇胜, 张伟红, 等. 2008b. 垃圾渗滤液污染羽中的最终电子受体作用研究. 环境科学, 29(3): 745-750.

董军, 赵勇胜, 张伟红. 2008c. 渗滤液污染羽中氧化还原带的动态发展演化研究. 环境科学, 29(7): 1942-1947.

工程地质手册编委会. 2018. 工程地质手册(第五版). 北京: 中国建筑工业出版社.

韩融, 赵勇胜, 董军, 等. 2006. 垃圾渗滤液污染晕中污染物的衰减规律研究. 吉林大学学报(地球科学版), 36(4): 578-582.

滑钰铎, 秦雪铭, 杨新如, 等. 2021. Fe(III)强化单宁酸原位修复 Cr(VI)污染含水层反应机理及效能. 吉林大学学报(理学版), 59(5): 1294-1302.

康学赫, 姚猛, 秦传玉, 等. 2018. 原位空气扰动技术影响因素研究——基于苯污染非均质含水层. 中国环境科学, 38(7): 2580-2584.

李广贺, 赵勇胜, 何江涛, 等. 2015. 地下水污染风险源识别与防控区划技术. 北京: 中国环境出版社.

李果, 毛华军, 巩宗强, 等. 2011. 几种表面活性剂对柴油及多环芳烃的增溶作用. 环境科学研究, 24(7): 775-780.

李卉, 赵勇胜, 杨玲, 等. 2012. 蔗糖改性纳米铁降解硝基苯影响因素及动力学研究. 吉林大学学报(地球科学版), 42: 245-251.

李隋, 赵勇胜, 徐巍, 等. 2008. 吐温 80 对硝基苯的增溶作用和无机电解质作用机理研究. 环境科学, 29(4): 920-924.

林学钰, 廖资生, 赵勇胜, 等. 2005. 现代水文地质学. 北京: 地质出版社.

刘伟, 梁栋, 杨仲田, 等. 2018. 蒙脱石含量对膨润土膨胀行为影响的试验研究. 辐射防护, 38(6): 511-516.

秦传玉, 赵勇胜, 李雨松, 等. 2009. 空气扰动技术修复氯苯污染地下水的影响因素研究. 水文地质工程地质, 6: 99-103.

秦传玉, 赵勇胜, 郑苇. 2011. 表面活性剂强化空气扰动修复氯苯污染含水层. 地球科学, 36(4): 761-764.

屈智慧, 赵勇胜, 王铁军, 等. 2009. 改性膨润土作为反应型材料的双层防渗层性能研究. 环境科学, 30(6): 1867-1872.

屈智慧, 赵勇胜, 王冰, 等. 2011. 柴油污染包气带环境的自然衰减作用. 哈尔滨工业大学学报, 43(4): 136-141.

沈平平. 2000. 油水在多孔介质中的运动理论和实践. 北京: 石油工业出版社.

《水文地球化学研究进展》编辑组. 2012. 水文地球化学研究进展: 庆祝沈照理教授从事地质教育六十周年论文集. 北京: 地质出版社.

宋兴龙, 赵勇胜, 李璐璐, 等. 2014. 非饱和带柴油入渗实验研究及 HSSM 模拟. 中国环境科学, 34(7): 1818-1823.

苏燕, 赵勇胜, 李璐璐, 等. 2015a. 多孔介质中泡沫的迁移特性和影响因素研究. 中国环境科学, 35(3): 817-824.

苏燕, 赵勇胜, 梁秀春, 等. 2015b. 不同载体携带纳米零价铁在多孔介质中的迁移特性. 中国环境科学, 35(1): 129-138.

孙家强, 孙超, 周睿, 等. 2016. 黏性土包气带中流体迁移规律. 水文地质工程地质, 43(1): 1-5.

王冰, 赵勇胜, 屈智慧, 等. 2011. 深度及含水率对包气带砂层中柴油降解作用的影响. 环境科学, 32(2): 530-535.

王贺飞, 宋兴龙, 赵勇胜, 等. 2014. 地下水曝气技术气流模拟实验研究. 中国环境科学, 34(11): 2813-2816.

王瑞. 2018. 超细粉煤灰高强混凝土性能研究. 合肥: 安徽理工大学.

王铁军, 赵勇胜, 屈智慧, 等. 2008. 无机改性膨润土防渗层性能研究. 吉林大学学报(地球科学版), 38(3): 463-467.

王霄, 曲丹, 赵勇胜, 等. 2013. BTEX 污染模拟含水层的生物地球化学作用. 中南大学学报(自然科学版), 44(6): 2617-2622.

姚猛, 王贺飞, 韩慧慧, 等. 2017. 表面活性剂强化空气扰动修复中不同介质曝气流量作用及变化规律. 中国环境科学, 37(9): 3332-3338.

殷其亮. 2013. 表面活性剂对纳米铁在多孔介质中迁移及 Cd(Ⅱ)去除的影响. 广州: 华南理工大学.

曾国寿, 徐梦虹. 1990. 石油地球化学. 北京: 石油工业出版社.

张力, 赵勇胜. 2023. 六价铬污染模拟含水层的注入型黄原胶凝胶阻截屏障试验研究. 水文地质工程地质, 50(2): 171-177.

张人权, 梁杏, 靳孟贵, 等. 2011. 水文地质学基础(第六版). 北京: 地质出版社.

赵保卫, 朱琨, 陈学民. 2007. 重非水相液体性质对非离子表面活性剂增溶作用的影响. 环境化学, 26(4): 452-456.

赵勇胜. 2012. 地下水污染场地风险管理与修复技术筛选. 吉林大学学报(地球科学版), 42(5): 1426-1433.

赵勇胜. 2015. 地下水污染场地的控制与修复. 北京: 科学出版社.

赵勇胜, 戴贞洧. 2023. 海泡石改性土-膨润土泥浆阻截墙阻截地下水重金属阳离子污染. 吉林大学学报(地球科学版), 53(5): 1549-1559.

赵勇胜, 林学钰. 1994. 地下水污染模拟及污染控制和处理. 长春: 吉林科技出版社.

赵勇胜, 王卓然. 2021. 污染场地地下水中污染物迁移及风险管控. 环境保护, 49(20): 21-26.

赵勇胜, 王冰, 屈智慧, 等. 2010. 柴油污染包气带砂层中的自然衰减作用. 吉林大学学报(地球科学版), 40(2): 389-393.

赵勇胜, 李敬杰, 董军, 等. 2011. 配位体对地下环境中 Fe(Ⅱ)衰减硝基苯的强化作用. 吉林大学学报(地球科学版), 41(1): 247-251.

赵勇胜, 马百文, 杨玲等. 2012. 纳米铁还原高浓度硝基苯的实验. 吉林大学学报(地球科学版), 42: 386-391.

赵勇胜, 韩慧慧, 迟子芳, 等. 2018. 渗透系数级差对污染物在低渗透透镜体中的迁移影响研究. 中国环境科学, 38(12): 4559-4565.

郑苇, 赵勇胜, 秦传玉, 等. 2011. 表面活性剂强化空气扰动修复污染地下水影响区域研究. 环境科学学报, 31(1): 102-106.

中国地下水科学战略研究小组. 2009. 中国地下水科学的机遇与挑战. 北京: 科学出版社.

周睿, 赵勇胜, 等. 2008. 垃圾场污染场地氧化还原带及其功能微生物的研究. 环境科学, 29(11): 3270-3274.

周睿, 赵勇胜, 任何军, 等. 2009. BTEX 在地下环境中的自然衰减. 环境科学, 30(9): 2804-2808.

朱利中, 冯少良. 2002. 混合表面活性剂对多环芳烃的增溶作用及机理. 环境科学学报, 22(6): 774-778.

Abriola L M. 1996. Organic liquid contaminant entrapment and persistence in the subsurface: interphase mass transfer limitation and implications for remediation. Darcy Lecture, National Ground Water Association, Colorado School of Mines.

Adams J A, Reddy K R. 2000. Removal of dissolved-and free-phase benzene pools from ground water using *in-situ* air sparging . Journal of Environmental Engineering, 126(8): 697-707.

Adamson D T, Newell C J. 2014. Frequently asked questions about monitored natural attenuation in groundwater. ESTCP Project ER-201211, Environmental Security and Technology Certification Program, Arlington, Virginia.

Alabbas F M, Bhola S M, Spear J R, et al. 2013. The shielding effect of wild type iron reducing bacterial flora on the corrosion of linepipe steel. Engineering Failure Analysis, 33: 222-235.

Alok B. 2007. Remediation Technologies for Soils and Groundwater. Reston, Virginia, ASCE Press.

Anderson M P. 2010. Heat as a ground water tracer. Ground Water, 43(6): 951-968.

Arnoult M, Perronnet M, Autef A, et al. 2018. How to control the geopolymer setting time with the alkaline silicate solution. Journal of Non-Crystalline Solids, 495: 59-66.

Aronson D, Howard P. 1997. Anaerobic biodegradation of organic chemicals in groundwater. A Summary of Field and Laboratory Studies (SRC TR-97-0223F), Environmental Science Center, Syracuse Research Corporation, 6225 Running Ridge Road, North Syracuse, NY 13212-2509.

Asante-Duah K. 2019. Management of Contaminated Site Problems, 2nd edition. Boca Raton, FL: CRC Press.

Atlas R M. 1981. Microbial degradation of petroleum hydrocarbons: an environmental perspective. Microbiological Reviews, 45(1): 180-199.

Baker R S, Heron G. 2004. In situ delivery of heat by thermal conduction and steam injection for improved DNAPL remediation. Proceedings of the 4th International Conference on Remediation of Chlorinated and Recalcitrant Compounds. Monterey: 24-27.

Balks M R, Paetzold R F, Kimble J M, et al. 2002. Effects of hydrocarbon spills on the temperature and moisture regimes of Cryosols in the Ross Sea region. Antarctic Science, 14(4): 319-326.

Bass D H, Hastings N A, Brown R A. 2000. Performance of air sparging systems: a review of case studies. Journal of Hazardous Materials, 72(2-3): 101-119.

Bear J. 1979. Hydraulic of Groundwater. New York: McGraw-Hill, Inc.

Bear J. 1988. Dynamics of Fluids in Porous Media. New York: Dover Publications Inc.

Bouwer E J. 1994. Bioremediation of Chlorinated Solvents using Alternate Electron Acceptors, In Handbook of Bioremediation. Boca Raton, FL: Lewis Publishers.

Bouwer E J, Rittman B E, McCarty P L.1981. Anaerobic degradation of halogenated 1- and 2-carbon organic compounds. Environmental Science & Technology, 15(5): 596-599.

Bradley P M, Chapelle F H. 1996. Anaerobic mineralization of vinyl chloride in Fe(III) reducing aquifer sediments. Environmental Science & Technology, 40: 2084-2086.

Broholm K, Feenstra S.1995. Laboratory measurements of the aqueous solubility of mixtures of chlorinated solvents. Environ. Toxicol. Chem., 14: 9-15.

Bugai D, Kireev S, Hoque M A, et al. 2022. Natural attenuation processes control groundwater contamination in the Chernobyl exclusion zone: evidence from 35 years of radiological monitoring. Scientific Reports, 12: 18215.

Burson B, Baker A C, Jones B, Shailer J. 1997. Developing and Installing a vertical containment System. Geotechnical Fabrics Report.

Buscheck T E, Alcantar C M. 1995. Regression techniques and analytical solutions to demonstrate intrinsic bioremediation. Proceedings of the 1995 Battelle International Conference on *In-situ* and on Site Bioreclamation.

Butler B J, Barker J F. 1996. Chemical and microbiological transformation and degradation of chlorinated solvent compounds//Pankow J F, Cherry J A(eds). Dense Chlorinated Solvents and Other DNAPLs in Groundwater: History, Behavior, and Remediation. Waterloo, Ontari, Waterloo Press: 267-312.

Chang Y H, Yao M, Bai J, et al. 2019. Study on the effects of alcohol-enhanced air sparging remediation in a benzene-contaminated aquifer: a new insight. Environmental Science and Pollution Research, 26(34): 35140-35150.

Chapelle F H.1993. Ground-Water Microbiology and Geochemistry. New York: John Wiley & Son.

Chen Z F, Zhao Y S, Li Q. 2015. Characteristics and kinetics of hexavalent chromium reduction by gallic acid in aqueous solutions. Water Science & Technology, 71: 1694-1700.

Chiang C Y, Salanitro J P, Chai E Y, et al.1989. Aerobic biodegradation of benzene, toluene, and xylene in a sandy aquifer-data analysis and computer modeling. Ground Water, 27(6): 823-834.

Chokejaroenrat C, Kananizadeh N, Sakulthaew C, et al. 2013. Improving the sweeping efficiency of permanganate into low permeable zones to treat TCE: experimental results and model development. Environment Science Technology, 47: 13031-13038.

Chrysochoou M, Ferreira D R, Johnston C P. 2010. Calcium polysulfide treatment of Cr(Ⅵ)-contaminated soil. Journal of Hazardous Materials, 179: 650-657.

Cundy A B, Hopkinson L, Whitby R L D. 2008. Use of iron-based technologies in contaminated land

and groundwater remediation: a review. Science of the Total Environment, 400: 42-51.

Danko A, Adamson D, Newell C, et al. 2021. Development of a quantitative framework for evaluating natural attenuation of 1,1,1-TCA, 1,1-DCA, 1,1-DCE, and 1,4-dioxane in groundwater. ESTCP Final Report ER-201730.

de Pastrovich T L, Baradat Y, Barthel R, et al.1979. Protection of Groundwater from Oil Pollution. The Hague: Concawe.

Dhal B, Thatoi H N, Das N N, et al. 2013. Chemical and microbial remediation of hexavalent chromium from contaminated soil and mining/metallurgical solid waste: a review. Journal of Hazardous Materials, 250-251: 272-291.

Dong J, Zhao Y S, Zhang W H, et al. 2009. Laboratory study on sequenced permeable reactive barrier remediation for landfill leachate-contaminated groundwater. Journal of Hazardous Materials, 161(1): 224-230.

Duan P, Yan C, Zhou W. 2016. Influence of partial replacement of fly ash by metakaolin on mechanical properties and microstructure of fly ash geopolymer paste exposed to sulfate attack. Ceramics International, 42(2): 3504-3517.

Fang L Z. 2004. Heat transfer in ground heat exchangers with groundwater advection. International Journal of Thermal Sciences, 43(12): 1203-1211.

Feenstra S, Guiguer N. 1996. Dissolution of dense non-aqueous phase liquids in the subsurface. In: Pankow J F, Cherry J A (eds). Dense Chlorinated Solvents and Other DNAPLs in Groundwater. Portland, OR: Waterloo Press.

Ferguson G. 2015. Screening for heat transport by groundwater in closed geothermal systems. Ground Water, 53(3): 503-506.

Fetter C W. 1999. Contaminant Hydrogeology (second edition). Long Grove, Illinois: Waveland Press, Inc.

Fille D M, Stempvoort D R V, Leigh M B. 2009. Remediation of frozen ground contaminated with petroleum hydrocarbons: feasibility and limits. Permafrost Soils, 19: 279-301.

Freedman D L, Gossett J M.1989. Biological reductive dehalogenation of tetrachloroethylene and trichloroethylene to ethylene under methanogenic conditions. Applied and Environmental Microbiology, 55(4): 1009-1014.

Fritz B G, Truex M J, et al. 2020. Guidance for monitoring passive groundwater remedies over extended time scales. US Department of Energy.

Gantzer C J, Wackett L P. 1991. Reductive dechlorination catalyzed by bacterial transition-metal coenzymes. Environmental Science & Technology, 25: 715-722.

Gillham R W, O'Hannesin S F. 1994. Enhanced degradation of halogenated aliphatics by zero-valent iron. Ground Water, 32(6): 958-967.

Gossett J M, Zinder S H.1996. Microbiological aspects relevant to natural attenuation of chlorinated ethenes. Proceedings of the Symposium on Natural Attenuation of Chlorinated Organics in Ground Water, Dallas, TX: EPA /540/R-96/509.

Guo J. 2014. Practical Design Calculations for Groundwater and Soil Remediation (second edition). Boca Raton, FL: CRC Press.

Han P L, Xie J Y, Qin X M, et al. 2022. Experimental study on *in-situ* remediation of Cr(Ⅵ) contaminated groundwater by sulfidated micron zero valent iron stabilized with xanthan gum. Science of the Total Environment, 828: 154422.

Harvey R W, Kinner N E, Bunn A, et al. 1995. Transport behavior of groundwater protozoa and protozoan-sized microspheres in sandy aquifer sediments. Applied and Environmental Microbiology, 61(1): 209-217.

Heah C Y, Kamarudin H, Mustafa Al Bakri A M, et al. 2012. Study on solids-to-liquid and alkaline activator ratios on Kaolin-based geopolymers. Construction and Building Materials, 35: 912-922.

Hemond H F, Fechner E J. 1994. Chemical Fate and Transport in the Environment. San Diego, CA: Academic Press.

Hinchee R E. 1994. Air Sparging for Site Remediation. Boca Raton: Lewis Publishers.

Holliger C, Schraa G, Stams A J M, et al. 1992. Enrichment and properties of an anaerobic mixed culture reductively dechlorinating 1,2,3-trichlorobenzene to 1,3-dichlorobenzene. Applied and Environmental Microbiology, 58: 1636-1644.

Holliger C, Schraa G, Stams A J M, et al. 1993. A highly purified enrichment culture couples the reductive dechlorination of tetrachloroethene to growth. Applied and Environmental Microbiology, 59: 2991-2997.

Hu L M, Wu X F, Yan L, et al. 2010. Physical modeling of air flow during air sparging remediation. Environmental Science & Technology, 44(10): 3883-3888.

Ikegami K, Hirose Y, Sakashita H, et al. 2020. Role of polyphenol in sugarcane molasses as a nutrient for hexavalent chromium bioremediation using bacteria. Chemosphere, 250: 126267.

Jeffers P M, Ward L M, Woytowitch L M, et al. 1989. Homogeneous hydrolysis rate constants for selected chlorinated methanes, ethanes, ethenes, and propanes. Environmental Science & Technology, 23: 965-969.

Jessberger H L. 1991. Geotechniques of Landfills and Contaminated Land, Technical Recommendations. Berlin: European Technical Committee, ETC 8, Ernst and Sohn.

Karol R H. 2003. Chemical Grouting and Soil Stabilization. New York: Maecel Dekker, Inc.

Kemblowski M W, Chiang C Y. 1990. Hydrocarbon thickness fluctuations in monitoring wells. Ground Water, 28(2): 244-252.

Kim J, Kim H, Annable M D. 2014. Changes in air flow patterns using surfactants and thickeners during air sparging: Bench-scale experiments . Journal of contaminant hydrology, 172: 1-9.

Kitanidis P K, McCarty P L. 2012. Delivery and mixing in the subsurface: processes and design principles for *in-situ* remediation. In: Ward C H (ed). SERDP and ESTCP Remediation Technology Monograph Series. New York: Springer.

Kueper B H, Stroo H F, Vogel C M, et al. 2014. Chlorinated solvent source zone remediation. In: Ward C H (ed). SERDP and ESTCP Remediation Technology Monograph Series.

Larson R A, Weber E J. 1994. Reaction Mechanisms in Environmental Organic Chemistry. Boca Raton, FL: Lewis Publishers.

Leeson A, Johnson P C, Johnson R L, et al. 2002. Air sparging design paradigm. US Air Force Research Laboratory.

Lenhard R J, Parker J C.1990. Estimation of free hydrocarbon volume from fluid levels in monitoring wells. Ground Water, 28(1): 57-67.

Leonard F. 1996. Molecular and biophysical aspects of adaptation of life to temperatures below the freezing point. Advances in Space Research, 18(12): 87-95.

Li Q, Jia Z, Zhao Y S. 2021. Laboratory evaluation of hydraulic conductivity and chemical compatibility of bentonite slurry for grouting walls. Environmental Earth Sciences, 80: 569.

Lian J R, Fu Y F, Guo C, et al. 2019. Performance of polymer-enhanced $KMnO_4$ delivery for remediation of TCE contaminated heterogeneous aquifer: a bench-scale visualization. Journal of Contaminant Hydrology, (225): 103507.

Lide D R. 2004. Handbook of Chemistry and Physics, 85th ed. Boca Raton, Florida: CRC Press.

List E J. 1982. Mechanics of turbulent buoyant jets and plumes. Turbulent Buoyant Jets & Plumes, 1-68.

Liu R X, Yang X R, Xie J Y, et al. 2021. Experimental Investigation on the effects of ethanol-enhanced steam injection remediation in nitrobenzene-contaminated heterogeneous aquifers. Applied Sciences, DOI: 10. 3390/app122412029.

Liu R X, Yang X R, Xie J Y, et al. 2022. Steam migration and temperature distribution in aquifers during remediation using steam injection . Journal of Contaminant Hydrology, 245: 103942.

Lovley D R, Coates J D, Blunt-Harris E L, et al. 1996. Humic substances as electron acceptors for microbial respiration. Nature, 382(6590): 445-448.

March J. 1985. Advanced Organic Chemistry, 3rd edition. New York: Wiley.

Marsily G D. 1986. Quantitative Hydrogeology: Groundwater Hydrology for Engineers. New York: Academic Press.

Martin M, Imbrigiotta T E. 1994. Contamination of ground water with trichloroethylene at the Building 24 site at Picatinny Arsenal, New Jersey. In Symposium on Natural Attenuation of Ground Water, Denver, CO, EPA/600/R-94/162: 109-115.

Masoodi R, Pillai K M. 2013. Wicking in Porous Materials, Traditional and Modern Modeling Approaches. Boca Raton, FL: CRC Press, Taylor & Francis Group.

McCray J E, Falta R W. 1997. Numerical simulation of air sparging for remediation of NAPL contamination. Groundwater, 35(1): 99-110.

McCarthy K A, Johnson R L.1992. Transport of volatile organic compounds across the capillary fringe. Water Resources Research, 29(6): 1675-1683.

McCarty P L, Semprini L.1994. Ground-water treatment for chlorinated solvents. In: Boyd M, Brown H, Mccarty S, et al (eds). Handbook of Bioremediation. Boca Raton, FL: Lewis Publishers: 87-116.

McCarty P L, Reinhard M, Rittmann B E.1981.Trace organics in groundwater. Environmental Science & Technology, 15(1): 40-51.

McWhorter D B.1996. Process affecting soil and groundwater contamination by DNAPL in low-permeable media. USDOE, Oak Ridge National Laboratory, ORNL/TM-13305.

Megan M S, Silva J A, Munakata-Marr J, et al. 2008. Compatibility of polymers and chemical oxidants for enhanced groundwater remediation. Environmental Science & Technology, 42(24): 9296-9301.

Mercer J W, Cohen R M.1990. A review of immiscible fluids in the subsurface-properties, models, characterization and remediation. Journal of Contaminant Hydrology, 6: 107-163.

Miller R E, Guengerich F P.1982. Oxidation of trichloroethylene by liver microsomal cytochrome P-450: evidence for chlorine migration in a transition state not involving trichloroethylene oxide. Biochemistry, 21: 1090-1097.

Mitra P, Sarkar D, Chakrabarti S, et al. 2011. Reduction of hexa-valent chromium with zero-valent iron: batch kinetic studies and rate model. Chemical Engineering Journal, 171: 54-60.

Moridis G P, Persoff J, Apps A, et al. 1996. A design study for the isolation of the 281-3H Retention Basin the Savannah River site using the viscous barrier technology. Lawrence Berkeley National Laboratory, LBNL-38920.

Myrand D, Gillham R W, Sudicky E A, et al. 1992. Diffusion of volatile organic compounds in natural clay deposits: laboratory tests. Journal of Contaminant Hydrology, (10): 159-177.

Neely W B. 1985. Hydrolysis. In: Neely W B, Blau G E (eds). Environmental Exposure from Chemicals, Vol. 1. Boca Raton, FL: CRC Press: 157-173.

Nelson P H. 2009. Pore-throat sizes in sandstones, tight sandstones, and shales. AAPG Bulletin, 93(3): 329-340.

Nightingale E. 1959. Phenomenological theory of ion solvation: effective radii of hydrated ions. Biochimica Et Biophysica Acta, 63(9): 566-567.

Nyer E K, Suthersan S S. 1993. Air sparging: Savior of ground water remediations or just blowing bubbles in the bath tub? Ground Water Monitoring & Remediation, 13(4): 87-91.

Okello V A, Mwilu S, Noah N, et al. 2012. Reduction of hexavalent chromium using naturally-derived flavonoids. Environmental Science & Technology, 46: 10743-10751.

Olajire A A, Essien J P. 2014. Aerobic degradation of petroleum components by microbial consortia. Journal of Petroleum & Environmental Biotechnology, 5(5): 1-22.

Palmer C M. 1996. Principles of Contaminant Hydrogeology(second edition). Boca Raton, FL: CRC Press.

Parker B L, Gillham R W, Cherry J A.1994. Diffusive disappearance of immiscible-phase organic liquids in fractured geologic media. Ground Water, 32(5): 805-820.

Parker B L, Cherry J A, Chapman S W. 2004. Field study of TCE diffusion profiles below DNAPL to assess aquitard integrity. Journal of Contaminant Hydrology, 74(1-4): 197-230.

Payne F C, Quinnan J A, Potter S T. 2008. Remediation Hydraulics. Boca Raton, FL: CRC Press.

Pearlman L. 1999. Subsurface containment and monitoring systems: barriers and beyond. Overview Report for US EPA, http//www. clu-in. org [2023-06-10].

Peterson J W. 2003. Grain-size heterogeneity and subsurface stratification in air sparging of dissolved-phase contamination: laboratory experiments-field implications. Environmental & Engineering Geoscience, 9(1): 71-82.

Qin C Y, Zhao Y S, Zheng W, et al. 2010. Study on influencing factors on removal of chlorobenzene from unsaturated zone by soil vapor extraction. Journal of Hazardous Materials, 176(1-3): 294-299.

Qin C Y, Zhao Y S, Li L L, et al. 2013a. Mechanisms of surfactant-enhanced air sparging in different media. Journal of Environmental Science and Health, 48: 1047-1055.

Qin C Y, Zhao Y S, Su Y, et al. 2013b. Remediation of nonaqueous phase liquid polluted sites using surfactant-enhanced air sparging and soil vapor extraction. Water Environment Research, 85(2): 133-140.

Qin C Y, Zhao Y S, Zheng W. 2014. The influence zone of surfactant-enhanced air sparging in different media. Environmental Technology, 35(10): 1190-1198.

Qin X M, Hua Y D, Sun H, et al. 2020. Visualization study on aniline-degrading bacteria AN-1 transport in the aquifer with the low-permeability lens. Water Research, 186: 116329.

Qu D, Zhao Y S, Sun J Q, et al. 2015. BTEX biodegradation and its nitrogen removal potential by a newly isolated Pseudomonas thivervalensis MAH1. Canadian Journal of Microbiology, 61: 691-699.

Qu D, Ren H J, Zhou R, et al. 2017. Visualisation study on Pseudomonas migulae AN-1 transport in saturated porous media. Water Research, 122: 329-336.

Raats P. 1972. Dynamics of fluids in porous media. Engineering Geology, 7(4): 174-175.

Reddy K R, Adams J A. 1998. System effects on benzene removal from saturated soils and ground water using air sparging. Journal of Environmental Engineering, 124(3): 288-299.

Rivett M O. 1995. Soil-gas signatures from volatile chlorinated solvents: Borden field experiments. Ground Water, 33(1): 84-98.

Rivett M O, Feenstra S, Cherry J A. 2001. A controlled field experiment on groundwater contamination by a multicomponent DNAPL: creation of the emplaced-source and overview of dissolved plume development. Journal of Contaminant Hydrology, 49(1-2): 111-149.

Rogers S W, Saykee O. 2000. Influence of porous media, airflow rate, and air channel spacing on benzene NAPL removal during air sparging. Environmental Science & Technology, 34(5): 764-770.

Roosevelt S E, Corapcioglu M Y. 1998. Air bubble migration in a granular porous medium: experimental studies . Water Resources Research, 34(5): 1131-1142.

Rumer R R, Mitchell J K. 1996. Assessment of barrier containment technologies a comprehensive treatment for environmental remedial application. Product of the International Containment Technology Workshop, National Technical Information Service, PB96-180583.

Rumer R R, Ryan M E. 1995. Barrier Containment Technologies for Environmental Remediation Applications. Product of the International Containment Technology Workshop. New York: John Wiley and Sons.

Selim H M. 2013. Competitive Sorption and Transport of Heavy Metals in Soils and Geological Media. Boca Raton, FL: CRC Press, Taylor & Francis Group.

Sellers K L, Schreiber R P. 1992. Air sparging model for predicting groundwater cleanup rate. Proc Conference on Petroleum Hydrocarbons and Organic Chemicals in Ground Water: Prevention, Detection, and Restoration, Houston, Texas.

Shackelford C D. 1991. Laboratory diffusion testing for waste disposal—a review. Journal of Contaminant Hydrology, (7): 177-217.

Shang C, Chai Y, Peng L, et al. 2023. Remediation of Cr(VI)contaminated soil by chitosan stabilized FeS composite and the changes in microorganism community. Chemosphere, 327: 138517.

Shashidhar T, Bhallamudi S M, Philip L. 2007. Development and validation of a model of bio-barriers for remediation of Cr(VI) contaminated aquifers using laboratory column experiments . Journal of Hazardous Materials, 145: 437-452.

Siegrist R L, Crimi M, Simpkin T J. 2011. In situ chemical oxidation for groundwater remediation. In: Ward C H (ed). SERDP and ESTCP Remediation Technology Monograph Series. New York: Springer.

Silva B, Figueiredo H, Quintelas C, et al. 2012. Improved biosorption for Cr(VI) reduction and removal by Arthrobacter viscosus using zeolite. International Biodeterioration & Biodegradation, 74: 116-123.

Sleep B E, McClure P D. 2001. Removal of volatile and semivolatile organic contamination from soil by air and steam flushing. Journal of Contaminant Hydrology, 50(1-2): 21-40.

Snape I, Riddele M J, Filler D M et al. 2003. Contaminants in freezing ground and associated ecosystems: key issues at the beginning of the new millennium. Polar Record, (39): 291-300.

Spain J C. 1996. Future vision: Compounds with potential for natural attenuation. Proceedings of the Symposium on Natural Attenuation of Chlorinated Organics in Ground Water, Dallas TX, EPA/540/R-96/509.

Spitz K, Moreno J.1996. A Practical Guide to Groundwater and Solute Transport Modeling. New York: John Wiley & Sons.

Sridharan A, Rao S M, Murthy N S. 1986. Compressibility behaviour of homoionized bentonites. Geotechnique, 36(4): 551-564.

Standnes D C, Skjevrak I. 2014. Literature review of implemented polymer field projects. Journal of Petroleum Science and Engineering, 122: 761-775.

Stroo H F, Ward C. H. 2010. In Situ Remediation of Chlorinated Solvent Plumes. New York: Springer.

Su Y, Zhao Y S, Li L L, et al. 2014. Transport characteristics of nanoscale zero-valent iron carried by three different "vehicles" in porous media. Journal of Environmental Science and Health, Part A: Toxic/Hazardous Substances and Environmental Engineering, 49: 1639-1652.

Suflita J M, Townsend G T.1995. The microbial ecology and physiology of aryl dehalogenation reactions and implications for bioremediation. In: Young L Y, Cerniglia C E (eds). Microbial Transformation and Degradation of Toxic Organic Chemicals. New York: Wiley-Liss.

Sun H, Qin X M, Yang X R, et al. 2020. Study on the heat transfer in different aquifer media with different groundwater velocities during thermal conductive heating. Environmental Science and Pollution Research, 27(29): 36316-36329.

Sun H, Yang X R, Xie J Y, et al. 2021. Remediation of diesel contaminated aquifers using thermal conductive heating coupled with thermally activated persulfate. Water Air Soil Pollut, 232: 293.

Sun H, Hua Y D, Zhao Y S. 2022. Synchronous efficient reduction of Cr(VI) and removal of total chromium by corn extract/Fe(III) system. Environmental Science and Pollution Research, 29: 28552-28564.

Suthersan S S. 2002. Natural and Enhanced Remediation Systems. Boca Raton, FL: Arcadis, Lewis Publishers.

Suthersan S S, Payne F F. 2005. In Situ Remediation Engineering. Boca Raton, FL: CRC Press.

Suthersan S S, Horst J, Schnobrich M, et al. 2017. Remediation Engineering—Design Concepts. Boca Raton, FL: CRC Press.

Telesiński A, Kiepas-Kokot A. 2021. Five-year enhanced natural attenuation of historically coal-tar-contaminated soil: analysis of polycyclic aromatic hydrocarbon and phenol contents. International Journal Environmental Research Public Health, 18: 2265

Udell K S. 1985. Heat transfer in porous media considering phase change and capillarity—the heat pipe effect. International Journal of Heat and Mass Transfer, 28(2): 485-495.

USEPA. 1990. State of technology review: Soil vapor extraction systems. EPA/600/2-89/024, https://nepis. epa.gov/Exe/ZyPURL.cgi?Dockey=9101QPWR.txt [2023-06-10].

USEPA. 1991. Site characterization for subsurface remediation. EPA 625/R-91/026, https://www.epa. gov/ust/seminar-publication-site-characterization-subsurface-remediation [2023-06-10].

USEPA. 1992. *In-situ* bioremediation of contaminated ground water. EPA/540/S-92/003, https://www. epa.gov/remedytech/situ-bioremediation-contaminated-ground-water [2023-06-10].

USEPA. 1994. Symposium on natural attenuation of ground-water. EPA/600/R-94/162, http://www. epa.gov/ord/NRMRL/pubs/biorem/pdf/natural.pdf: 60-67 [2023-06-10].

USEPA. 1996a. Pump-and-treat ground-water remediation: a guide for decision makers and practitioners. EPA/625/R-95/005, https://cfpub.epa.gov/si/si_public_record_report.cfm?Lab= NRMRL&dirEntryId= 115422 [2023-06-10].

USEPA. 1996b. Soil screening guidance: technical background document. EPA/540/R-95, https://epa-prgs.ornl.gov/chemicals/help/documents/SSG_nonrad_technical.pdf [2023-06-10].

USEPA. 1997a. Design guidelines for conventional pump-and-treat systems. EPA/540/S-97/504, https: //cfpub.epa.gov/si/si_public_record_report.cfm?Lab=NRMRL&dirEntryId=90422 [2023-06-10].

USEPA. 1997b. How heat can enhance *in-situ* soil and aquifer remediation important chemical properties and guidance on choosing the appropriate technique. EPA/540/S-97/502, https://nepis. epa.gov/Exe/ZyPURL. cgi?Dockey=2000BC87.txt [2023-06-10].

USEPA. 1998a. Technical protocol for evaluating natural attenuation of chlorinated solvents in ground water. EPA/600/R-98/128, https://cfpub.epa.gov/si/si_public_record_report.cfm?Lab=NRMRL &dirEntryId=99187 [2023-06-10].

USEPA. 1998b. Remediation case studies: Groundwater pump and treat(chlorinated solvents). EPA/542/R-98/013, https://nepis.epa.gov/Exe/ZyPURL.cgi?Dockey=100030RN.txt [2023-06-10].

USEPA. 1999. Understanding variation in partition coefficient, K_d, values, Volume 1 and 2. EPA/ 402/R-99/004 A&B, https://www.epa.gov/radiation/understanding-variation-partition-coefficient-kd-values [2023-06-10].

USEPA. 2001. Treatment technologies for site cleanup: annual status report(tenth edition). EPA/542/R-01/004, https://nepis.epa.gov/Exe/ZyPURL.cgi?Dockey=10002SS7.txt [2023-06-10].

USEPA. 2004a. Cleaning up the nation's waste sites: markets and technology trends. EPA/542/R-96/005, https://nepis.epa.gov/Exe/ZyPURL.cgi?Dockey=30006II3.txt [2023-06-10].

USEPA. 2004b. How to evaluate alternative cleanup technologies for underground storage tank sites: a guide for corrective action plan reviewers. EPA/510/R-04/002, https://www.epa.gov/ust/ how-evaluate-alternative-cleanup-technologies-underground-storage-tank-sites-guide-corrective [2023-06-10].

USEPA. 2006. *In-situ* chemical oxidation. EPA/600/R-06/072, https://nepis.epa.gov/Exe/ZyPURL. cgi?Dockey=2000ZXNC.txt [2023-06-10].

USEPA. 2007. Monitored natural attenuation of inorganic contaminants in ground water: volume 1 technical basis for assessment. EPA/600/R-07/139, https://nepis.epa.gov/Exe/ZyPURL.cgi? Dockey= 60000N4K.txt [2023-06-10].

USEPA. 2012. Framework for site characterization for monitored natural attenuation of volatile organic compounds in ground water. EPA/600/R-12/712, https://cfpub.epa.gov/si/si_public_ record_report.cfm?Lab= NRMRL&dirEntryId=274979 [2023-06-10].

USEPA. 2023. Superfund Remedy Report, 17th Edition. EPA/542/R-23/001, https://nepis.epa.gov/ Exe/ZyPURL. cgi?Dockey=P1016JB0.txt [2023-06-10].

Vegas T T, Vegas W A, Vegas H U, et al. 2004. Developing thermally enhanced *in-situ* remediation technology by experiment and numerical simulation . Journal of Hydraulic Research, 42: 173-183.

Vogel T M.1994. Natural bioremediation of chlorinated solvents. In: Boyd M, Brown H, Mccarty S, et al (eds). Handbook of Bioremediation. Boca Raton, FL: Lewis Publishers: 201-225.

Vogel T M, McCarty P L. 1987. Abiotic and biotic transformations of 1,1,1-trichloroethane under methanogenic conditions. Environmental Science & Technology, 21(12): 1208-1213.

Wang H F, Zhao Y S, Li T Y, et al. 2016. Properties of calcium peroxide for release of hydrogen peroxide and oxygen: a kinetics study. Chemical Engineering Journal, 303: 450-457.

Wei G L, Dong J, Bai J, et al. 2019. Structurally stable, antifouling, and easily renewable reduced graphene oxide membrane with a carbon nanotube protective layer. Environmental Science & Technology, 53(20): 11896-11903.

Wei G L, Zhao Y S, Dong J, et al. 2020. Electrochemical cleaning of fouled laminar graphene membranes. Environmental Science & Technology Letters, 7(10): 773-778.

Wiedemeier T H, Guest P R, Henry R L, et al. 1993. The use of Bioplume to support regulatory negotiations at a fuel spill site near Denver, Colorado. Proceedings of the Petroleum Hydrocarbons and Organic Chemicals in Ground Water: Prevention, Detection, and Restoration Conference, NWWA/API: 445-459.

Wiedemeier T H, Swanson M A, Wilson J T, et al. 1995. Patterns of intrinsic bioremediation at two United States Air Force Bases. In: Hinchee R E, Wilson J T, Downey D C (eds). Intrinsic Bioremediation. Columbus, OH: Battelle Press.

Wiedemeier T H, et al. 1999. Natural Attenuation of Fuels and Chlorinated Solvents in the Subsurface. New York: John Wiley & Sons, Inc.

Wiedemeier T H, Wilson J T, Freedman D L, et al. 2017. Providing additional support for MNA by including quantitative lines of evidence for abiotic degradation and co-metabolic oxidation of chlorinated ethylenes. ESTCP ER-201584.

Wilson J T, Wilson B H. 1985. Biotransformation of trichloroethylene in soil. Applied and Environmental Microbiology, 49(1): 242-243.

Xu H C, Zhang C P, Zhang H, et al. 2022. Enhanced electrokinetic remediation of heterogeneous aquifer co-contaminated with Cr(Ⅵ) and nitrate by rhamnolipids. Journal of Environmental Chemical Engineering, 10: 108531.

Yang S Z, Jin H J, Wei Z, et al. 2009. Bioremediation of oil spills in cold environments: a review. Pedosphere, 19(3): 371-381.

Yang X R, Liu P, Yao M, et al. 2021. Mechanism and enhancement of Cr(Ⅵ) contaminated groundwater remediation by molasses . Science of the Total Environment, 780: 146580.

Yang X R, Qin X M, Xie J Y, et al. 2022. Study on the effect of Cr(Ⅵ) removal by stimulating indigenous microorganisms using molasses . Chemosphere, 308: 136229.

Yao M, Kang X H, Zhao Y S, et al. 2017. A mechanism study of airflow rate distribution within the zone of influence during air sparging remediation. Science of the Total Environment, 609: 377-384.

Yao M, Bai J, Chang Y H, et al. 2020a. Effects of air flowrate distribution and benzene removal in heterogeneous porous media during air sparging remediation . Journal of Hazardous Materials, 398: 122866.

Yao M, Bai J, Chang Y H, et al. 2020b. Mechanism study of the air migration and flowrate distribution in an aquifer with lenses of different permeabilities during air sparging remediation. Science of the Total Environment, 722: 137844.

Yao M, Bai J, Yang X R, et al. 2022. Effects of different permeable lenses on nitrobenzene transport during air sparging remediation in heterogeneous porous media. Chemosphere, 296: 134015.

Zhao Y S, Qu D, Hou Z M, et al. 2015a. Enhanced natural attenuation of BTEX in the nitrate-reducing environment by different electron acceptors. Environmental Technology, 36(5): 615-621.

Zhao Y S, Sun J Q, Sun C, et al. 2015b. Improved light-transmission method for the study of LNAPL migration and distribution rule . Water Science & Technology, 71(10): 1576-1585.

Zhao Y S, Qu D, Zhou R, et al. 2016a. Bioaugmentation with GFP-Tagged pseudomonas migulae AN-1 in aniline-contaminated aquifer microcosms: cellular responses, survival and effect on indigenous bacterial community. Journal of Microbiology and Biotechnology, 6(5): 891-899.

Zhao Y S, Qu D, Zhou R, et al. 2016b. Efficacy of forming biofilms by Pseudomonas migulae AN-1 toward in-situ bioremediation of aniline-contaminated aquifer by groundwater circulation wells. Environmental Science and Pollution Research, 23(12): 11568-11573.

Zhao Y S, Su Y, Lian J R, et al. 2016c. Insights on flow behavior of foam in unsaturated porous media during soil flushing. Water Environment Research, 88(11): 2132-2141.

Zhao Y S, Lin L, Hong M. 2019. Nitrobenzene contamination of groundwater in a petrochemical industry site. Frontiers of Environmental Science & Engineering, 13(2): 29.

Zhao Y S, Zheng D F, Hong M. 2000. Laboratory test on LNAPL movement in unsaturated zone and aquifer. Proceedings of 2nd International Conference on Future Groundwater Resources at Risk, IHP-V, Technical Documents in Hydrology, No.27, UNESCO.

Zheng W, Zhao Y S, Qin C Y, et al. 2015. Study on mechanisms and effect of surfactant-enhanced air sparging. Water Environment Research, 82(11): 2258-2264.

Zhong L, Oostrom M, Wietsma, T, et al. 2008. Enhanced remedial amendment delivery through fluid viscosity modifications: experiments and numerical simulations. Journal of Contaminant Hydrology, 101(1): 29-41.

关键词索引

B

半挥发性有机物 semi-volatile organic compounds (SVOCs) 9, 161

包气带 aeration zone, vadose zone 3, 8, 47, 50, 66

饱和度 saturation 39

饱和蒸气压 saturated vapor pressure 156

曝气流量 injected gas flowrate 99, 105

曝气压力 injected gas pressure 96

背景介质 background media 105, 117, 172

苯 benzene 2, 18, 108, 127, 131, 231

苯胺 aniline 2, 167

表面活性剂 surfactant 7, 10, 29, 65, 145

表面能 surface energy 26

表面张力 surface tension 26, 33, 156

波动带 fluctuation zone 3

波及率 sweep ratio 117, 174

不动杆菌属 *Acinetobacter* 194

不流动孔隙度 immobile porosity 43, 56, 59, 68, 206

不流动水相 immobile water phase 71

C

参数平均化 parameter averaging 13

残留饱和度 residual saturation 48

残留含水率 residual water content 48

残余相 residual phase 13, 16, 71, 149, 200

草甘膦 glyphosate 127, 131

层次递进分析 hierarchical analysis 217

层流 laminar flow 30

层状非均质 layered heterogeneity 46, 72, 79, 99, 114

层状含水层 layered aquifer 55

柴油 diesel oil 20, 50

产甲烷带 methanogenic zone 12

产甲烷菌 methanogen 202

长期监测 long-term monitoring 226

长期性能监测 long-term performance monitoring 218

场地尺度 site scale 10, 14

场地调查 site investigation 7

场地特性 site properties 68

场地污染水文地质学 site contamination hydrogeology 10, 12

沉淀 precipitate 19

成熟污染羽 mature plume 207

持水度 specific retention 43

尺度 scale 53

尺度差别 scale difference 13

尺度效应 scale effect 46

冲洗过程 flushing process 82, 119

抽取–处理 pump and treat 8, 114, 124

抽取量 pumpage 116, 128, 143

抽水试验 pumping test 127

初始浓度 initial concentration 176, 192

储存能力 storage capacity 69

储水特性 water storage characteristics 43

传热能力 heat transfer capacity 164

传热能力值 heat transfer capacity value 165

传热速度 heat transfer rate 164

垂直工程屏障 vertical engineering barrier 6

垂直可渗透反应墙 vertical permeable reactive barrier 246

垂直阻隔墙 vertical containment wall 238

粗砂 coarse sand 79, 101, 106, 110

D

达西定律 Darcy's law 13, 53

代表单元体 representative element volume 12, 54

氮化合物 nitrogen compounds 19

导热系数 thermal conductivity 161, 164

等效渗透系数 equivalent hydraulic conductivity 54

低渗透性地层 low permeable layer 7, 14, 15, 45, 74, 76, 92, 209

低渗透性透镜体 low permeable lens 105, 116, 173

低温环境 low-temperature environment 175

地层介质 stratigraphic media 10, 44, 46

地层介质参数 stratigraphic media parameter 12

地层界面 stratigraphic interface 72, 99, 103

地层界面效应 stratigraphic interface effect 15, 95, 114

地层岩性 lithology 11

地层总应力 total stress of strata 93

地下水抽取 groundwater abstraction 115, 127

地下水动力场 hydrodynamic field 65

地下水流速 groundwater flow velocity 162

地下水位等值线图 groundwater level contour map 219

地下水污染 groundwater contamination 1

地下水污染修复 groundwater remediation 4

地下水污染羽 groundwater contamination plume 206, 216

地质聚合物 geopolymers 248

电子穿梭体 electron shuttle 182

电子供体 electron donor 201

电子受体 electron acceptor 166, 201

电阻加热 electrical resistance heating (ERH) 154

对二甲苯 p-xylene 60

对流-弥散 advection-dispersion 12, 69, 72, 86

对流迁移 advection migration 79

多环芳烃 polycyclic aromatic hydrocarbons (PAHs) 18

多孔介质 porous medium 36, 44, 58, 168

多氯联苯 polychlorinated biphenyls (PCBs) 17

多相抽提 multi-phase extraction 8, 155

多相流 multi-phase flow 15, 47, 61

多相体系 multi-phase system 2, 15, 20

E

二次污染 secondary pollution 9

二甲苯 xylene 18

二价铁 ferrous iron 181

二氯甲烷 dichloromethane 17

二氯乙烷 dichloroethane (DCA) 17, 127, 131, 139, 143, 151

1,1-二氯乙烯 1,1-dichloroethylene (1,1-DCE) 17, 151

F

反弹倍数 rebound factor 136

反弹浓度 rebound concentration 136

反弹曲线 rebound curve 136

反弹效应 rebound effect 7, 124, 134, 136, 142

反向扩散 back diffusion 82, 207

反应动力学 reaction kinetics 12, 15

芳香烃 aromatic hydrocarbon 60

防控体系 prevention and control system 5

防渗性能 impermeability 248, 249, 258

非混溶 immiscible 15

非均质地层 heterogeneous stratum 15, 69, 209

非均质含水层 heterogeneous aquifer 46, 55, 171

非均质性 heterogeneity 46, 57

非目标反应 non-target reaction 12, 85

非破坏性衰减 non-destructive attenuation 199, 200

非润湿流体 non-wetting fluid 27

非生物降解 abiotic degradation 199, 205

非水相液体 non aqueous phase liquid (NAPL) 8, 50, 65

非阻截型界面 non interception interface 100

菲克定律 Fick's law 74

沸点 boiling point 22, 156

分配系数 partition coefficient 23, 67

分子扩散 molecular diffusion 58, 72

粉砂 silty sand 78

粉土 silt 126

粉质黏土 silty clay 126

丰水期 raining season 3

风险管控 risk control 4, 198

风险管理 risk management 4, 5

风险管理策略 risk management strategy 4

风险评估 risk assessment 3

锋面 frontal surface 51, 59, 117

氟代有机化合物 fluorinated organic compounds 17

附着菌 surface adhesive bacteria 166, 175

复合污染 combined pollution 10

G

概念模型 conceptual model 11, 211

高分辨率调查 high resolution investigation 7

高级氧化 advanced oxidation 8

高氯酸盐 perchlorate 19

高渗透性地层 high permeable layer 74, 92

高渗透性通道 high permeability channel 14

高斯分布 Gaussian distribution 97, 104

高污染负载区域 high pollution load zone 8

各向同性 isotropy 46

各向异性 anisotropy 46, 57

铬 chromium 19

工程控制 engineering control 4, 5

工业糖浆 industrial molasses 175, 186

共代谢降解 co-metabolic degradation 201

共沸温度 azeotropic temperature 156, 158

共溶剂 co-solvent 21

鼓泡流 bubble flow 108

固体介质 solid medium 2

固-液界面 solid-liquid interface 58

观测井 observation well 64, 129

光透射 light transmission 158

归趋 fate 65, 199

过硫酸盐 persulfate 8

过氧化氢 hydrogen peroxide 8

H

海泡石 sepiolite 254

含水层 aquifer 3, 53, 62, 69, 90

含水层介质 aquifer medium 9, 12, 124

含水率 water content 40

亨利定律 Henry's law 22

横向弥散 transversal dispersion 59, 85

化学还原 chemical reduction 177

还原反应 reduction reaction 206

还原脱氯 reductive dechlorination 204

环境工程 environmental engineering 10

环境水文地质学 environmental hydrogeology 11

环境友好 environmental friendly 9

缓释 slow release 9

黄原胶 xanthan gum (XG) 266

挥发性有机物 volatile organic compounds (VOCs) 9, 161

混合作用 mixing 83

活性炭 activated carbon 9

J

基质扩散 matrix diffusion 209

级配 grading 37

给水度 specific yield 43

甲苯 toluene 18, 127

甲基叔丁基醚 methyl tert-butyl ether (MTBE) 18

甲醛 formaldehyde 126

假单胞菌属 *Pseudomonas* 195

间二甲苯 m-xylene 60

监测自然恢复 monitored natural recovery (MNR) 5

监测自然衰减 monitored natural attenuation (MNA) 5, 198

兼容性能 compatibility 251, 258, 259

剪切力 shear force 29

剪切稀化流体 shear thinning fluid 7, 32

降解菌 degrading bacteria 166, 174

降深 drawdown 129, 133

接触角 contact angle 27, 64

节杆菌属 *Arthrobacter* 194

结合水 retention water 43

介质骨架 media matrix 36, 74

介质含水率 medium water content 50

介质类型 media type 164

界面扩散作用 interface diffusion effect 74

界面效应 interfacial effect 99, 114

界面张力 interfacial tension 26, 27, 62

浸泡实验 socking experiment 263

精准刻画 accurate characterization 15

井间距 well distance 143

竞争性无效反应 competitive ineffective reaction 15

就地圈闭 on-site containment 5

均匀传质 uniform transmission 15

均匀系数 coefficient of uniformity 39, 100

均质含水层 homogeneous aquifer 46

菌悬液 suspension of bacteria 168, 171

K

勘探精度 exploration accuracy 11

抗坏血酸 ascorbic acid 190, 193, 195

可持续修复技术 sustainable remediation technology 166

可混溶 miscible 21, 61

空气扰动 air sparging 95, 155

孔喉 pore throat 36

孔喉排挤效应 pore-throat crowding effect 171

孔隙 pores 36

孔隙比 porosity ratio 40

孔隙尺度 pore scale 58

孔隙度 porosity 40, 48, 53, 96

孔隙体积 pore volume 187

孔隙压力 pore pressure 42, 94

孔穴　cavity　36

控制与修复　control and remediation　5

枯水期　dry season　3

矿物组分　mineral composition　184

扩散　diffusion　69, 76, 79, 85

扩散过程　diffusion process　79

扩散距离　diffusion distance　76, 80, 84

扩散迁移　diffusion migration　79, 92

扩散通量　diffusion flux　14, 73, 78

扩散通量密度　diffusion flux density　74, 78, 83

扩散系数　diffusion coefficient　73

扩散作用　diffusion　14

L

冷冻阻隔墙　freeze barrier　244

离场处置　off-site disposal　5

砾石　gravel　106, 107

粒度　granularity　36, 38

粒径　particle size　36

连续性检验　continuity test　271

联合修复　combined remediation, joint remediation　7, 10

劣质地下水　inferior groundwater quality　1

邻苯二胺　o-phenylenediamine　127, 131

邻二甲苯　o-xylene　60

零价铁　zero valent iron　9

流动孔隙度　mobile porosity　43, 56, 59, 68, 86, 90, 206

流动水相　mobile water phase　71

流量　flow rate　93, 95

流体　fluid　25, 33

流体密度　fluid density　34

流体特性　fluid properties　16

硫化亚铁　ferrous sulfide　270

硫酸盐　sulfate　184

硫酸盐还原带　sulfate reduction zone　12

硫酸盐还原菌　sulfate-reducing bacteria　204, 270

六价铬　hexavalent chromium　175

卤代有机物　halogenated organic compounds　17

卤代脂肪烃　halogenated aliphatic hydrocarbons　203

络合能力　complexation ability　19

绿色修复材料　green remediation material　9

绿色修复技术　green remediation technology　166

绿色荧光蛋白　green fluorescent protein (GFP)　167

氯苯　chlorobenzene　17, 156, 158, 201

氯代芳香化合物　chloroaromatic compounds　17

氯代溶剂　chlorinated solvent　16, 203

氯代烷烃　chloroalkanes　17

氯代烯烃　chloroolefins　17, 60

氯仿　chloroform　17

氯甲烷　chloromethane　17

氯乙烷　chloroethane　17, 205

氯乙烯　vinyl chloride　17, 127, 151, 204

M

马赛菌属　Massilia　194

脉冲注入　pulse injection　88, 92

毛细带　capillary fringe　47

毛细力　capillary force　28, 48, 62, 100

毛细上升高度　capillary lift　28, 48

毛细水　capillary water　43, 47

锰　manganese　19

密度　density　28, 31, 33, 40, 61, 145

密度调控　density modification　145, 146, 147

面源污染　non-point pollution source　2

灭菌　sterilization　177

敏感区　sensitive area　5

模拟预测　simulation prediction　14

摩擦力　frictional force　44

目标浓度　target concentration　124

N

纳米零价铁　nano zero-valent iron　269

萘　naphthalene　18, 156, 159

内聚力　cohesive force　26

泥浆阻隔墙　slurry wall　239, 240

拟合曲线　fitting curve　140

黏度　viscosity　29, 33, 61

黏度调控　viscosity modification　7, 145, 146, 147

黏土　clay　51, 254, 258

黏土矿物　clay minerals　199

黏性液体阻隔墙　viscous liquid barrier　245

黏质粉土　clayey silt　126

黏滞性　viscosity　26

凝胶屏障　gel barrier　266

牛顿流体　Newtonian fluid　32

农药　pesticide　2

P

抛物形　parabolic type　108

膨润土　bentonite　240, 244, 248

平衡分配计算　balanced distribution calculation　222

破坏性衰减　destructive attenuation　199, 201

葡萄糖　glucose　180

Q

气流　air flow　95

气流分布模式　air flow distribution mode　104

气流影响带　air flow influence zone　95

气泡脉动效应　bubble pulsation effect　107, 133

气体累积　gas accumulation　102, 106

气体流量　gas flow　95

气相　gas phase　16

气相污染物　gas phase contaminant　155

汽油　gasoline　20

迁移　transport　51, 65

迁移机理　transport mechanism　66

迁移距离　transport distance　76, 86

迁移通量　transport flux　216

铅　lead　19, 254

强化监测自然恢复　enhanced monitored natural recovery (EMNA)　5

强化修复　enhanced remediation　124, 145, 190

亲水化合物　hydrophilic compounds　20

轻质非水相液体　light non aqueous phase liquid (LNAPL)　16, 66

氢氧化钠　sodium hydroxide　263

驱替作用　displacement effect　92

去除率　removal rate　176

去除速率　removal speed　180

去除效果　removal effect　176

R

绕流　bypass　7

热传导　heat conduction　162

热传导加热　thermal conductive heating (TCH)　154, 161

热对流　heat convection　162

热管效应　heat pipe effect　164

热解　pyrolysis　161

热力学　thermodynamics　12, 15

热流通量　heat flux　165

热蒸汽强化抽提　heat steam enhanced extraction　154

容重　unit weight, bulk density　41

溶解度　solubility　20, 67, 156

溶解相污染物　dissolved phase contaminants　155

溶解性　solubility　69

溶解性固体　dissolved solids　33

溶解氧　dissolved oxygen　191

溶质　solute　69, 72

溶质弥散　solute dispersion　58

溶质运移　solute transport　11, 72, 87

乳化植物油　emulsified vegetable oil (EVO)

入口压力　entry pressure　28, 62, 64

润湿　wetting　26, 27

润湿流体　wetting fluid　26, 64

S

1,1,1-三氯乙烷　1,1,1-trichloroethane (1,1,1-TCA)　17

三氯乙烯　trichloroethylene (TCE)　17, 62, 64, 151, 198

渗透率　permeability　44

渗透实验　permeability test　264

渗透系数　hydraulic conductivity　44, 54, 61, 130, 240, 244, 245, 250

渗透系数比　hydraulic conductivity ratio　79, 100, 105, 119, 172

渗透性　permeability　44, 114

生物地球化学　bio-geochemistry　166

生物还原　bio-reduction　177, 179, 185

生物降解　biodegradation　67, 199, 224

生物降解速率　biodegradation rate　225

生物浓缩因子　bio-concentration factor (BCF)　24

石油烃　petroleum hydrocarbon　18

示踪剂　tracer　88, 90, 91

示踪试验　tracer test　87, 271

释放　release　7, 124

叔丁醇　tert-butanol (TBA)　18

疏水性　hydrophobicity　69

数值模型　numerical model　12, 14, 114, 211

衰减动力学　attenuation kinetics　198

衰减规律　attenuation law　133

衰减机理　attenuation mechanism　205

衰减速率　attenuation rate　208

水动力参数　hydrodynamic parameters　221

水动力弥散　hydrodynamic dispersion　58

水动力循环　hydrodynamic cycle　112

水解作用　hydrolysis　67, 205

水力梯度　hydraulic gradient　64, 86

水泥　cement　240, 242, 243, 247, 263

水位恢复　water level recovery　130

水文地球化学　hydrogeochemistry　9

水文地球化学条件　hydrogeochemical condition　13

水文地质　hydrogeology　10, 13

水文地质概念模型　hydrogeological conceptual model　13

水–岩作用　water-rock reaction　1, 11

顺-1,2-二氯乙烯　cis-1,2-dichloroethene (cis-1,2-DCE)　17, 151

四氯化碳　carbon tetrachloride　17

四氯乙烯　perchlorethylene (PCE)　17, 72

松散地层　loose strata　11

松散介质　loose medium　37, 43

速率限制　rate limited　13

T

碳源　carbon source　203

糖浆　molasses　175, 179, 185

特征曲线　characteristic curve　49

梯形分布　trapezoidal distribution　97, 104

铁　iron　19

铁矿物　iron minerals　188

铁-锰还原带　Fe-Mn reduction zone　12

通道流　channel flow　108

通量　flux　57

酮类化合物　ketones　18

透镜体　lens　46, 55, 105, 112, 118

透镜体介质　lens media　106, 110, 117, 172

透镜体双界面　lens double interface　106

透镜体状非均质　heterogeneous with lens
　46

突破曲线　breakthrough curve　88, 170, 214

途径阻断　pathway interception　5

土壤带　soil zone　47

土壤气相抽提　soil vapor extraction (SVE)
　95

土-水分配系数　soil-water distribution
　coefficient　24

土著微生物　native bacteria　166, 192

拖尾阶段　tailing stage　81, 136

拖尾浓度　tailing concentration　136

拖尾去除比　tailing removal ratio　137, 138,
　141

拖尾效应　tailing effect　7, 124, 127

脱卤化氢作用　dehalogenated hydrogen
　action　205

W

微米零价铁　micron zero-valent iron (mZVI)
　269

微生物代谢　microbial metabolism　182

微生物群落结构　microbial community
　structure　193

温度　temperature　33, 154

紊动射流理论　turbulent jet theory　95, 98,

104

紊流　turbulent flow　30

污染场地　contaminated site　2, 198

污染场地调查　contaminated site
　investigation　3

污染场地风险管理　contaminated site risk
　management　7

污染过程　contamination process　11, 82

污染物　contaminant　68

污染物传质速率　contaminant mass transfer
　rate　222

污染物归趋　contaminant fate　199

污染物浓度等值线图　contaminant
　concentration contour map　219

污染物迁移　contaminant migration　3, 47,
　67

污染物去除　contaminant removal　9

污染物通量　contaminant flux　208

污染物泄漏　contaminant leakage　10

污染物性质　contaminant properties　67

污染修复　contamination remediation　13, 19,
　25, 29, 34, 42, 61, 110, 123, 136, 145

污染羽　contaminated plume　2, 12, 69, 124,
　187, 198

污染羽刻画　plume delineation　11

污染羽扩展　plume invasion　207

污染羽退缩　plume retreat　207

污染源　pollution source　5, 207

污染源带　contamination source zone　8, 227

污染源区　pollution source area　227

无机污染物　inorganic pollution　19

物理屏蔽法　physical containment　8

X

吸附　adsorption　24, 59, 198

吸附剂　adsorbent　10

吸附容量　adsorption capacity　124

吸附相　adsorption phase　13, 71

稀释作用　dilution　85

洗脱　flushing　10

细砂　fine sand　51, 78

限速步骤　rate limiting step　125

相转移　phase transfer　13, 124

硝基苯　nitrobenzene　2, 110, 156, 229

硝酸盐　nitrate　184

硝酸盐还原带　nitrate reduction zone　12

小尺度　small scale　10, 12, 54

协同修复　collaborative remediation　8

辛醇-水分配系数　octanol-water partition coefficient　23

性能监测　performance monitoring　271

修复材料　remediation material　9

修复技术筛选　screen of remediation technology　5

修复剂　remedial agent　44, 53, 69, 85, 116

修复剂传输　remedial agent delivery　7, 13

修复剂流体　remedial agent fluid　10, 12

修复决策　remediation strategy　5

修复效果评价　remediation effect evaluation　5

修复序列　treatment train　7

循环井　groundwater circulation well　95

循环井技术　circulation well technology　9

Y

芽孢杆菌属　*Bacillus*　194

厌氧生物降解　anaerobic biodegradation　211

氧化还原　redox　172

氧化还原分带　redox zone　11

氧化剂　oxidant　8

液相　liquid phase　16

乙苯　ethylbenzene　18

乙醇　ethanol　18, 159

应力　stress　41

营养物　nutrients　166

影响半径　influence radius　9, 86, 93, 116, 129, 138

影响带　zone of influence　108

优势菌　dominant bacteria　194

优先流　priority flow　15, 119

优先通道　priority channel　59

游离菌　free bacteria　166

有机氯溶剂　chlorinated solvent　2

有机碳分配系数　partition coefficient of organic carbon　23, 59, 71

有机污染物　organic pollutant　2, 16, 201

有机质　organic matter　200

有效孔隙度　effective porosity　40, 43

有效粒径　effective grain size　39, 100

有效生物修复区域　effective bio-remediation area　170

有效修复剂区域　effective reagent area　85

有效应力　effective stress　42, 94

预警　early warning　5

原位反应带　*in-situ* reaction zone　268

原位化学氧化　*in-situ* chemical oxidation　8

原位热修复　*in-situ* thermal remediation　154

原位生物反应带　*in-situ* biological reaction zone　173

原位生物修复　*in-situ* bioremediation　166, 195

原位土壤搅拌阻隔墙　*in-situ* soil mixing wall　239, 243

原位修复　*in-situ* remediation　7

源遏制　source containment　199

源汇项　source-sink term　221

源控制　source control　5

Z

增流　enhanced mobility　144, 149

增强技术　enhanced technology　7

增溶　enhanced solubility　144, 149

蒸气压　vapor pressure　22

蒸汽注入　steam injection　155

指数衰减　exponential decay　78, 133

指状分布　finger shaped distribution　104

制度控制　institutional control　4, 5

质量平衡　mass balance　83

质量通量计算　mass flux calculation　223

中间带　intermediate zone　47

中砂　medium sand　51, 101, 106

重金属污染　heavy metal pollution　2, 19, 214

重力释水　gravity releases water　43

重质非水相液体　dense non aqueous phase liquid (DNAPL)　16, 62

主动修复　active remediation　4, 198

注浆阻隔墙　grouting barrier wall　239, 242

注入方式　injection mode　120

注入流量　injection rate　92

注入压力　injection pressure　92, 94

锥形分布　conical distribution　98, 110

自然衰减　natural attenuation　213

自然衰减评估　natural attenuation evaluation　210

自由基　free radical　8

自由相　free product　8, 16, 63, 71, 199

总孔隙度　total porosity　43

总溶解固体　total dissolved solids (TDS)　19

总石油烃　total petroleum hydrocarbon (TPH)　19

总有机碳　total organic carbon (TOC)　20, 71

纵向弥散　longitudinal dispersion　59, 85

阻隔材料　barrier material　247

阻隔控制　barrier control　238

阻截型界面　interception interface　100

阻滞因子　retardation factor　24, 59, 60, 68

钻进　drilling　65

钻孔布置　borehole layout　11